習近平の軍事戦略

「強軍の夢」は実現するか

浅野　亮
土屋貴裕　著

芙蓉書房出版

まえがき

現在、習近平は中国共産党、国家、軍の最高指導者としての地位にある。最高指導者に就任して以降、習近平は軍事力を強化すると共に、「強軍目標」を掲げて大規模な軍事改革を進めている。なぜ習近平は軍事改革を進めているのか。その理由の一つは、軍は中国の体制アクターを構成する重要な要素であるからである。数多くある体制内アクターの中で、国内における体制維持と、対外的な国家目標の達成を目的とし、またその体制を覆すことができるのは軍だけである。

それにもかかわらず、軍は性質上、情報量が限られていることに加え、中国軍に関する透明性は他国と比べて低い。また、軍事・安全保障分野の学問的理解が不十分であることから、さまざまな誤解や憶測に基づく分析が散見され、事象を表面的に理解するに留まることが少なくない。本書は、三つの「問い」に答えることを通じて、軍事力を強化し、「強軍目標」を掲げて改革を進める中国への理解を深めることを目的としている。

第一に、中国が掲げる「強軍の夢」、「強軍目標」とはどのようなもので、何を目指しているのかという点である。私達が日々インターネットやテレビ、新聞等で目にしている中国の軍事力の強化や海洋進出の拡大は単なる現象ではない。その背景にある中国の軍事戦略目標を正確に理解することで、一見関係が無さそうに見える個々の事象が、実は大きな戦略の一部であることが見えてくる。本書の第1部では、中国・習近平政権下の軍事戦略目標について説明する。

第二に、人民解放軍が中国共産党から離反しないのはなぜかという点である。サミュエル・ハンチントンの『軍人と国家』に代表される政軍関係の理論では、軍の近代化や専門化が進むと軍は政治的に中立的な立場をとり、党の利益や目標よりも国益を優先するようになると言われている。それでは、習近平の軍事改革に対する軍内の抵抗は存在するのか。党はどのように軍を統制しているのだろうか。第2部では、目標に向けた体制、すなわち習近平政権下の党軍関係の頑強性を検証すべく、鍵を握る政治・思想面と資金・財務面から考察する。

第三に、中国の経済成長が限界に近づき、逓減していく中で、軍事力を増大し続けることができるのか、また軍事力の増大は何をもたらすのかという点である。ポール・ケネディの『大国の興亡』では、「大国の後退局面」において軍事力の増大が財政破綻を招くと指摘されている。国防費の伸び率を突出させることが困難な状況で、中国は国防と経済を両立させるために如何なる知恵を持っているのだろうか。第3部では、目標の実現可能性および体制の持続可能性を考察すべく、習近平政権下で進められている新たな「人民戦争」とも呼ぶべき軍と民間との融合の実態と、軍と社会との関係の変化を明らかにする。

中国は、二〇一七年に中国人民解放軍建軍八〇年、二〇一九年に中華人民共和国建国七〇年、二〇二一年には中国共産党創立一〇〇年の節目の年を迎えた。本書は、習近平政権二期一〇年の軍事改革について振り返り、過去との「連続性」と新たな特徴としての「非連続性」に着目することで、習近平の軍事戦略がこれまでの指導者のものとはどのように異なるのかを説明する。これにより、二〇二二年一〇月の中国共産党第二〇期全国代表大会および二〇二三年三月の全国人民代表大会で政権三期目に突入する習近平が、どのような形で「強軍目標」を達成しようとしているのか、「強軍の夢」は実現するのか、今後の中国の軍事改革の行方を読者に提示したい。

本書は以下の三つの層を読者として想定している。第一に、今日の国際社会や東アジアの安全保障、特に中国に関心を持つ大学学部専門課程の学生および大学院生である。読者に対して、急速な経済発展に伴って国力および軍事力を増大させている中国を理解するための鍵となる「問い」を提示し、読者の中国理解を促したい。第二に、中国政治・安全保障および周辺領域の研究者や実務家である。本書を通じて二期一〇年にわたる習近平政権下の軍事改革とその意図を理解し、三期目の習近平政権下の軍事改革や対外拡張を予測する鍵を提示したい。第三に、五年後、一〇年後、さらには三〇年後に本書を手にする未来の読者である。本書が未来の読者にとって、習近平政権が掲げる「中国の夢、強軍の夢」、さらには「中華民族の偉大な復興」の実現如何にかかわらず、台頭する大国の国防と近代化の過程を振り返り、なぜ夢の実現に成功もしくは失敗したのかを考える際の手がかりとなれば幸いである。

なお、本書の第1部は浅野が執筆し、土屋が加筆修正および校正を行い、第2部、第3部は土屋が執筆し、浅野が校正を行った。このことから、本書は浅野と土屋による真の意味での共編著である。本書は二〇二一年から二〇二二年にかけて毎週のように研究会を実施し、議論を重ねた成果の一つである。このような知遇を得ることができ、また芙蓉書房出版の平澤公裕代表のご尽力のおかげで本書を世に問うことができたことを改めて記して感謝申し上げたい。

土屋　貴裕

まえがき　1

第1部　習近平政権下の軍事戦略：中国が掲げる「強軍目標」とは何か　11

第1章　変化する戦争形態と軍事戦略――インテリジェント化した戦争への対応　13
1．基本概念の整理　13
（1）中国の知能化戦争の定義と対応／（2）知能化戦争をめぐる反論や限界の指摘
2．軍事戦略　17
（1）軍事戦略の位置づけ／（2）軍事戦略の変化
3．中国の軍事戦略：連続性と非連続性　21
（1）現代中国における軍事戦略の変遷／（2）軍事戦略の連続性と非連続性
4．錯綜する概念　24

第2章　中国の「ハイブリッド戦争」――「紛争連続体」としてのグレーゾーン　29
1．ハイブリッド戦争の登場　29

（1）ゲラシモフ・ドクトリン／（2）「ハイブリッド戦争」に対する米中の理解
2．モザイク戦　32
（1）モザイク戦をめぐる議論の特徴／（2）自律型兵器への中国の関心
3．「グレーゾーン」の捉え方：「紛争連続体」　36
（1）「グレーゾーン」とは／（2）マッコイの戦争観に基づく「グレーゾーン」理解
4．ウクライナ戦争の性格：ハイブリッド戦争と従来型戦争の二面性　38
（1）ロシアによるウクライナに対する軍事侵攻／（2）ハイブリッド戦争への認識の高まり
5．ウクライナ戦争と中台情勢　43
第3章　インテリジェント化した戦争――新たな戦争をめぐる中国の概念整理　51
1．知能化戦争とハイブリッド戦争　51
（1）知能化戦争のモデル／（2）認知戦とその周辺概念
2．「エコノミック・ステイトクラフト」　56
（1）再注目を集めるエコノミック・ステイトクラフト／（2）中国史に見る経済戦
3．知能化戦争、ハイブリッド戦争、超限戦　58
4．多様な概念のまとめ　62
第4章　新時代の軍事戦略と軍事改革――安全と発展をめぐるレトリック　71
1．習近平による軍事改革の狙いとそのプロセス　71
（1）習近平政権下の軍事改革手法／（2）巡視による半強制と諮問組による説得
2．新時代の軍事戦略方針　78
（1）「新時代の軍事戦略方針」というレトリック
3．総体国家安全観　80
（1）「総体国家安全観」概念の成り立ちと変化／（2）「総体国家安全観」に基づく改革／（3）延伸する「総体国家安全観」の射程／（4）定着する「総体国家安全観」の論理／

（5）論理的基礎としての「総体国家安全観」／（6）「総体国家安全観」と人民解放軍
4．「総体国家安全観」とハイブリッド戦争　101

補　論　「抑止メカニズム」の再検討——認識と「客観的」存在の関係から　107
（1）抑止論　108
（2）「安全保障のジレンマ」　113
（3）国際秩序　119
（4）軍事技術　121

第2部　習近平政権下の党軍関係：軍が党から離反しないのは何故か　125

第5章　軍組織再編と「反腐敗闘争」——習近平の軍事改革と党軍関係の変化　127
1．習近平政権下の軍事改革と党軍関係　127
2．軍組織の再編：動き始めた習近平政権下の軍改革　129
（1）軍政系統：軍種指導管理体系の再編／（2）幕僚機関：総部体制から軍委多部門制への再編／（3）軍令系統：作戦指揮体系の再編
3．軍事改革の背景と反腐敗闘争との関係　135
（1）習近平の軍事改革か、習近平が断行した軍事改革か／（2）表裏一体の軍事改革と反腐敗闘争／（3）「反腐敗闘争」をどのように捉えるべきか／（4）組織再編後の軍事改革の方向性

第6章　軍事制度面における軍事改革——政治思想工作と軍事財務工作　145
1．政治思想工作と軍事財務工作　145

2. 習近平政権下の政治思想工作 146
(1)新古田会議と政治工作の強化／(2)「党委領導」制と党代表大会／
(3)進む習近平の思想化と権威化／(4)軍に対する紀律検査と反腐敗
3. 習近平政権下の軍事財務工作 153
(1)習近平による「財務大清査」／(2)兵員削減と軍事予算への影響／
(3)対外有償サービス活動の停止
4. 経済と国防の両立を模索する中国 161
(1)低下する公表国防費の伸び率／(2)軍民融合と経済と国防の両立
5. 軍政面における連続性と非連続性 165

第7章 強化される「共産党の軍隊」――軍中党組織制度の強化 173
1. 「党の軍に対する領導」を担保する軍中党組織 173
2. 軍中党組織制度をめぐる考察 175
(1)中国の軍事専門職業化と軍政／(2)中国人民解放軍の軍中党組織／
(3)ラインアンドスタッフモデル 181
3. 海軍党代表大会と戦略の共有 185
(1)海軍党代表大会にみる党領導／(2)中国海軍政治工作の史的展開
4. 海軍に対する政治工作の展開 188
(1)海軍における政治工作の特徴／(2)海軍の軍事任務上の政治工作
5. 軍内監督の限界 188

第3部 「兵営国家」化する中国：軍事力の増大は何をもたらすか 193

第8章　習近平の新たな「人民戦争」――軍民融合による国家安全……195
1．国防白書「中国の軍事戦略」と習近平政権下の国家安全戦略　195
2．ナショナル・セキュリティとサイバー・セキュリティ　196
(1)国家安全委員会の創設と「国家安全法」の制定／(2)「サイバー・セキュリティ法」と治安維持／(3)軍のサイバー・セキュリティとサイバー民兵の活用
3．重大安全領域の重点発展と軍民融合　200
(1)「インターネット・プラス」と軍民融合／(2)軍民融合と国防科学技術工業
4．国防・軍事における民間の活用　203

第9章　軍工企業の再編成と兵器開発――軍備管理・不拡散をめぐる二面性……209
1．軍備管理・不拡散と輸出入や兵器開発による軍備拡張　209
2．中国の軍備管理・軍縮、不拡散政策　211
(1)白書にみる中国の軍備管理・不拡散政策／(2)中国の国際輸出管理枠組みへの参加状況／(3)台湾海峡危機後の対中輸出規制への対抗
3．近年の中国の武器輸出入傾向と特徴　215
(1)世界への武器輸出を急速に拡大する中国／(2)主たる武器の輸入先としての旧東側諸国／(3)統計に表れない関連技術や機械の輸出入
4．中国の武器輸出入に関する国内体制　222
(1)中国の軍工企業と主たる武器輸出入企業／(2)武器輸出入企業と軍系企業との資本関係／(3)中国経済の減速下の資金調達と研究開発
5．まとめ　227

第10章　中国の軍と社会との関係変化――動員、教育、プロパガンダ……233
1．軍と社会との関係　233

2．「兵営国家」 234
（1）「兵営国家」の定義／（2）「兵営国家」の特徴
3．動員、徴用：国防動員体制の構築 236
4．プロパガンダ：中国における「危機の社会化」 238
5．おわりに 240

第11章 「最高統帥」としての習近平 ――「大元帥」になる日は訪れるか …… 243
1．習近平政権三期目の軍改革の焦点 243
（1）軍改革を推進する四つの要因／（2）軍改革と武器・装備面の更なる発展／（3）新たな中央軍事委員会と部隊・組織面の更なる改革／（4）習近平の軍事思想の深化と政治・思想面の更なる統制／（5）経済成長率低減下の資金・財務面での改革
2．習近平政権自身による一期目の軍改革の総括 251
（1）建軍九〇周年記念活動にみる改革の成果／（2）建軍九〇周年祝賀閲兵式の狙い／（3）中国共産党第一九回全国代表大会にみる軍改革／（4）新たな中央軍事委員会の発足と軍指導幹部会議の開催
3．習近平政権自身による二期目の軍改革の総括 259
（1）「建軍百年奮闘目標」に向けた実務的、実戦的な軍改革／（2）軍権を背景にした三期目の習近平
4．強軍の夢、習近平の夢 264
（1）軍銜のない軍の最高統帥権者／（2）「最高統帥」としての習近平／（3）「最高統帥」が抱く「大元帥の夢」

あとがき 273

第1部

習近平政権下の軍事戦略

中国が掲げる「強軍目標」とは何か

習近平政権が掲げる「強軍の夢」、「強軍目標」とはどのようなもので、何を目指しているのか。その手がかりとなるのが軍事戦略である。戦争は分野ごとの兵器のレベルや衝突の発生場所などがその後の戦争の展開を大きく左右する。習近平政権下の中国の軍事戦略は、戦争形態の変化に伴って、それに適合するかたちへと変化してきている。

第1章では、変化する新たな戦争形態、すなわち「知能化戦争」（インテリジェント化した戦争、中国語では「智能化戦争」）とそれに対応した軍事戦略が如何なるものかを明らかにする。

第2章では、中国の「ハイブリッド戦争」について分析すべく、平時と有事の間にある「紛争連続体」としてのグレーゾーンにおいて、どのような戦い方を目指しているのかを考察する。

第3章では、第1章、第2章で論じた知能化戦争、グレーゾーン、ハイブリッド戦争や、モザイク戦、情報化戦争、認知戦、超限戦、エコノミック・ステイトクラフトなどの新たな戦争をめぐる中国の概念を紹介し、整理を試みる。

第4章では、新時代すなわち習近平の時代における軍事戦略と軍事改革について、安全と発展をめぐるレトリックを中心に論じる。特に、「総体（的）国家安全（保障）観」（中国語では「総体国家安全観」）の下で進められている安全保障化（セキュリタイゼーション）の観点から、拡大する戦略空間での優勢確保に努めるとともに、「グレーゾーン」下における総力戦を想定した「軍事闘争準備」を進めていることを説明する。

また、第1部の各章で扱うには長すぎると判断し、議論しなかった軍事戦略にかかる理論的前提を補論として扱う。特に、認識と「客観的」存在の関係から「抑止メカニズム」の再検討を試みる。

第１章 ❖ 変化する戦争形態と軍事戦略
インテリジェント化した戦争への対応

1．基本概念の整理

（1）中国の知能化戦争の定義と対応

「平和を望むなら戦争に備えよ」（Si vis pacem, para bellum、ラテン語の警句）と言われるが、それに「戦争が避けられないならそれに備えよ」を付け加え、本章の狙いとしたい。米中間の戦略バランスが双方に手詰まりの状況にあっては、現状の固定化が最も望ましいという意見が有力である。そうした現状の固定化が安定的かどうか、また現状だけでなく、「ポスト習近平」という言葉に象徴されるような新しい時期における戦略環境の基本的性格を考える上でも、中国の軍事戦略をめぐる考察は問題の核心にあると言っても過言ではない。

本章では、中国の軍事戦略がこれまで変化してきたプロセスの中で、中国によるインテリジェント化した戦争、知能化戦争の位置づけを論じる。位置づけを論じるのは、知能化戦争の意味をはっきりさせるためである。簡潔に言えば、戦争の形態に合わせて、軍事戦略が決まる。戦争の形態が知能化戦争なら、それに適合する軍事戦略はどのようなものかと問題を設定できる。しかし、知能化戦争の大きな特徴は、それがまだ本格的に戦われていない将来の戦争と想定されており、それに適合する軍事戦略を事前に考えなければならない。

知能化戦争は、これまでの戦争概念と大きく異なる特徴が多いとされ、それに合わせて軍事戦略も考え方も大きく変える必要がある。しかし、知能化戦争を定義する難しさの一つは、言葉がひとつにまとまるはるか前から、実質的に知能化戦争の主要な内容が議論されていたことである。この芽生えの時期の議論を知るためには、知能化戦争というキーワードで検索をかけても引っかからないため、生の資料を逐一読まなければならない*1。ここでは明確に知能化戦争という言葉が使われてきた時期に限って述べていく。

二〇二二年の時点で、中国の知能化戦争の定義は、二〇一八年国防大学副教授で情報作戦研究所副所長という肩書きを持っていた李明海によるものが広く人口に膾炙しており、彼は知能化戦争を「陸、海、空、宇宙、電磁、サイバーおよび認知の領域で展開する一体化戦争」で、「通俗的に言えばＡＩ技術手段をテコとした戦争」とした*2。

また、二〇一九年、国防科技大学の呉敏文は、知能化とは、「情報化の高級段階」とした上で、「機械化、情報化、知能化」の流れを、「人間の身体能力、技能、知能の延伸や強化」と簡潔にまとめた*3。呉は、「機械化は人間の投射能力や機動能力を、また情報化は情報共有、武器装備、作戦システム、戦場空間、作戦行動の高能率の結合、また統合や連動を意味する」と定義した上で、「知能化は、人間の記憶力や計算能力の延長と拡大で、思考、推理能力を代替し、自主探索、目標選択と決定補助を意味」し、これらは「段階的、逐次的な発展の関係、つまり順番に発展する」ものと説明した*4。ただし、これらを一読しただけでは知能化戦争の具体的なイメージは掴みにくいであろう。このことから、人民解放軍内でも、将来の戦争形態である知能化戦争の概念が漠然としたものであることが読み取れる。

一般に、中国において知能化戦争（以下、断りのない限り、知能化作戦も含める）は、二一世紀初頭の時点で将来起こりうる戦争の形と考えられている。さかのぼって考えれば、一九四九年の中華人民共和国の建国以後の流れの中で位置づけることができる。もっと長期に考えれば、一九世紀末から二〇世紀初頭における清末の軍事近代化からの長いプロセスの中でより正確に理解できよう。実はこれでも十分ではなく、場合によっては紀元前の春秋戦国時代にまで戻る必要が出てくるだろう。

（２）知能化戦争をめぐる反論や限界の指摘

知能化戦争は二一世紀初頭の時点の先端的な技術を惜しみなく使うが、歴史上、多くの戦争は勝つためにその時代の先端的技術を使ってきたという時代を超えた共通点がある。また、その作戦運用や外交との組み合わせなどでは、人間の心理を含め、一般には軍事的ではないとされている手段を操ることも歴史上かなり多く、二一世紀だけの際立った特徴ではない。したがって、古い歴史的な事例も参考になると考えられる。

その一方で、戦争のあり方が大きく変わり、戦争の定義についてさえも意見の違いが大きくなってきた状況では、これまでの事例や考え方のままでは分析が進まないとも考えられる。

知能化戦争を中国の軍事戦略の中で考えることは、単に中国が想定する新たな戦争と作戦のあり方を明らかにするだけにとどまらない。「軍事革命」（Revolution in Military Affairs：RMA）は、言葉自体は最近あまり使われなくなったが、歴史的に何度も起こってきた。また、「軍事革命」下の新しい兵器や作戦、そして新しい戦争形態は、社会、経済や国家のあり方にも大きな影響を与えてきた。第１部の主要なテーマである知能化戦争や「知能化作戦」も、社会、経済や国家のあり方に根本的な変化をもたらすことはほぼ間違いない。そうは言っても、知能化戦争や「知能化作戦」をめぐる研究に対しては、これまでにさまざまな反論や限界の指摘が繰り返し行われてきた。

第一に、全体像をつかもうとする試みに対してである。確かに、インテリジェント化あるいは知能化を支える新興技術分野の中で、たとえば量子技術にしても既に少なくとも数百人の専門家がいて、研究は彼らの間でさらに細分化されており、お互いのコミュニケーションも簡単にはいかず、この分野の全体像はリアルタイムの理解が非常に難しいと聞く。また、新たな戦争をめぐる分野は広汎で多岐にわたり、多くの研究は共同作業である*5。一人で全体を見渡すことは至難の業である。しかし、全体像の理解は困難だから研究する必要がないとは言えない。細分化した研究を続けることと同時に全体像をつかむ努力をすること、これが基本である。現時点で全体像の理解が手薄であるなら、そこに力点を置くのが当然である。

第二に、それは長期的な趨勢にすぎず、すぐには大きな問題は起こらないから研究は無駄だという楽観に基づいた意見である。こうした楽観論は、最悪の状況を考えたくない人間生来の「正常バイアス」のためにしばしば起こり、しかも気付きにくい。起こってほしくない、だからそれは起こらないという、理屈にはならないが受け入れられやすい考えである。起こってほしくないことを話すと、起こってしまうという「言霊」信仰が強い場合は、もっと簡単に受け入れてしまいがちである。しかし、議論を避けて準備しないままでは、危機や事故が起こったときにどうしようもなくなることは経験的に明らかである。

偉そうなことを述べたが、知能化戦争がパワーの計算に大きな影響を与えることはわかっていても、日米中など主要諸国の理解の仕方はまだよくわからない*6。パワーはリアリズムの基本とされるが、その定義はなかなか定まらない。その背景には、政治や経済とともに、戦争それ自体の大きな変化が現に進行中であり、しかも予想できる将来それが止まることもないことがある。

研究する上でまず直面する課題の一つは、概念や用語の混乱である。ほぼ同じ事象を扱う研究がいろいろあり、実質はほぼ同じであっても、使う用語が違うことが少なくない。現実が先行し、しかも予想しにくい変化を続けていろいろな側面を見せ、多くの研究はそれらを後追いする状況にある。全体像の把握の困難を、象を撫でるという言い方で表すことがある。「知能化」という象は、あまりに大きく、ほんの一部を撫でてこれは何かを言うと、他の部分を撫でた者から別の指摘がなされ、全体としてそれが象であることを理解できない。その間に象は形を変えて成長を続け、各部分も別の形になっているようなものであろう。

このようなことがあるので、社会や国家の変容まで含めなくとも、他の社会科学の分野の研究とほぼ同じように、本書で進める考察も最終的な結論ではなく、中間的なものにとどまる。節目と考えられる将来の時期にあらためて考察することになるが、そこでも最終的な解答を得ることにはならないであろう。

2. 軍事戦略

（1）軍事戦略の位置づけ

中国の「軍事戦略」について述べる前に、軍事戦略そのものについて触れておこう。軍事戦略については非常に多くの研究の蓄積があるが、注意しなければならないのは、軍事戦略という考え方の有効性である。多くの場合、広い意味では、次の戦争に備えるために兵器の研究開発、兵站から作戦や指揮統制まで準備を進め、その場合に戦争形態とそれに見合った軍事戦略が構想される。

中国の場合、このような軍事戦略の実施に必要な、より長期的で包括的な諸政策は「軍事建設」と呼ばれることが多い。軍事建設には、兵器や装備の不可欠な素材や部品の研究生産も含めることがあり、後に述べる軍民融合と深い関係がある。狭い意味では、兵器の研究開発は含めず、兵站、作戦と指揮統制を指すことが多い。

なお、普通は兵站には輸送・分配、通信、医療、補修維持などを含め、作戦は中規模の会戦の戦役、それに含まれる戦術を含む。指揮統制はほぼ全てのレベルに関わる。指揮は戦闘に直接関わり、統制は戦闘には直接関わらない管理運営の活動を指す。

人員の心理状態も軍事戦略を構成する極めて重要な要素の一つである。戦争の根本目的の一つである脅威の除去は、相手の生物学的存在の抹殺のほか、その抵抗の意志を挫くという心理的な手法も含んでいる。防御においても抵抗する意志の維持が兵器、装備や作戦などと並んで決定的な意味を持つ。

以上のことから想像できるように、多くの場合、軍事に関わる問題設定は、制限条件下の目的の実現や最大化を追求する形をとる。そのため、数学や経営学の概念や手法を応用することが極めて多い。相手の軍事ネットワークの破壊や自国の方の防御には数学の一分野であるグラフ理論が使われる。その際、優先順位を決めるにも基本はオペレーションズ・リサーチ（Operations Research：OR）やゲーム理論の手法である。兵站では、輸送と分配に経営学の数学的な手法が使われ、宅配業者の最適化の手法が大幅に取り入れられている。ただし、心理など数値化しにくい要素も数多く含まれている分野では、基本的には近似的な手法となる。

数学的手法の応用では、民間も軍事もほとんど違いがない。宅配業者が自宅や企業に配達するのも、兵站部門が現場の部隊に兵器や弾薬を届けるのも、また敵にミサイルや大砲の弾丸を射つのも、全て同じ方程式である。

これらの膨大な業務を的確に迅速に進めるため、高能率のコンピューターが活躍する。コンピューターを有効に（きちんとした目的を設定して）能率的に（短時間に低コストで）、しかも状況の変化を予測し把握してすぐに応じられるようにアルゴリズムが設定される。アルゴリズムの作り方は簡単に視認できるような派手さはないが、軍隊の頭脳と神経に当たる指揮統制通信の基盤となっていて、アルゴリズムの作成自体が戦争の始まりと言われてその重要性が強調されることがある。

戦争に予測や準備はつきものである。しかし、実際に戦争が起こると、相手の兵器が予想外に強い、味方の輸送がとどこおる、不可欠な部品のいくつかが足りないなど、想定外のことが怒涛のように沸き起こる。その結果、担当者たちは兵器、作戦や兵站など戦い方の修正が爆発的に増える現象に直面する。戦い方の修正を任務とする部局が事前に設置されていたとしても、現場の部隊にまでその修正を周知徹底するのは時間もコストもかかる。

したがって、現場の部隊は以前には意味のあった戦い方が意味を失った後でも、そのまま続けるほかなくなることも多い。後から見ると、きわめて大きな損害を強いる決定や行動は非合理に見えることもあるが、多くの場合、切迫した状況下、限られた手段しかない現場は他に方法がない。中国の古典の表現を借りて言えば「轍鮒之急《てつぷのきゆう》」の状況である。通常は、多くの犠牲と損失が生じる中で、新しい戦法が編み出され、新しい兵器も登場し、兵器生産の方法も改善される。

（２）軍事戦略の変化

戦争中また戦争後に、新たに出現した戦法や兵器についての研究が始まり、その国の戦い方が軍事戦略の一つの決まった形として説明されることが少なくない。第二次大戦の戦い方のかなりの部分は、第一次大戦の新戦法や新兵器を制度化し、体系化したものと考えられている。しかし、ドイツのＶ２ロケットなど、第二次大戦でもさらに新しい兵器が登場し、その役割が冷戦期で大きくなるといったことがある。

ドイツの「電撃戦」の戦法に至っては、直接には第一次大戦が長期化した反省から生まれたが、古代カルタゴの将軍ハンニバルの戦法にその淵源が求められることが多く、一九九一年の湾岸戦争における多国籍軍の戦い方にも強い影響を与えたと言われている。総じて、以前の戦争とは異なる戦い方で勝った側のやり方や、戦争に最終的に勝った側のやり方が一つのモデルとなり、他国も取り入れることが多い。

戦争のプロセスと戦い方の変化は、ある程度予測できるとしても、常に残らず予測しきった完璧な軍事戦略が事前にあるわけではないと考えた方が現実と合致するだろう。どんな相手にも、またいつでもどこでも通用するような万能のやり方はなく、作戦や戦略はその都度、特定の相手に対するものであるという考えは現代中国にも存在してきた。一度そのパターンで成功したら、相手は対抗策を考えるので、最初の方法は通用しなくなるからである。

ただし、ここでも転換のために入手できる資源や時間が圧倒的に不足しているなど、他に有力な選択肢が見当たらない場合は、それまでの成功体験に基づく戦法が繰り返されることになる。損害は大きいがこのやり方で、相手国の戦力が摩滅するかその国の世論が戦争の継続に否定的になり、勝利できる場合もある。

中国でも知能化戦争の登場で時代遅れになったと思われる旧来の戦法が引き続き有効であるとの主張がされたことがある。知能化戦争と絡めて過去の戦争について書かれたある論文の執筆者は戦史研究者で、国共内戦期の淮海戦役（一九四八年一一月〜一九四九年一月）という戦いに関する結びで、「超高速の戦略戦術と指揮芸術は将来の情報化知能化戦争に対して、なお重要な指導的な意義がある」と述べた*7。中国人民解放軍内部では、国共内戦期などの歴史的な事例の研究は時代遅れと見なされがちで、それに対する戦史研究者からの反論の一つということができる。この論文は、外国軍が採用した戦略や作戦を、中国の力や環境を考えずにそのまま使おうとするのはおかしいという批判をしている。

軍事戦略についての分析を進める上で、その下位概念である戦術の研究も大きな意義がある。しかし、特に一九九一年の湾岸戦争以後、戦略と戦術の境目が急速に曖昧になり、戦争形態の大きな変革が進む時期にそれだけでは不十分であると言われてきた。しかし、知能化が戦術に与える影響も引き続き研究されているようである*8。

戦争形態の大きな変革が進む時期には、兵器の研究開発に関わる国防産業や、軍隊の教育や訓練など、多くの研究があまり扱ってこなかった分野も深く関わる。二〇世紀から二一世紀にかけての中国の軍事戦略についての研究は、まさにこのような視点に立って行う必要があるだろう。

3. 中国の軍事戦略：連続性と非連続性

（1）現代中国における軍事戦略の変遷

中国の軍事戦略の変化についての研究は、一九四九年の中華人民共和国の成立時からの時期の範囲内で始めることが多い。もっと長期には、一九世紀末の清朝時代に行われた「近代化」から考えることもある。一八九四～一八九五年の日清戦争の敗北は、中国共産党統治下の中華人民共和国でも「国の恥」として考えられており、軍事力を充実させる重要な理由となっているからである。

中国の軍事戦略について、多くの研究者が抱えてきた難問として、整合的な文書体系に基づく戦略が存在するか、また軍事戦略の策定はどのような組織が中心となって他の組織とどう連携して行われるのか、はっきりわかっていないことがある。多くの場合、中国にはマニュアル化された戦略文書はないと言われている。

戦略の策定に中央軍事委員会が関わっていることはほぼ間違いないとしても、軍事科学院のような軍の主要なシンクタンクの任務とその範囲、国務院財政部のような国家財政を扱う部門との調整、五か年計画のような中長期経済計画を担う国家発展改革委員会や中央軍事委員会とその事務を担当する辦公庁の役割などが、どのようなメカニズムになっているのか、よくわかっていない*9。

さらに、軍事戦略という言葉が持つ実質的な重みについても注意が必要である。政治的なスローガンと同じように、軍事戦略の基本原則である軍事ドクトリンとなる概念や言葉は、実際の具体的な枠組みや手順というよりも、前任者との違いを際立たせるなど、最高指導者の個人的な威信を強調するために作られたとも考えられている。

「人民戦争」論が軍事戦略であるとして毛沢東の圧倒的な威信を象徴するとすれば、「現代的条件下の人民戦争」論は鄧小平が「人民戦争」で毛沢東との連続性を、「現代的条件下」で違いをそれぞれ示そうとしたと言える*10。

鄧小平以後も、中国の軍事ドクトリンや作戦ドクトリンは、最高指導者の個人的な権威と結びついてきた。江沢民の「ハイテク条件下の限定戦争」や胡錦濤の「情報化条件下の限定戦争」である*11。習近平では知能化戦争がこれに相当すると考えられるが、実際にはそのような両者を結びつける宣伝キャンペーンはなかった*12。

(2) 軍事戦略の連続性と非連続性

問題はこれらの間の違いがどれくらいか、難しく言えば連続的か(同じか)と非連続的か(違うか)があるかである。新しい表現だから中身が新しいとは限らない。しかし、全く同じというわけでもない。最高指導者個人の権威と結びついているから実質的な違いはないということもできる一方、「現代的条件下の人民戦争」では、国共内戦、朝鮮戦争と改革開放以後の機械化戦争、「ハイテク条件下の限定戦争」は湾岸戦争以後の精密誘導兵器に代表されるハイテク兵器を用いた限定的な戦争、また「情報化条件下の限定戦争」はイラク戦争以後の、知能化戦争はそれ以後の先端技術の軍事への影響をそれぞれ想定したと図式化することもできる。

軍事戦略の連続性（似た程度）や非連続性（違う程度）は、そこだけを見てもわからない。確かなことは、これらを決めるのは、戦争そのものの変化に関する分析があってこそできることである。逆に言えば、戦争そのものの変化に関する分析がなければできない＊13。そして戦争そのものの変化は、扱う時期の長さだけでなく、その間に生じた出来事によっても見え方が異なる。第二次大戦終了直後から改革開放初期までなら、主に機械化戦争の中で、航空機、戦車、艦艇などの違いとそれに伴う作戦の変容に分析の力点があり、違いは大きく見えたかもしれない。しかし、分析の時期が第二次大戦終了直後から二〇二二年二月のロシアによるウクライナ侵攻（ウクライナ戦争）開始までとより長期になるなら、すでに述べた湾岸戦争やイラク戦争のほか、ベトナム戦争、フォークランド紛争、コソボ紛争やシリア内戦なども起こっており、全く同じものを扱っていても、機械化戦争の中での兵器や戦法の違いは、非常に小さく見えるであろう。

知能化戦争も同様だが、かなりの部分、まだ起こっていない将来の戦争の中で位置づけを現時点で考えることになる。人工知能（ＡＩ）を駆使できた軍隊が全世代の兵器と戦略しか持たない相手に対して圧倒的勝利を収めたならば、その時には軍事戦略の変化は大きいと評価されるであろう。しかし、勝利が限定的であるか、圧倒的勝利でもその後の平和構築に失敗すれば、変化はそれほど大きいとは評価されなくなる。

軍事戦略が戦争前に確定できるとは言えないことは、中国も例外ではない。鄧小平を継いだ江沢民政権（一九八九～二〇〇二年）以後、軍事戦略と明確に言い切ることは少なく、かわりに多く用いられていったのは「軍事戦略方針」という表現であった。ガイドラインを意味する「方針」が付け加えられた表現では、方向は示すが詳細が決まっていないニュアンスがある。

しかし、このことは、北大西洋条約機構（NATO）の「戦略概念」（Strategic Concept）も概括的であると考えられているように、中国の「軍事戦略方針」が特異であることを直ちに意味するものではない。

なお、江沢民政権以降、胡錦濤政権（二〇〇二～二〇一二年）では「新時期の軍事戦略方針」、習近平政権では「新時代の軍事戦略方針」という表現が使われてきた。見方を変えれば、戦略という表現は、毛沢東を連想させるので、方針という言葉を付け加えて、後の指導者の謙遜を表したとも考えられる。習近平の「新時代の軍事戦略方針」は、その謙遜さの下で習近平自身の権威を強調したかったのかもしれない。

4．錯綜する概念

次章以降で中国の知能化戦争について本格的な議論を始める前に、関連の深い概念について触れておく。概念整理が必要なのは、第二次大戦以後、戦争形態の変化な変化に研究が追いつこうとして同じようなことをさまざまな言葉で言い換えるか、逆に異なるはずの概念を色々な研究者らが同じ言葉で表して混乱が生じたからである。

ただし、実際の状況が不断に変化し続けており、変化の中で見えることもその都度異なるので、万人が納得できる整理は非常に難しい。一度整理をしたら後は考えなくて良いのではなく、状況が変われればまた何度も考え直すことになる。整理に必要な概念の定義についても同じである。

関連する概念の例として、「ハイブリッド戦争」、「クロス・ドメイン戦争」（マルチ・ドメイン戦争）、また作戦では中国の「一体化統合作戦」などが挙げられる*14。作戦ではないが「グレーゾーン」も広く使われてきたが、議論が錯綜しているので、次章で整理を試みることにする。こうした概念やスローガンは極めて多いので、本書では、分析に不可欠な最低限のものに限り、関係の深い基本概念をごく簡潔に整理してておきたい。なお、ハイブリッド戦争は「複合戦争」とも訳されたことがあるが、ハイブリッド戦争という言い方が広まっているため、ここでもハイブリッド戦争という表現を使用する。

概念を定義する上で最大の問題は、戦争そのものの定義である。代表的な国語辞典である『広辞苑』によれば、戦争とは「たたかい、いくさ」「武力による国家間の闘争」とある。ハイブリッド戦争の説明では、サイバーに注目して「戦闘のない戦争」というレトリックもある。しかし、伝統的な考えによれば、戦闘がないなら武力（軍事力）は使われず、戦争ではないはずで、学術的な表現ではない。「戦闘のない戦争」という文学的表現のままでは学術的な議論ができない。

戦闘がない戦争を改めて別に定義すべきで、それができたら戦闘が伴う戦争との関係を明らかにすべきである。戦闘や戦争をめぐる概念が混乱している根本的な原因は、仮の結論として言えば、戦争や軍事力は、その社会の中で理解され、時代が変われば中身も異なるからということであろう。

戦争の方法や兵士についての考え方も不変ではない。敵国でも指揮官個人に対する攻撃は不道徳と考えられた時期や地域があった一方、二一世紀初頭では戦場の指揮官はおろか、政治指導者に対する攻撃（つまり暗殺）も許容できるとされている。この手法は、「斬首作戦」（decapitation）と呼ばれている。特殊部隊や狙撃兵も、正規兵の間でさえ仲間とは見なされなかったこともある。兵站や通信はあくまで補助的な役割にとどまるに過ぎないと考えられたこともあったが、今では戦力の重要な一翼を担うどころか、決定的な重要性を持つとさえ言われるようになった。

同様に、文官（シビリアン）と軍人の区別も抽象的にはできるが、具体例を用いての実際の分類は難しい。軍隊をやめれば全てシビリアンと言えるのか、軍隊にいた年数で定義が変わるのか、異議のない決め方は見当たらない。

戦争の目的も外から見ると分かりにくい。孫子のように、「相手の抵抗の意志を挫く」ことが最終的な目的とされ、そのために軍事力が使われるが、軍事力を使わない、または使用を最小限に抑える方法がより優れた方法として推奨された。軍事力を行使すれば必ず双方に損害が出るし、有利だと思って始めた戦争はしばしば予測を外れ、相手の抵抗が強く予想外に長引き、戦争前より状況が悪くなってしまうからである。

一方では、相手の部隊や政権どころか、相手の国の存在自体を消滅させる絶滅戦争があり、単に「相手の抵抗の意志を挫く」という限定的な目的に止まらない場合がある。たとえ相手の心理を変えることが目的であっても、与えた損害が大きすぎるという批判は免れないことが多い。

また、しばしば忘れられがちなのは、戦争の性格は、攻撃側と防衛側それぞれの立場によって捉え方が異なるということである。一九九一年の湾岸戦争や二〇〇三年のイラク戦争などでは、人的損失が抑えられたとされることが多い。しかし、それは攻撃側の欧米についてであり、攻撃されたイラク側にとっては多大な人的損失を被った殲滅戦で、政治体制の変革を伴うものであった。

＊註

1 知能化戦争という言葉がまだ定着しない時期に中国で行われた議論の一端をめぐっては、たとえば、浅野亮「中国の知能化戦争」『防衛学研究』第六二号（二〇二〇年三月）、一九〜四一頁を参照されたい。なお、この論文で使っている「フルスペクトラム」は「全ドメイン」に置き換えて読まれたい。

2 李明海「智能化戦争的制勝機理変在哪里」『解放軍報』二〇一九年一月一五日。

3 呉敏文「智能化是信息化高級段階：対機械化信息化智能化関係的浅見」『解放軍報』二〇一九年一一月一四日。

4 同上。

5 たとえば、日本安全保障戦略研究所編著『近未来戦を決する「マルチドメイン作戦」』国書刊行会、二〇二〇年、および道下徳成編著『「技術」が変える戦争と平和』芙蓉書房出版、二〇一八年など。

6 なお、「パワー」とは何か、その大きさはどう測定するかは、国際関係論の根本的な大きな問題で、未解決のままだと言われている。これまで多くの研究者が「パワー」を特定して精密に表現しようと試み続けてきた。この問題は大きすぎるので、本論ではなく、補論で議論を展開している。

7 劉媛媛「立足客観実際設計戦争」『解放軍報』二〇二二年七月一九日。

8 宋広収「顛覆性技術引発戦術変革」『解放軍報』二〇一九年一月二二日。

9 日本における数少ない研究例として、土屋貴裕『現代中国軍事制度：国防費・軍事費をめぐる党・政・軍関係』勁草書房、二〇一五年。

10 実際には、朝鮮戦争以後、毛沢東の存命中に彭徳懐が「現代的条件下の人民戦争」を提唱したことがある。しかし、彭徳懐の失脚以後、この表現は使われなくなった。この表現が再び使われるようになり、定着したのは、鄧小平の時代になってからである。

11 日本における軍事ドクトリンに関する先駆的な研究としては、浅野亮「軍事ドクトリンの変容―『現代技術、とくにハイテク条件下の局部戦争』と『二つの根本的転換』」高木誠一郎編著『脱冷戦期の中国外交とアジア・太平洋』日本国際問題研究所、二〇〇〇年、二三～五二頁、村井友秀、阿部純一、浅野亮、安田淳『中国をめぐる安全保障』ミネルヴァ書房、二〇〇七年を参照されたい。これ以前の傑出した研究として、平松茂雄や川島弘三による一連の業績がある。

12 なお、日本における習近平政権下の軍事戦略に関する主要な研究としては、土屋貴裕「中国流の戦争方法―習近平政権下の軍事戦略」川上高司編『「新しい戦争」とは何か：方法と戦略』第一〇章、二〇一六年一月、ミネルヴァ書房、一七二～一八九頁、門間理良「情報化戦争への準備を進める人民解放軍」『中国安全保障レポート２０２１』二〇二〇年、八塚正晃「人民解放軍の智能化戦争：中国の軍事戦略をめぐる議論」『安全保障戦略研究』一・二、二〇二〇年一〇月、一五～三四頁、下平拓哉「習近平思想とその軍事戦略」『危機管理研究』二九、二〇二一年、一五～二一頁、および下平拓哉「新たな戦い方『モザイク戦』の特徴と今後の方向性」『日本戦略研究フォーラム季報』第八九号、二〇二一年、一二九～一三六頁などが挙げられる。これらの引用はおおむね省略したが、本稿の執筆でも参照している。

13 知能化戦争の前の「情報化戦争」との関連では、李明海が「情報化戦争」はシステム対抗を中心に置くが、知能化戦争はアルゴリズム戦に重点を置くとしてどちらかと言えば違いを強調したのに対して、呉敏文は知能化戦争は「情報化戦争」の高級段階であるとし、相対的に連続性を強調していた。知能化戦争でもネットワーク・システムの重要性を指摘した現場の意見として、王軍「以全新思惟研究『網鏈』問題」『解放軍報』二〇二一年八月二三日。なお、執筆者は３１６７７部隊所属とある。

14 「一体化統合作戦」の中身は過去数十年の間変わってきている。大まかに言えば、機械化戦争を目指した一九八〇年代は「統合作戦」という名称を使ってエアランドバトルのような陸や空など異なる軍種の部隊の作戦を意味していたが、おおよそ時間表に基づく硬直的な運用であると見なされ、「一体化統合作戦」という表現を使って緊密な連携で時間表に縛られない柔軟な運用を目指した。二一世紀初頭、宇宙やサイバーなどが加わったマルチ・ドメインについては、杉浦康之『中国安全保障レポート２０２２：統合作戦能力の深化を目指す中国人民解放軍』防衛研究所、二〇二二年などに詳しい。

第2章 ❖ 中国の「ハイブリッド戦争」
「紛争連続体」としてのグレーゾーン

1. ハイブリッド戦争の登場

（1）ゲラシモフ・ドクトリン

戦争の定義をめぐり、二一世紀初頭には「グレーゾーン」と言われる概念が目立って議論されたことがある。「グレーゾーン」とは、戦争を表す色の黒（ブラック）と、平和を表す色の白（ホワイト）の間の領域で、「グレーゾーン」の戦いとは、伝統的な軍事力をほとんど行使しない戦いということになる。このため、軍事力と切り離され、無関係なのが「グレーゾーン」の特徴と捉えられることがあった。しかし、このような解釈は実態に合っているとは言えず、再検討の必要がある。

日本では、「グレーゾーン」という言葉は、中国と密接に結びついている。尖閣諸島をめぐる日中関係で緊張が高まった時期に、中国が軍艦ではなく法執行機関（主に海警）の巡視船が行った活動を指して二〇一〇年ごろから使われ始めた。ベトナムとの間では、中国の巡視船がベトナムの漁船に体当たりをして沈没させたほか、中国の漁船が特殊な工具がなければできない海底ケーブルの切断を行った。また、中国側は、南シナ海で埋め立てによる人工島の構築を進め、フィリピンに対しては中国「漁船」の長期停留などを行った。これらは、日本や東南アジアを対象とした「グレーゾーン」の事例とみなされた。このほか、マルウェア攻撃や偽情報の拡散を含むサイバー攻撃も、それだけでは人命がすぐには失われないと考えられたため、「グレーゾーン」のことと見なされた。二〇一六年の南シナ海をめぐるフィリピンとの仲裁裁判の裁決に対する中国側の無視も、法律分野における「グレーゾーン」の事例と考えられている*1。

「グレーゾーン」と密接な関係にある戦争概念に「ハイブリッド戦争」(hybrid warfare) がある。メディアや一般のネットで見られた「ハイブリッド戦争」は、「グレーゾーン」の戦争とほぼ同じ意味で使われたこともある*2。二〇一四年のロシアのクリミア併合という事例が東アジアにどのように参考になるのかが本格的に考えられ始まるまで、尖閣諸島や東南アジアの「グレーゾーン」は、一部の専門家を除いて、ハイブリッド戦争と関連づけて理解されなかったことが多い。ハイブリッド戦争という言葉がメディアやネットでも広く使われ始めたのは、二〇二二年二月に始まるとされるロシア・ウクライナ戦争からであろう。

実際、ハイブリッド戦争で行われる作戦はロシアが起源とされ、プーチン政権下の参謀総長ワレリー・ワシリエヴィチ・ゲラシモフの名前をとって、ゲラシモフ・ドクトリンと呼ばれてきた。その主要な特徴は、正規戦と非正規戦の組み合わせと考えられた。一般に日本ではこのような理解が定着したようである。しかし、このような性格づけには、ゲラシモフ・ドクトリンがロシア独自でも戦略でもないという批判があるように、異論も多いと言われている*3。

（2）「ハイブリッド戦争」に対する米中の理解

「ハイブリッド戦争」に対する中国の解釈は、日本など西側とは大きく異なる。中国での受け取り方の一つは、ハイブリッド戦争を「混合戦争」と呼び、政治、外交、世論、経済、軍事に加えて、政権の転覆を図るレジーム・チェンジも含めていた*4。この解釈では、レジーム・チェンジは、混合戦争の特殊形態で西側が仕掛けてきたもので、カラー革命がその典型であったという。この手法は、リスクが小さく利益は大きいので、米国など西方諸国の重要なオプションとなっていたという。なお、中国ではレジーム・チェンジを「顛覆戦」と呼ぶ場合がある。しかし、この用語は、ＡＩの導入などイノベーションによる優劣の劇的な逆転を意味することが多く、中国の公文書でもほとんどはこの意味で使われている。

中国の伝統的な戦略思考は「ハイブリッド戦争」をもともと含んでいた。王朝時代に編まれた兵法書は、時代を超えてハイブリッド戦争を連想させる。たとえば、明代の軍事教科書にもなった『六韜三略』では、「文韜」という章が戦争に備えた政治制度、「武韜」が事前に敵国を弱らせる手法、「龍韜」が軍事制度、そして「虎韜」が軍事作戦をそれぞれ解説している。「武韜」は物理的破壊を伴わない戦いについて述べているので、「虎韜」と組み合わせればまさにハイブリッド戦争である。

米国では、ゲラシモフ以前に、ロバート・ゲーツ（Robert Gates）元米国防長官が戦争のトレンドが複合的つまりハイブリッドになってきたとして、以下のように述べたことがある。「政治学者のコリン・グレイ［Colin Gray］が述べたように、戦争の種類分けは境界がぼやけてきていて、もはや整然として明晰な区分けはできない。破壊のためのさらに多くの道具や戦術を目にすることができ―複雑なものから単純なものまで―ハイブリッドでもっと複雑な形態の戦争において同時並行に使われる」*5。ゲーツがハイブリッドの例として挙げたのは、ロシアが従来型の兵力（conventional force）とともにサイバー手段とプロパガンダを組み合わせて攻撃した二〇〇八年の南オセチア紛争（ジョージア紛争）であった。

また、米軍の『四年ごとの戦力見直し』(Quadrennial Defense Review：QDR) の二〇一〇年版も、「ハイブリッド戦争」という用語を、このレビューの主要な概念の一つとして用いた。米軍の理論家たちは、ハイブリッド戦争をゆるやかに定義する (loosely defined)、つまり厳密な定義にこだわらないという立場に立っていた。分析の初期に定義をやや緩く仮設定しておくのは、大きな変化が進行中の対象をダイナミックに分析する際には広くみられる手法である。ある程度分析が進んだ段階で、あらためて定義を考え直すことになる*6。二〇二二年の時点で、NATOや欧州連合（EU）は、ハイブリッド戦争を公式の政策用語として使っている*7。このことから、学術上は多様性が残るが、政策概念としてはすでに確立していると言えよう。

2．モザイク戦

(1) モザイク戦をめぐる議論の特徴

「モザイク戦」(mosaic warfare) は、このような戦争のトレンドがハイブリッドになりつつある状況の下で構想された。二〇二三年の時点で、モザイク戦の構想は実際の作戦運用に向けて具体化が進んでいるとみられる。その基本は、大型から小型でそれぞれの役割に特化したプラットフォームの組み合わせへの変化であろう。たとえば、大型の軍用機や艦艇に偵察、対空攻撃や対地攻撃、通信など多様な役割を一つのプラットフォームにまとめると、攻撃されて喪失した場合の損害が非常に大きく、作戦にすぐに大きな支障が出るので、これらの役割を小型の軍用機や艦艇に分配して、損害が全体にすぐにはおよびにくく、作戦に生じる支障を最小限に抑えようとする。

モザイク戦をめぐる議論の大きな特徴は、軍用機や艦艇の無人化、つまり無人機や無人艦艇など無人兵器で小型化を進めて、統合運用を行うことである。大型の兵器はコストが高く、製造にも時間がかかるが、小型兵器はコストが安く、製造も比較的簡単である。多数の小型兵器の統合運用が行われるので、当然、指揮統制通信の役割が非常に大きく、相手の指揮統制通信への攻撃や我が方の指揮統制通信の防御が主たる攻撃対象の一つとなる。防御の脆弱性が最小限に抑えられたとしても、万が一破られた場合には統合運用が大きく損なわれ大きな問題となるので、指揮統制通信の喪失があった場合でも作戦が続行できるよう、無人兵器がそれぞれに判断して攻撃や防御ができる自律化が図られる。これがいわゆる完全自律型致死性兵器（Lethal Autonomous Weapons Systems：LAWS）である。

モザイク戦は、二〇一七年の米国防高等研究計画局（ＤＡＰＲＡ）を皮切りに、二〇一九年にミッチェル航空宇宙研究所（Mitchell Institute for Aerospace Studies）、二〇二〇年に戦略予算評価センター（ＣＳＢＡ）がそれぞれ提唱したとされる*8。それは間違いではないが、説明が必要である。

つまり、マルチ・ドメイン戦がそうであったように、モザイク戦も具体的な相手とそれらがとる作戦を想定して考えられていたことである。ここで行う説明もまだ初歩的な仮説の段階だが、大きな誤りは少ないであろう。これらは最初から完成形で華々しく登場したのではなく、具体的な事例に基づく地道な議論を重ねて徐々に姿を現したという方がより正確である。

米国側が取り上げた相手の中でも、中国は最も重要な相手の一つであり、二〇一〇年代中頃までは中国によるＡ２／ＡＤ（Anti Access / Area Denial：接近阻止・領域拒否）を想定してきた米政府が、中国は米軍の「作戦体系の機能麻痺」を狙うであろうと、領域から戦力に考え方の重点を変えてきたことが、モザイク戦構想の背景にあった。二〇一四年のクリミア侵攻に見られたようなロシアのハイブリッド戦も、米軍の考え方に大きな影響を与えた*9。

無人機群によるスウォーム（swarm）作戦（中国ではswarmを「蜂群」と訳している）とＡＩによるＬＡ

WSの組織的運用を旨とするモザイク戦は一見似ている側面もあり、違いに意味があるかどうか、素人にはわかりにくい＊10。LAWSは、アゼルバイジャンとアルメニアの紛争や、トルコによるクルド人組織に対する攻撃やリビア内戦などで報道が相次いできた。ウクライナ戦争でもおそらく使われたと考えるのが妥当であろう。

なお、LAWSの規制は、遅くとも二〇一四年には特定通常兵器使用禁止条約（Convention on Certain Conventional Weapons：CCW）の会合で取り上げられるようになった。また、多くの国際組織もLAWSを含むAI兵器についてレポートを発表し、規制を議論してきた。しかし、「LAWSの議論も現実には議論だけで終わりかねない側面がある一方で、AIの進歩は目覚ましいとの一見矛盾した現状がある」＊11。

（2）自律型兵器への中国の関心

中国は、もちろんこうした米国の動向を注視している＊12。中国では、LAWSを含め、米国に遅れを取らないよう脳・神経科学の軍事応用なども研究課題として取り上げられてきた＊13。無人機の使用では、『解放軍報』を見る限り、人民解放軍がその研究に力を入れてきたのは明らかである＊14。人民解放軍では、無人機の指揮ができない状況での対応も訓練の中にすでに取り入れられていた＊15。そのほか、安全保障研究や証券会社のサイトでは、ウクライナ戦争における米スペースX社が提供するスターリンク（Starlink）衛星インターネットと無人機の組み合わせ（詳細は次節参照）から「モザイク戦」の雛形ができてきた、またはモザイク戦における小型無人艇スウォーム作戦・統制に関する論評や研究もされたことがわかっている。モザイク戦と明示されなくとも、無人艦艇や無人潜水艦に関する研究は、米軍の水雷作戦も含めて数多い。この分野の動向は、軍事だけでなく外交にも大きく影響を与える性格を持っているので、軍事専門家でなくともある程度の知識が必要であろう。

なお、未確認ではあるが、人間の頭脳に直接影響を与えて戦意を喪失させる兵器がシリア内戦や中印紛争で使われたと言われている。もしこれが本当ならば、脳科学が実戦で使われた事例と言える。脳科学の応用は相手の脳に影響を与えるにとどまらず、人間の脳と機械（ＡＩを含む）を融合させて指揮統制に使うことも研究が進んでいる。この研究はモザイク戦にも応用可能である。

すでに実際の事例が示すように、自律型兵器は、それに準備していない生身の人間の部隊は逃げても無人兵器がどこまでも追ってきてほとんどなすすべがなく、戦闘は一方的な展開になる。二〇二三年の時点ではまだ初歩的な段階であるとされるが、それでも兵器の世代が一つ異なると、有利となった側の攻撃は圧倒的に有利になる。防御する側が対応をしようとしても、攻撃側が十分なデータを持っていれば、ほしいままに攻撃対象を選ぶことができ、戦争全体が終了した後も決定的な優勢を保つことができ、ひいては戦後秩序の構築に圧倒的に有利となる。

中国でも、無人機のスウォーム作戦へのＡＩの応用研究は進んできたようである＊16。当然ながら、特に指揮統制や情報システムに関心が強いようである＊17。しかし、ＡＩの軍事的応用はそれにとどまらず、軍事戦略の決定という分野にも及んでいる＊18。

しかし、相手からの攻撃によって、自律型兵器への指揮統制や通信ができなくなった場合、こちらが戦闘停止をしようとしても、自律型兵器の指揮統制通信ができなくなっているとすれば、戦闘は無制限に続くというパラドックスが生じる。核搭載のＬＡＷＳがもたらす核戦略や安定性への影響は深刻であることから、研究が各国で進みつつある。

中国でもＡＩ搭載の自律型兵器の重要な問題として、能力と脆弱性をめぐるジレンマがあるとの指摘もなされている。これは、自律型兵器の導入とその能力向上によって、先制攻撃の可能性が増大し、エスカレーションにつながりやすく、グローバルな戦略的安定性に対して根本的な挑戦となるというものである*19。

3．「グレーゾーン」の捉え方：「紛争連続体」

（1）「グレーゾーン」とは

ハイブリッド戦争は「グレーゾーン」での戦いを含むと広く考えられてきた。第1節で述べた通り、以前は「グレーゾーン」では戦闘が起こらないところに注目されていたが、ハイブリッド戦争においては実際の戦闘を伴うことが多く、「グレーゾーン」が軍事力の直接行使と密接に関わる枠組みで位置づけられる。このように、「グレーゾーン」の捉え方は、ハイブリッド戦争の進展に伴ってダイナミックに変化してきた。

このため、ここで一度立ち止まって「グレーゾーン」の捉え方をあらためて考えてみよう。その際、学術的に妥当かどうかよりも、二一世紀初頭において最先端の軍事先進国と見なされる米国での実際の使い方を見てみたい。中国も米国での研究を大いに参照し取り入れてきたので、米国側の概念は知っておく必要がある。あまり広くは知られていないが、同時に、米軍も中国の手法を積極的に取り入れ、両者の間にはフィードバックが存在する。

米軍の「グレーゾーン」の捉え方の大きな特徴は、緊張のレベルに応じて競争（competition）と紛争（conflict）を連続的なスキームの中で捉えていることにある。ここでの競争は企業や個人の間の競い合いを意味しておらず、紛争に比べて緊張のレベルが低い状態のことを言っている。二〇一七年一月、JP3-0として公表された「統合作戦」（Joint Operations）は、「紛争連続体」（Conflict Continuum）は平和から戦争までに及ぶと説明している*20。

（2）マッコイの戦争観に基づく「グレーゾーン」理解

この「紛争連続体」を、米陸軍の戦略問題担当官（strategist officer）であるケリー・マッコイ（Kelly McCoy）は丁寧に解説を加えた*21。マッコイは、説明を二つに絞って行なった。第一に、これはすでに述べたことだが、「グレーゾーン」とも言われる軍事力の行使という閾値以下の状態は、競争と紛争の間でほぼ切れ目のない連続的なスキームの中で表すことができるということである。第二に、「グレーゾーン」での作戦を行う決定は、その状況下で達成できる、または達成すべき目的とコストの関係で決まる選択の結果という考え方である。

この第二の指摘はより重要であろう。軍事力の行使の有無は人道的な観点からではなく、達成すべき目的に比してかかるコストが大きいか小さいか、という冷徹な計算から決めるということである。孫子の「戦わずして勝つ」の解釈にも通じることであろう。「戦わずして勝つ」は、孔子や孟子のような儒教の立場からではなく、そう装うのは宣伝のためである、ということになる。

やや話が逸れたが、この二つをまとめて言えば、「グレーゾーン」は伝統的な軍事力の行使と切り離されてはおらずつながっており、これら両者のどちらを行使するかは目的とコストの間の計算によって決まる、ということになる。その結果、武力を本格的に使わない「グレーゾーン」が戦争の一部になりうるのか、戦争や作戦として「グレーゾーン」が新しく出現したか、などを問題にすることはなくなる。

競争においては、武力紛争（armed conflict）の特徴である大規模な暴力（large-scale violence）がない。マッコイによれば、競争は新しいものではないが、現在のまた将来の実際の状況への対応では「総体的な手法」（holistic approach）が必要ということである。この記述はわかりにくいが、競争すなわち大規模な暴力を伴わない「グレーゾーン」の作戦の遂行は、狭く表面的に考えるだけではできず、よく考えなければならない、という意味である。つまりは、未知で未解明の部分が多いことを認めていると読めるだろう。

また、マッコイは、競争によって敵は同盟の結びつきを弱らせて解体し、米国のパートナー国を打ち倒そうとすると共に、平和と戦争の間の境目をあいまいにする作戦を進めて、伝統的な抑止の考え方に挑戦している。そうした敵の作戦に対して、米軍は第一に敵の試みを抑止し打ち勝つとともに米国の利益になるように状況を維持改善し、第二にその能力を示して、敵の拒否空間（denied space、敵が優勢な空間）を我が方と相争う空間（contested space）に変えていき、武力紛争が始まる場合に備えてイニシアチブを握るべきであるとしている。

QDRやマッコイの戦争観には、理論上の大きな特徴がある。調和の取れた恒久的な平和が想定されていないことである。競争と紛争だけがあり、緊張のレベルとコスト計算によって物理的な軍事力の行使の有無が決まるディストピアのような世界が想定されている。戦争に直接関わるものなので当然であろう。平和とは、戦争と戦争の間にある小休止に過ぎず、協力は相手を打ち倒せないから行う一時的な手段であり、同盟国は状況が変われば敵に変わる。戦争と革命を長期に経験した国ならば、このような世界観を持っていておかしくない。

こうした世界観においては、「グレーゾーン」と軍事力行使を伴う武力紛争の組み合わせ、すなわちハイブリッド戦争と考えられる状況を想定している。となると、次に扱うべきはハイブリッド戦争であろう。このトピックの分析ではウクライナ戦争を無視するわけにはいかない。

4．ウクライナ戦争の性格：ハイブリッド戦争と従来型戦争の二面性

（1）ロシアによるウクライナに対する軍事侵攻

二〇二二年二月二四日、ロシアによるウクライナに対するミサイル攻撃と軍事侵攻によって始まったウ

クライナ戦争をめぐり、同戦争は新しいタイプの戦争、すなわちハイブリッド戦争であるとの見方が当初広がった。ただし、よく知られているように、ロシア軍事研究者の小泉悠らによれば、ウクライナ戦争は決して新しい形の戦争ではなく、ミサイルや大砲を多用する伝統的なタイプの戦争としての一面があると言われている。しかもロシアは発電所などウクライナの民間インフラを意図して攻撃していた。しかし、当初の予想に反するウクライナの善戦はハイブリッド戦争、特に西側の世論を味方にする「世論戦」と精密攻撃を可能とする知能化作戦に大きく依存してきたことは明白である。伝統的な性格が残っているのは事実だが、新しい性格を軽視することもできない。

ウクライナ戦争では、無人機が飛び回り、個人のスマホで撮られた画像が世界の世論に影響を与え、大規模でかなり踏み込んだ西側の対ウクライナ援助と対ロ経済制裁を引き出した。西側諸国は対ロ貿易に厳しい制限を加え、ＳＷＩＦＴなどグローバルな金融決済システムからも排除するなど、これまでにない広範な制裁をロシアに課した。これに対して、ロシアは欧州向けの天然ガス供給を停止または削減するなど、経済手段による反撃を行った。経済手段を地政学的な目的のために使うエコノミック・ステイトクラフト（economic statecraft）という考えからすれば、規模が拡大しただけでなく、範囲も広がったということになる*22。

戦争の参加アクターもこれまでとは異なる展開があった。つまり、西側の主要ハイテク企業の戦争への直接参加である。前述の無人機を用いた米国のハイテク企業であるスペースＸがウクライナに対してスターリンク（Starlink）衛星通信システムの運用を行うほか、マイクロソフトやＣＩＳＣＯなどもサーバー防衛やミサイル警戒アラートを供給した。マイクロソフトはロシアの侵攻直前にロシアによるサイバー攻撃を検知し、短時間のうちにウクライナに防御ソフトを提供した。サイバーの攻撃と防衛では、西側もロシアも個人がそれぞれ行うことも見られた。企業や個人が直接相手を殺害することはなくとも、主にサイバー・デジタル空間で戦ったわけである。

二〇一四年のクリミア併合が短期間でロシアの勝利に終わった時とは異なり、二〇二二年の戦争が当初の大方の予測を裏切って長期化したのは、ウクライナに対する西側のサイバー・デジタル支援の役割が極めて大きいと考えられる。

このようなことから、日本のインテリジェンス研究の第一人者と目される小谷賢は、ウクライナ戦争が、「軍事力と偽情報・サイバー攻撃を組み合わせた」これまでのハイブリッド戦争から進化した、国と民間企業、そして情報発信を担う個人が密接に相互作用する「インテリジェンス・SNS・サイバーのハイブリッド戦争」の様相を見せていると述べていた*23。

問題はハイブリッド戦争の捉え方である。ハイブリッド戦争がどのように始まったのか、その淵源について西側とロシア（そして中国）側とは捉え方が異なる。このことはすでに触れたが、日本ではロシアや中国の考え方はおかしいと説明の途中で拒絶されることが多く、なかなか簡単に受け入れてもらえない。

そこで、その違いをここで再度述べておきたい。西側では、「政治的、経済的、社会的、また力学的〔物理的〕な手段を組み合わせた文民と戦闘員、秘密と公開、戦争と平和の区別がない紛争」とされる。しかし、やや単純化していえば、ロシアのハイブリッド戦争は「アラブの春」や「オレンジ革命」などのように主に相手国の政治を不安定化し、ついには政権交代にとどまらず体制転覆までに導く手法に焦点を当ててきたのである。

（2）ハイブリッド戦争への認識の高まり

西側では、自分たちが権威主義諸国に対してハイブリッド戦争を仕掛けて体制を瓦解させたという認識はほとんどない*24。あったとすれば、ブッシュJr.政権期、「ネオコン」とも言われる人々による中東の民主化の推進であろう。

西側が権威主義体制に対して転覆を仕掛けたという議論は受け入れないままだったが、ウクライナ戦争がハイブリッド戦争であるという解説がメディアやネットで広まったこともあり、日本では二〇二二年からハイブリッド戦争が始まったように捉えられることもあった。ロシアのウクライナ侵攻は、ウクライナ側の無人機によるロシア装甲部隊に対する攻撃がスマホや無人機による衝撃的な映像が流れ、直前のアルメニア・アゼルバイジャン紛争における無人機攻撃の映像と相伴って、新たな形の戦争や作戦の幕開けと受け取られた。

また、無人機と共に、サイバー攻撃や大規模な世論誘導の組み合わせがあり、メディアやネット上では、これを新しい形の戦争と見なすことが少なくなかった。また、メディアやネットで広く使われた「サイバー戦」という言葉も、通信ネットワークの麻痺や混乱のほか、フェイクニュース・ディープフェイクを含むディスインフォメーション（disinformation）、味方を増やすニュアンスで使われる「世論戦」を含む幅広い意味で使われた。

二〇二一年から二〇二二年にかけて新しい事象と言えるのは、アルメニアとアゼルバイジャンの紛争である。アゼルバイジャン軍は無人機群によるスウォーム編隊を運用し、指揮にはＡＩが使われ、アルゴリズムに従って無人機の集団が生身の人間たちを執拗に攻撃したと言われる。しかし、進行中のウクライナ戦争での無人機の使用方法はまだほとんど公開されておらず、二〇二二年一〇月の時点では多くが不明のままである。ただし、双方とも相手の無人機による偵察や攻撃への対抗手段をすぐに編み出したと伝えられる。

他方、ロシアのサイバー攻撃は、二〇一四年のクリミア併合時ですでに実施され、ウクライナ軍の指揮命令系統と通信システムを麻痺・誤導させ、世論誘導ではロシア軍が歓迎されている映像を大量に流して戦争の正当性を強調した。物理的な破壊や人命の喪失は非常に少なかったと言われている。ところが、二〇二二年のウクライナ戦争では、一月中旬にはロシア側がウクライナにサイバー攻撃を仕掛け、その上で二月に特殊部隊、航空機と戦車でウクライナを一挙に制圧しようとしたが、ウクライナ側の防衛が成功して戦線は膠着した。

こうした事例から、何か新しい状況が生まれつつあるのではないかと考えられるようになった。ウクライナ戦争がどこまで新しいタイプの戦争なのかを二〇二三年の時点で学術的に明確に述べることは難しい。無人機はウクライナ戦争で多くの人々がほぼリアルタイムでその攻撃を視聴し、強烈な印象を残した。しかし、無人機の軍事使用はこれが初めてではない。二〇〇三年から二〇二一年まで米軍が介入していたアフガニスタン戦争の中で、米国本土からの遠隔操作による「テロリスト」に対する重要な攻撃手段としてすでに使われてきた。

無人機の軍事利用は、軍事専門家の間ではほぼ共有される知識であったが、ウクライナ戦争での使用を契機に欧米中心の一般メディアやネット空間でも強い関心を広く引きつけた。無人機による攻防では、そのコントロールを物理的破壊とともにサイバー手段によって攻撃し失わせる手法が採られたと言われるが、詳細は明らかになっていない。

しかし、すでに述べたように、ウクライナ戦争では、戦闘の長期化に伴い、軍用機、装甲部隊やミサイルによる物理的破壊が広範囲に生じ、必ずしもハイブリッドには見えない従来型の戦争や作戦も多く見られたことから、ウクライナ戦争をハイブリッド戦争の一つと見ていいのかという疑問が生じた。二〇二二年には、北朝鮮の無人機が韓国領内を飛行したほか、後述のように中国の無人機が台湾とその付近の飛行を繰り返した。これらの地域で本格的な衝突が起こった場合のシナリオ分析の多くでは、サイバーと無人機が主要な攻撃手段として扱われてきたという。

詳細な分析や研究はこれからだが、ウクライナ戦争が続いている二〇二三年一月の時点で言えることとして、ハイブリッド戦争はサイバー、宣伝と従来型兵器（通常兵器：conventional weapon）の組み合わせと理解されることが多いこと、またロシアのウクライナ侵攻はハイブリッド戦争として始まったが、長期化に伴ってロシア側は火力中心で大規模破壊を引き起こす従来型の戦争形態をとり、ウクライナ側は西側諸国の大規模援助によってハイブリッド戦争と従来型の戦争形態を組み合わせて戦っていることが挙げられる。

また、多くの人々は、主にウクライナ側が使った無人機による偵察や攻撃の映像を見て、従来型の戦争というよりハイブリッド戦争の特徴と見なしたか、またはハイブリッド戦争の中身はわからないが何か新しい形の戦争が戦われていたと感じたようである。ここでも定量化を含めて、サイバーの果たした役割を、エピソードではない形で評価することが難しい状況があった。

5．ウクライナ戦争と中台情勢

二〇二二年二月二四日、ロシアによるウクライナへの侵攻が開始された夜、中華民国（台湾）国防部は、中国軍機のべ九機が台湾の防空識別圏（ＡＤＩＺ）内に進入、台湾海峡を横断したと発表した。中国人民解放軍機による台湾のＡＤＩＺへの進入は昨年来急増し、ほぼ連日行われるなど「常態化」しているものの、ウクライナをめぐる危機と連動するかのような中国軍の動きは、中国による台湾への「侵攻」を世界の人々に惹起させた。

実際、ウクライナをめぐる危機が次なる有事として台湾を想起させるほど、中国が中台統一を「内政問題」として武力行使も視野に入れた統一を目指していることに対して国際的な警戒が高まっている。逆に、中国はウクライナ危機以前から、こうした国際的な警戒の高まりや「外部勢力の干渉」を背景に、平和的な手段による中台統一に向けた外部環境が厳しさを増しているとの認識を強めている＊[25]。

そのため、ロシアによる侵攻開始直後から、米国のドナルド・トランプ（Donald Trump）前米大統領が「次は台湾」と発言、またtwitterなどのＳＮＳ上でも「台湾」がトレンド入りし、ウクライナ危機とともに台湾有事についてさまざまな議論がなされた。少なくとも、中国も台湾も、ロシアによるウクライナ侵攻が想定される台湾有事に多くの教訓をもたらすものとして注視していることは間違いないだろう＊[26]。

ハイブリッド戦争をめぐる西側の議論は、ＡＩや自律型の兵器など、最先端の手段についても注目が集まった＊[27]。これは、ウクライナ戦争が引き起こした広範な影響の一つと考えることができよう。二〇二二年七月のナンシー・ペロシ（Nancy Pelosi）米下院議長の訪台とそれを受けたかたちで行われた中国人民解放軍による大規模軍事演習もまた、こうしたハイブリッド戦争が想定されたとみられる。

ペロシ米下院議長は、七月三一日にハワイ、グアムを経由し、八月一日未明にフィリピン上空を通過して早朝にシンガポールに到着した＊[28]。オバマ元大統領やバイデン大統領が米アラスカ州のアンカレッジ・エルメンドーフ空軍基地を経由して日本の横田基地を訪問したのに対して、今回の経路は米国のアジア太平洋地域におけるプレゼンスを示す象徴的な意味合いが込められているように思われる。

七月三一日のプレスリリースでは、ペロシ米下院議長らのアジア訪問は、シンガポール、マレーシア、韓国、日本の四か国のみで台湾は含まれていなかった。しかし、八月四日にフィリピンのクラーク米空軍基地を経由して台湾を訪問、その後五日に訪日するのではないかとの見方があった。実際には、八月一日深夜の段階で、八月二日の夜に台湾を訪問して一泊する計画が明らかとなった。

これと時を同じくして、八月一日には、シンガポールに寄港した後に南シナ海に戻った米空母ロナルド・レーガン（ＣＶＮ-76）がフィリピンのルソン島付近を北上、また沖縄近海の強襲揚陸艦トリポリ（ＬＨ

A-7）、佐世保に輸送された強襲揚陸艦ＵＳＳアメリカ（ＬＨＡ-6）が台湾東部に向けて航行している。また、二機の米空軍戦闘救難・輸送機ＨＣ-１３０ＪコンバットキングⅡが、空中給油機ＫＣ-１３５ストラトタンカーを伴ってアンカレッジから沖縄に到着した。

さらに太平洋においては、米空母エイブラハム・リンカーン（ＣＶＮ-72）、強襲揚陸艦ＵＳＳエセックス（ＬＨＤ-2）、その他三六隻の軍艦と三隻の潜水艦がハワイにおり、八月四日に終了予定の環太平洋合同演習（ＲＩＭＰＡＣ）に参加している。このように、バイデン大統領が米軍は今すぐは良い考えではないと考える」と述べる一方で、米国はペロシ米下院議長の訪台に合わせ、台湾有事に備えた軍事的対応を着実に進めたとみられる。

一方、八月四日に始まった中国人民解放軍の軍事演習は、ミサイル、艦艇、および航空機を主とするもので、一見ハイブリッド戦争やインテリジェント（知能）化した戦争とは無縁のように見えたが、台湾に対するサイバー攻撃が演習の前後で行われ、また部隊の指揮や通信はおそらく宇宙も使い、電磁波攻撃に対する防御も演習に含まれただろう。米国側はこうした人民解放軍の演習から、中国が想定するハイブリッド戦争や知能化戦争について情報を収集できたに違いない。

なお、日本による演習が抑止に必要な背景について述べておく。これには富士山が関係する。つまり、日本の富士山が噴火すると、日本の政治や経済はほぼ麻痺状態に陥り、在日米軍の行動も大きく制約されるので、中国軍が台湾に侵攻するというシナリオである。噴火が米軍も使うＡＩなどハイテク機器に与える影響も予想がつきにくい。攻撃の抑止には、噴火を想定した日米の演習を繰り返し、噴火への対応能力と意志を十分に示すことであろう。

*註

1 中国には「三戦」という概念があり、世論戦、心理戦、法律戦を指す。武力の直接行使を伴わない「グレーゾーン」を象徴する言葉として日本でもほぼ定着した。

2 Chung, Youngjune, "Chinese Psychological Warfare," *Foreign Affairs* 97:4 (2021), pp.1007-1023.

3 Fabian Sandor, "The Russian Hybrid Warfare Strategy - Neither Russian nor Strategy," *Defense & Security Analysis*, 35:3, 2019, pp.308-325. また、関連研究として、Sinclair, Maj. Nick, "Old Generation Warfare: The Evolution - Revolution - of the Russian Way of Warfare," *Military Review*, May-June 2016, pp.8-16.

4 許三飛「試析混合戦争基本構成」『解放軍報』二〇二一年八月一二日。

5 Gates, Robert, "A Balanced Strategy: Reprogramming the Pentagon for a New Age," *Foreign Affairs*, 88:1, 2009, pp.288-40. また、戦争を分類していく難しさについてのグレイの指摘は、"Categories of Warfare Are Blurring," The New Atlantis, No.22, 2008, pp.107-109; "Categorical Confusion? The Strategic Implications of Recognizing Challenges: Either as Irregular or Traditional," *Strategic Studies Institute Monograph*, No.561, US Army War College, 2012.

6 Fitzgerald Erin & K. & Anthony H. Cordesman, The 2010 Quadrennial Defense Review, CSIS, Working Draft, August 27, 2009, p. iii.

7 "NATO's Response to Hybrid Threats," North Atlantic Treaty Organization. ＮＡＴＯのホームページはアップデートが頻繁で、本書執筆では二〇二二年八月一六日にアクセスした。

8 「ＣＳＢＡが"Mosaic Warfare（モザイク戦）"のレポートを発表：ＡＩと自立システムの軍事的将来像」『海上自衛隊幹部学校ホームページ』、二〇二〇年四月二一日、高橋秀行「軍事的意思決定概念の新旧比較分析：米国の『モザイク戦』概念の視点から」『海幹校戦略研究』一〇-二、海上自衛隊幹部学校、二〇二〇年一二月）、四八～七六頁、および下平拓哉「新冷戦時代における米中の軍事戦略と軍事パワーゲームの様相：インサイド・アウトとハイブリッド」『危機管理研究』第二八号、二〇二〇年、一～八頁など。

9　高橋秀行、前掲.;菊池茂雄「中国の軍事的脅威に関する認識変化と米軍作戦コンセプトの展開：統合全ドメイン指揮統制（JADC20 を中心に）」『安全保障戦略研究』二―二（二〇二一年三月）、二三～六二頁。参考になる二次資料の例として、Black, James, et al., *Multi-Domain Integration in Defence ; Conceptual Approaches and Lessons from Russia, China, Iran and North Korea*, RAND Europe, 2022; Roberts, Brad (ed), Getting the Multi-Domain Challenge Right, Center for Global Security Research, Lawrence Livermore National Laboratory, December 2021.; Lyons, Marco J., *Assessing the Foundation of Future U.S. Multi-Domain Operations*, RealClear Defense, March 14, 2022; "Multidomain and Mosaic War: The New American Military Thought, July 12, 2021, *Ejercitos*.

10　多数の無人機の同時運用に強い関心があるようで多数の研究論文が発表されてきた。江游・梅明凱「無人集群攻防戦術演徴」『解放軍報』二〇二二年八月九日、李建平・紀鳳珠・李琳「浅析智能化指揮信息系統発展」『解放軍報』二〇二二年八月九日、馬権「穿透性制空：空中作戦新趨勢」『解放軍報』二〇二二年七月一九日、邢盼暁「盤点無人機『蜂群』作戦之要」『解放軍報』二〇二二年六月二一日、王静・王艶紅・周玉鑫・張文斌「基於動態規劃算法的多無人機多目標協同偵察路径規劃」『軍事運籌与系統工程』二〇二二年第一期、五～一五頁。陸軍軍事交通学院のメンバーによるこの研究は、無人機群が複数の目標を偵察し正確な戦場認識を得るための最適・最短ルートに関するもので、基本的には数学の一分野であるグラフ理論の「ハミルトン路」の応用問題である。文系の世界ではあまり強い関心を払われないが、無人機による攻撃の結果の正確で効率的な判定は、次の作戦行動の決定に不可欠な手順で、戦争の帰趨を左右する重要な意味を持つ。

11　福井康人「自律型致死性兵器システム（ＬＡＷＳ）規制の動向」、国際法学会エキスパート・コメント　No.2020-10, 二〇二〇年六月九日。

12　中国のモザイク戦への取り組みについて日本の研究としては、菊池茂雄「中国の軍事的脅威に関する認識変化と米軍作戦コンセプトの展開：統合全ドメイン指揮統制（ＪＡＤＣ２）を中心に」『安全保障戦略研究』二―二（二〇二一年）、二三～六二頁、および下平拓哉「新たな戦い方『モザイク戦』の特徴と今後の方向性」『日本戦略研究フォーラム季報』第八九号（二〇二一年）、一二九〜一三六頁を参照。

13 中国の脳・神経科学の軍事応用について、詳しくは、土屋貴裕「ニューロ・セキュリティー『制脳権』と『マインド・ウォーズ』」『SFC JOURNAL』Vol.15 No.2、慶應義塾大学湘南藤沢学会、二〇一六年三月、三四〇〜三五九頁、および同「脳・神経科学が切り開く新たな戦略領域」道下徳成編著『「技術」が変える戦争と平和』第三章、芙蓉書房出版、二〇一八年、四一〜五一頁を参照されたい。

14 楊存銀「従『賽博戦』到『馬賽克戦』」『解放軍報』二〇二一年九月一四日。筆者は中国人民解放軍のシンクタンクではなく、現場の61001部隊所属である。国防産業分野でもスターリンクの役割に注目し、「鴻雁星座計画」や「虹雲工程」など中国版スターリンクの構築加速や安全確保を主張している。「『星鏈』在俄烏衝突中的応用及啓示」『国防科技工業』二〇二二年第六号、四二〜四三頁。

15 「第七四集団軍某旅強化特情訓練提昇官兵臨機処置能力：無人機空中『失聯』之後」『解放軍報』二〇二二年八月一三日、および江游・梅明凱「無人集群攻防戦術演化探微」『解放軍報』二〇二二年八月九日。なお、使う用語が「モザイク戦」ではなく「分布式動員」や「動員雲」と違うが、基本的な考え方はほぼ同じ例として、于雲先・袁宗儀・夏沅譜「『分布式動員』的智能前景」『解放軍報』二〇二一年一一月九日参照。

16 甄子洋・江駒・孫紹山・王波蘭編著『無人機集群作戦：協同控制与決策』国防工業出版社、二〇二二年。

17 李建平・紀鳳珠・朱琳「浅析智能化指揮信息系統発展」『解放軍報』二〇二二年八月九日。

18 蔡翠紅・戴麗婷「人工知能影響複合戦略穏定的作用路径：基於模型的考察」『国際安全研究』二〇二二年第三期、七九〜一〇八頁。この研究は、復旦大学の教員と大学院生が「国家社会科学基金重大項目」から公的な補助金を得て進められた中間的成果である。

19 張煌・杜雁芸「人工智能軍事化発展態勢及其安全影響」『外交評論』二〇二二年第三期、九九〜一三〇頁。この論文は、人間の関わりが少なくなることからくる倫理上の課題にも言及している。余綱正・羅天宇「軍用無人機的使用偏好及安全影響」『国際政治科学』二〇二二年第二号、四二〜八五頁。筆者二人は清華大学の若手研究者で、大学の研究資金「デジタル時代の大国戦略競争」を得て、無人機の使用が容易にエスカレーションを発生させるリスクを論じている。

20 このトピックに関する論文としては、長谷川惇「『平和と戦争』二分法世界観への挑戦：Gray Zone の限界とCompetition Continiuum への転換」『海幹校戦略研究』一二-一、二〇二二年六月、六～二五頁などを参照。

21 McCoy, Kelly, "Competition, Conflict, and Mental Models of War: What You Need to Know about Multi-Domain Battle," Modern War Institute, January 26, 2018.

22 エコノミック・ステイトクラフトについては、David A. Baldwin, *Economic Statecraft*, Princeton: Princeton University Press, 1985、および鈴木一人「エコノミック・ステイトクラフトと国際社会」村山裕三編著、鈴木一人、小野純子、中野雅之、土屋貴裕著『米中の経済安全保障戦略』序章、芙蓉書房出版、二〇二一年などを参照。

23 小谷賢「露の侵攻で新局面を迎えたインテリジェンス戦争（後編）」『ウェッジ』二〇二二年八月号、八二～八三頁。

24 たとえば、Galeotti, Mark, "(Mis)Understanding Russia's Two 'Hybrid Wars'," Russian Political War: *Critique Humanism*, 49:1 (2018), pp.17-28. Moving beyond the Hybrid, London: Routledge, 2019.

25 詳しくは、土屋貴裕「高まる中国人民解放軍による台湾への「侵攻」、武力統一の可能性」二〇二二年三月三〇日、日本国際問題研究所ホームページ、二〇二二年三月二八日、https://www.jiia.or.jp/research-report/security-fy2021-03.html。

26 ウクライナ戦争が中台関係に与える影響に関する研究として、たとえば川島真「制限なきパートナーシップ?：中国から見たロシア・ウクライナ戦争」池内恵・宇山智彦・川島真・小泉悠・鈴木一人・鶴岡路人・森聡著『ウクライナ戦争と世界のゆくえ』東京大学出版会、二〇二二年、八五～九六頁、および Keegan, David J. & Kyle Churchman, "Taiwan and China Seek Lessons from Ukraine as Taiwan's International Position Strengthens," *Comparative Politics*, 24:1, May 2022, pp.89-100 など。

27 道下徳成「ウクライナ戦争と東アジアの安全保障」『安全保障研究』四-二、二〇二二年六月、六六～八〇頁、松田康博「ウクライナ戦争は米中新冷戦をどう変えるのか」『安全保障研究』四-二、二〇二二年六月、九四～一〇八頁、および Feigenbaum, Eva A., & Charles Hooper, "What the Chinese Army Is Learning From Russia's Ukraine War," Carnegie Endowment for International Peace, July 21, 2022.

28 楚良一「美國眾議院議長佩洛西訪日將與岸田文雄舉行會談」ＲＦＩ（法国国際広播電台）、二〇二二年七月三〇日、https://www.rfi.fr/tw/%E4%B8%AD%E5%9C%8B/20220730-%E7%BE%8E%E5%9C%8B%E7%9C%BE%E8%AD%B0%E9%99%A2%E8%AD%B0%E9%95%B7%E4%BD%A9%E6%B4%9B%E8%A5%BF%E8%A8%AA%E6%97%A5%E5%B0%87%E8%88%87%E5%B2%B8%E7%94%B0%E6%96%87%E9%9B%84%E8%88%89%E8%A1%8C%E6%9C%83%E8%AB%87?s=09。

第３章　❖　インテリジェント化した戦争
新たな戦争をめぐる中国の概念整理

１．知能化戦争とハイブリッド戦争

（１）知能化戦争のモデル

中国の知能化戦争（インテリジェント化した戦争）という概念は、ハイブリッド戦争と重なる部分がかなりある。ウクライナ戦争のようなハイブリッド戦争を特徴づける無人機やサイバーは二一世紀の初頭の先端技術であるからである。しかし、知能化戦争は、ロシアのハイブリッド戦争に触発されて初めてできたとは考えにくい。

一般に、中国の知能化戦争は米国のオバマ政権期に提唱された「第三次オフセット戦略」への対抗として出現したと考えられている＊1。「第三次オフセット戦略」とは、二〇一四年一一月、米国のＤＩＩ（Defense Innovation Initiative）で提唱され、ＡＩやロボット技術などを軍事に応用して中国のＡ２／ＡＤに対する抑止を構想したものとされている。ルーマニア軍の高級将校であったクレイザー・イオニータ

（Craisor C. Ionita）は、「第三次オフセット戦略」や「マルチ・ドメイン戦略」などの米国側の動きは、中国の急速な軍事現代化とパワープロジェクションの伸長（南シナ海など）に対応したものと解釈した＊2。

詳細は省くが、米国の「第三次オフセット戦略」は民間で進められるイノベーションを軍事に転用することも含まれていた。中国の「軍民融合」の本格的な推進はこれを睨んだものであったと推測できる。また、二〇一四年のロシアによるクリミア侵攻は、各国の軍事専門家の間ではマルチ・ドメインのハイブリッド戦争として分析されており、「第三次オフセット戦略」とともに、中国がその教訓を取り入れたとしても全くおかしくない。

ただし、二〇一〇年代になるまで中国側がこれらの動きに気づかなかったわけではない。すでに二〇〇〇年代の初め頃、「オフセット戦略」や「マルチ・ドメイン作戦」（Multi-Domain Operations：MDO）などの新奇な表現が定着する前に、陸・海・空だけでなく、宇宙や電磁空間も領域として捉え、作戦の新しいモデルが検討されていたこともわかっている＊3。

さらに、二〇二〇年代に入ると、マルチ・ドメインの統合作戦を円滑に行うため、米政府は、ＪＡＤＣ2（Joint All-Domain Command and Control）という指揮統制システムの構築を本格的に進めてきたとされる。ＪＡＤＣ2の指揮統制は、基本的にネットワーク中心の戦い（Network Centric Warfare：NCW）を受け継ぎつつも、大量のデータ処理にＡＩが使われるという違いがある。具体的な推測ができる資料は簡単には見当たらないが、中国が進める知能化戦争における「一体化統合作戦」の指揮統制は、ＪＡＤＣ2をモデルとしたとの推定ができる。

知能化戦争をめぐり、中国では、認知や認知域という言葉が頻繁に使われてきた。一般に、軍事に焦点を当てた研究では、軍隊組織の指揮命令系統、特に指揮官の判断や決定を間違わせることが主要目的と位置づけられ、この戦いは狭義の意味で認知戦と言われている＊4。このような解釈に間違いはない。解放軍でもこの位置づけは揺らがない。宇宙工程大学の楊竜渓は、認知戦は「敵の決定センター、指揮中枢、偵察監視システムなど戦略的に重要なポイントに注目し、先進的な攻撃手段でこれらのポイントを物理的に破壊する」ことに加え、「認知の形成、認知の誘導、認知への干渉と認知のコントロールなど『ソフトキル』の効果を高めて、認知域の作戦を『ハードキル』の中にはめ込み、ハイテク兵器による精密攻撃で強大な破壊力を増大させ、また新しい作戦力量を認知領域にまで広げて、非対称な優勢の態勢を構築する」ものとして論じた*5。

しかし、広義の意味で認知戦の対象は軍隊だけに限られず、国家の指導者、社会エリートや大衆も含む。その作戦には外交圧力、経済封鎖や制裁、文化浸透なども含まれ、敵軍の意志を破壊し、決定を変えさせて、敵軍の抵抗意志の瓦解、誤った政策決定、士気の低下、さらには政権の転覆も引き起こすことを想定している*6。認知戦は、新聞、ラジオやテレビなどでも戦われてきたが、インターネットがグローバルにも普及した二〇世紀末からは、サイバー空間における認知戦の重要性が大きく増したという決定的な違いがある。偽情報（フェイクニュース）も含まれる。

中国人民解放軍の中でも、一般社会における認知の重要性は広く知られており、論文は数多い*7。このことは、人民解放軍がハイブリッド戦争における一般の社会やサイバー空間での作戦に従事してきたことを強く示唆している。

（2）認知戦とその周辺概念

一方、日本ではあまり知られてこなかったが、中国（そしてロシア）からは、米国が認知戦を仕掛けてきたと見えていた*8。逆に米国からは中ロがこのように行動してきたと見えていた。つまり、両者の間に認識のフィードバックがあり、お互いに非常に似たようなイメージを持ってきたとみられる。

実際には、フィードバックがあったことの実証は困難であり、それぞれ自分の中で完結してきたということもできるが、自国は相手の行動や態度に対応したものという認識があったことを否定できない。このことは繰り返しになっても強調すべきことである。米中ロはそれらを取り巻く環境を無視して行動する「モンスター」ではない。相互に影響を与え合い、国際環境の変化に伴って共進化する。このことを忘れた分析は出発点が間違っている。

しかし、ここでも認知戦という用語の概念がまだ多義的で意味が定まらない。一つには、ロシア発のフェイク・ニュースを中心とするディスインフォメーションの事例が西側のメディアやネットで次々に紹介されたこと、いま一つには、ロシアとウクライナおよび米国の間の激しいやりとりの影響もあったのか、認知戦は世論戦とほぼ同義と見なされがちである。

たしかに、認知戦と世論戦は、何が真実かという判断を誤らせること、あるいは真実よりも世論の獲得や認知領域における優勢を獲得することが重要という点では共通している。知能化戦争といえば無人機やAIを思い浮かべがちだが、心理も対象で、その手段の主要な一つが宣伝である。それが行われるのは認知や世論などの心理的な領域（domain）であり、その戦いは認知戦や世論戦と言われている。中国には元々、伝統的な軍事的手段によらない、いわゆる非軍事的な手段による政治戦や宣伝戦、統一戦線工作などが行われてきた。さらには戦争（ブラック）と平和（ホワイト）を明確に峻別しない傾向も否定できない。

サイバーなどを論じる論文も、ウイルスやランサムウェアにとどまらず、認知や世論に関わる内容として捉えられる*9。言い換えれば、サイバー戦のデジタル技術的な側面よりも、「社会域」、つまり社会の通信インフラなどの攻撃による抵抗する意志を阻喪させる心理的、社会的な側面を重視していたためと考えられる。

社会を標的とする認知戦では、オピニオン・リーダー、インフルエンサーや政府に強い影響力を持つ企業の指導者などが標的となる。これは世論戦としての性格が強いが、同時にたとえば経済制裁などを手段とするエコノミック・ステイトクラフトの立場でもある。エコノミック・ステイトクラフトも経済的な実害を及ぼすことに注意が向きがちだが、本来の狙いは相手の国に対する心理的攻撃であり、軍事力の行使と同じく、相手の行動を変えることを意図している。

ただし、エコノミック・ステイトクラフトの手段は経済ツールにとどまらないことを忘れてはならない。中国が物理的な破壊を伴う形態の戦争を回避しながら行うのは、潜在的な敵国が中国に対する警戒心を解くようにすることであろう。その手段の一つは、文化や娯楽の分野を通して、一見無害な方法を根気強く長く続けることである。中国市場で大金を儲けることが道徳的な善であるという隠れたメッセージをＳＮＳや各種のエンターテインメントを通して相手国の世論に浴びせ、その国の対中依存を自発的にさらに進めさせるのである。また、中国発の芸術や娯楽を広く受容させ、科学技術上の発見や進展を繰り返し見せることによって、中国の卓越性を徐々にまた自然に受け入れさせる。

ハイブリッド戦争と密接な関係にある知能化戦争という概念は、主に中国が備える将来の戦争形態としてごく少人数の研究者によって注目されてきた。後述するように、知能化戦争という概念は中身もダイナミックに変化してきたし、必ずしも厳密な定義が広く受け入れられていたわけではない。すでに述べたように、中国側が行う議論でも、知能化戦争が一般社会の世論や心理にまで範囲を広げたため、後述の「総体（的）国家安全（保障）観」（中国語では「総体国家安全観」）の概念に近づいた面があったとも言える。

しかし、おおむねＡＩや量子技術など、二一世紀初頭において先端とされる技術を軍事に使うことでは、ハイブリッド戦争とインテリジェント化した戦争、知能化戦争はほぼ共通している。

このようにＳＦのようにも思える知能化戦争は、遠い将来のことですぐにはあり得ないこととされてきた。しかも、新しい名前だから中身も新しいとは限らない。新しい表現を使ったから主導的というわけでもない。ハイブリッド戦争という新しい名称が広く使われるようになったとしても、内容も全て新しいということを意味しない。新しい面があるとしても、これで変化が終わりではなく、これからも繰り返される変化の一つであろう。

ハイブリッド戦争も、伝統的で変化があったとしても過去のやり方と連続性が強い面と、過去のやり方を一挙に無効にしてしまう非連続的な破壊的イノベーションとが組み合わされていると仮説を設けることができる。しかし、連続性や非連続性はある一点や限られた時期に起こった後でのみ判断できるのであり、その最中の正確な判断は困難である。

2．「エコノミック・ステイトクラフト」

(1) 再注目を集めるエコノミック・ステイトクラフト

新しい概念名が出て広まる時期によく起きる問題は、その概念の中身が当初の想定から外れてダイナミックに変化することである。それは、多くの場合、それまでの戦争が与えた印象から描かれた戦い方のようには展開しないか、または展開の一部分だけしか公開されないからと言われている。前述の「エコノミック・ステイトクラフト」もその好例であろう。

ウクライナ戦争では、長期化に伴い戦争開始直後とは異なる様相を示して、それまでのロシアのハイブリッド戦争には想定されてこなかった事態が出現した。これは、二〇一四年のクリミア併合の際にはロシアのサイバーや世論戦が成功を収めたが、その後にウクライナは対策を進め、西側の直接援助もあって、ロシアの戦法が期待したようには効果を収めなかったことが背景にある。長期戦を想定せず十分な備えがなかったロシア側は、無差別とも言える大規模破壊を進める消耗戦を展開するほかなかった。そうしたウクライナ戦争で惹起されたのは、一つは経済戦、いま一つは核戦争の可能性である。

経済戦は、国際関係理論の世界では、一九七三年の第四次中東戦争で石油が「武器」として使われた後、一九八〇年代に「エコノミック・ステイトクラフト」という言い方が用いられた。しかし、米ソ関係が緩和し、ソ連が崩壊した後は急速に使われなくなった。日独の挑戦を懸念した米国の政府や企業は両国に対して諸々の制約を課すようになったが、その政策が逆にエコノミック・ステイトクラフトの事例としてみられることも、また新たな理論が開発され定着することもほとんどなかった。しかし、「中国の台頭」下に米中関係がしばしば緊張するようになった二〇一〇年代にエコノミック・ステイトクラフトは再び注目され、その後に進められる諸研究の基礎となった。

（２）中国史に見る経済戦

しかし、経済戦そのものは古くからある概念である。中国の春秋戦国時代の書物である『管子』でも多くの事例が紹介されている。ある国が他国の贅沢品を高価格で買い上げ続けると、儲けた国は食糧生産をやめて贅沢品の生産に集中するようになり、それを見た相手の国はある時突然贅沢品の禁輸を行い、屈服させたという筋書きである。『管子』が管仲の時代の記録とは言えないものの、漢代初期までに『管子』が成立したと推定できることを考えれば、春秋戦国時代末期までにはこのような実際の事例を管仲に託して描いたとみても大きな間違いではないであろう。「温故知新」という言葉があるように、二千年以上前の古典を知っていれば、分析のための最初の発想ができることになる。最初の発想の遅れは、分析とそれに続く対策の遅れを意味し、まさに「認知戦」での敗北につながる。

近現代史の中でも経済的な締め付けや制裁はかなり頻繁に登場している。より根本的なこととして、国家や政権の成立や維持に軍事と経済の両方が関わってきたことがある。軍事力は強大な経済力の支えが不可欠で、安定した経済活動には軍事力を背景とした秩序の維持が必要である。このことを正面から否定できる歴史学研究者はほぼいないであろう。敵対している、または敵対する可能性がある国家や政権との間で、お互いの基盤である経済が攻撃や防衛の対象となるのに不思議はない。

また攻撃や防衛の手段は一つの分野にとどまることの方が少なく、物理的な破壊、非物理的な麻痺、経済手段による重要な経済活動の停止や効率低下、相手の政権への浸透、相手の社会心理面への打撃を組み合わせることが多い。実際の場面では、これらの分野同士の間で打撃が交錯することとなる。これも『管子』にとどまらず『六韜三略』など中国の古典にはよく出てくる手法である。

経済戦を言い換えたとも言える「相互依存の武器化」という表現は、中国に関する限り新しいとは言い難く、中国の指導者たちにもすでになじみのある概念であろう*10。ウクライナ戦争で見られた金融、食糧、エネルギーや他の天然資源、半導体などの先端技術部品などに及ぶ広範囲の経済戦は多くの中国人エリートにとってはほとんどが既視感のある現象であり、それに伴う地政学的な変動も基本的には中国をめぐる外的環境の変化の一部にすぎない。ただし、ウクライナ戦争による食料、エネルギーとそのほかの天然資源供給の混乱は中国にもおよび、米中対立の中での先端技術をめぐる激しい駆け引きとともに、二〇二二年一〇月に成立した新しい習近平体制にとっても政治、経済、軍事にまたがる大問題となった。

3. 知能化戦争、ハイブリッド戦争、超限戦

知能化戦争の本格的な登場以前は、「情報化戦争」が関連する用語として広く用いられてきた。「情報化戦争」と知能化戦争は異なる概念だが、その内容は知能化戦争に非常に近かった。しかし、同じ言葉でも違う意味を持つ用語として用いられることもあり、混乱があったことは否定できない。たとえば、邦訳も

あるディーン・チェン（Dean Cheng）の『サイバー・ドラゴン』（邦名『中国の情報化戦争』）では、「情報化紛争」（Informationized Conflict）に「政治戦」（Political Warfare）が含まれるとある＊11。一般に、「政治戦」には「世論戦」なども含まれている。さらに、それとは別の概念として定義される「情報戦」（Information Warfare）では、統合作戦における情報優勢や指揮統制が扱われていて、その内容は知能化戦争に極めて近い。ところが、中国では「情報化戦争」（Informationized Warfare）という言い方があり、その内容はチェンの言う「情報戦」と限りなく重複し、読み手は混乱する。

こうした混乱を完全に無くすことはできないが、知能化戦争に近接し、最も重要と思われる表現や概念として、「ハイブリッド戦争」と「超限戦」の関係に限って整理を試みよう。思い切って言えば、これらの用語が意味するところは共通点が多く、重大な違いは少ない。そのため、強調点が異なると言うことができると仮の結論を出しても否定はできないであろう。

とりわけ、ハイブリッド戦争についての議論では、「超限戦」への言及が少なくない＊12。大まかに言えば、用語や言葉の用法の違いはあるものの、ハイブリッド戦争と「超限戦」の間で類似点が多いと見なすことができる。これは当然で、「超限戦」の方が先で、ハイブリッド戦争はそれを参考にして唱えられたからと考えられる。

ただし、米国によるハイブリッド戦争という考え方は、『超限戦』という書籍が出た後で考えられたのではなく、中国や北朝鮮の具体的な行動の観察の結果、進化したものである。『超限戦』という書籍が注目されたのは、一連の中国の行動の背後に存在するドクトリンと見なされたからである。ドクトリンと呼ばれる行動原理が分かれば、効率的で体系的な対応が取りやすい。

この書籍は、一九九九年、空軍少将の喬良と北京航空航天大学教授の王湘穂によって書かれた＊13。この書籍に関する解説は非常に多いが、ごく簡潔にまとめると、先端技術を惜しみなく使うマルチ・ドメイン下の無制限戦争と言えるであろう。

単純化して言えば、『超限戦』は、「ハイテク戦争」や「情報戦争」(Information Warfare：IW)などの用語を使って技術の軍事への応用をまず論じ、貿易戦や金融戦などの用語を使って戦争概念が歴史的にも大きく変容してきたこと、それに続いて湾岸戦争を中心とした事例分析、米国の戦い方の変遷などを論じた後、「軍事革命」下の新しい戦法、サイバー、組み合わせによる戦力増大の乗数効果、戦場以外での戦いの組み合わせの決定的重要性、新しい戦法や戦争の出現でも変わらない原則などを論じている。

西側で使われる用語で言えば、エコノミック・ステイトクラフト、技術安全保障のほか、抱き込み工作(統一戦線工作を含む)なども論じているという意味でハイブリッド(複合的)であり、その時代の先端技術を使うという意味で知能化戦争の側面があり、また伝統的な戦争と新しい形態の戦争の違いと共通性を共に論じていて普遍性を志向している。

全社会の全要素がほぼ無制限に戦争につぎ込まれるという点では、総力戦の性格があるとも言える。これはあくまでたたき台で、厳密な理論的議論はこれからである。二〇世紀の大戦で総力戦が戦われたという分析から、二一世紀のハイブリッド戦争はそこまでの大きな損害はなく、それは総力戦ではないという見方も披露されたことがある。しかし、二〇二二年以後のハイブリッド戦争が人命の損失が少ないという保証はどこにもない。たとえミサイルや大砲による攻撃が限定的であるとしても(ウクライナ戦争はそうではない)、電力が止まり、通信システムが途絶し、金融も運輸も麻痺し、食糧や水の供給が長期的になくなったら、多くの人命が失われないはずがない。

『超限戦』は発表直後から諸外国でも注目され、英語では、「無制限戦争」(unrestricted war)と翻訳され、米国や欧州で研究の対象となった。それればかりでなく、その戦い方も米軍の大学の授業で読まれ、取り入れられたとされる*14。このニュースは、中国軍事科学院の姚雲竹大佐(大校)によってもたらされたという。米海軍大学は執筆者の二人に講義の依頼もした＊15。相手の手法を研究し、優れた点があれば取り入れるのに不思議はない。

他方、二〇一六年の修訂版は、背表紙の題名は『超限戦』のままだが、表紙（表紙1とも言われる）のタイトルは『超限戦と反超限戦：中国人が提出した新しい戦争観とアメリカ人の対応の仕方』となっているように、主に米国における超限戦に関する研究レポートを中国語に翻訳して掲載している。

つまり、中国側が、米国など主要国が超限戦をどのように受けとめたかを研究したということで、フィードバックに近い現象が見受けられる。表紙につけられた短い解説として「戦争が一旦起きると、一般人と軍人は皆戦争の脅威を受ける」とあり、英語名は Transfinite War and Anti-Transfinite War となっている。数学用語で transfinite number は超限数と呼ばれており、英語の題名は直訳に近い。この修訂版1冊についての分析だけでも、研究ノートになり得るだろう。

前述の通り、日本でも、二〇二二年四月のウクライナ戦争の勃発がきっかけとなって、ハイブリッド戦争に対する関心が急激に高まった。その中で、ハイブリッド戦争と「超限戦」の両方に関わる資料が再発掘されたことがある＊16。それによれば、米中はそれぞれ相手の状況を見て対応を考えていたが、それは長期的な戦争形態や作戦の変化というトレンドの中でであった。相手の長所や弱点を探って対応すれば、ある程度似たものとなる傾向があるとしてもおかしくない。また将来の状況について専門家同士の観察では、この時期にはそれほど大きく異なる結論になることもなかったようである。その結果、米中間で言葉は異なるが、かなり似た分析や結論となったことが読み取れる。

4. 多様な概念のまとめ

以上、ハイブリッド、グレーゾーン、モザイク戦、知能化戦争、情報化戦争、認知戦、超限戦、エコノミック・ステイトクラフトなどの概念を紹介し説明を試みた。以下では、これらの説明をまとめ、似てはいるが異なる、多様で複雑な概念の間の関係についてあらためて整理しておこう。

すでにほぼ明らかなように、これまで行われた主要な研究例では、ハイブリッド戦争が、火力戦・物理的破壊と非火力戦・非物理的破壊を組み合わせたとして、他をほぼ全て含む最も包括的な概念とすることが多い。つまり、ハイブリッド戦争は、グレーゾーン、モザイク戦、知能化戦争、情報化戦争、認知戦、超限戦、エコノミック・ステイトクラフトなどを全て含むという考え方である。

一般的な使い方を見ると、広義のハイブリッド戦争は政治や社会における認知戦、つまり世論、ジャーナリズムやSNSの他、金融や教育などの社会のソフトなインフラにおける攻防を含む一方、狭義に使われるハイブリッド戦争はこれらを含まないことが多い。多少の違いはあるが、ハイブリッド戦争がモザイク戦などを含むとするこのような捉え方は研究上全く妥当なことである。

しかし、ハイブリッド戦争には、確立して変化しない概念というよりも、まだよくわからないが存在を仮定しておくための側面があることを忘れてはならない。したがって、グレーゾーン、モザイク戦、知能化戦争、情報化戦争、認知戦、超限戦、エコノミック・ステイトクラフトなどでハイブリッドではない戦い方があるという想定もできる。ただ、月や火星、深海など新しい領域や、生物工学による人間の改造など新しい事象があったとしても、ハイブリッドという理論的な大枠が根本的に変わるとは考えにくい。

ハイブリッド戦をめぐる議論でしばしば問題となる、物理的な破壊を主要な手段と目的とする伝統的な火力戦と物理的破壊について若干の分析を試みておきたい。繰り返しになるが、これらの多くは、ミサイルや大砲など、火力戦や物理的破壊から遠く離れ、物理的な破壊を伴わない側面を特に強調されてきた。しかし、実際には非常に密接に関連していて、その関連の仕方や度合いが重要な意味を持つ。以下の説明は、極端な単純化を伴うので、例外を指摘されるリスクがあるが、単純化しなければまとめることもできない。

一般には、関係を明らかにする軸として、領域と手段、緊張のレベルが考えられる。領域は物理的世界と非物理的世界で、手段は火力と非火力の二つにそれぞれほぼ対応する。ただ、緊張のレベルという軸はグレーゾーンそのもののレベルであり、他の概念は、緊張のレベルの変化に伴い政治的なプロセスが大きく動くとしても、領域と手段で様相が劇的に大きく変わるとは限らないかもしれない。大きく変わる場合は、同じ軸のままで何が変わるかをみることで理解できよう。そこで、領域と手段という二つの軸でのみ考えることとする。これは、これまでのハイブリッド戦争の捉え方と同じということである。

重ねていうが、ハイブリッドはこれら二つを組み合わせてできる最も包括的な概念である。非物理世界は、主にサイバー空間や電磁波の領域で、これらだけで戦うこともでき、それらがなければ火力戦争でも優位を保つことが困難とされる。しかし、同時にこれらも物理的装置に大きく依存しており、その機能の麻痺や破壊には物理的手段もきわめて有効であり、火力戦争の意義もなくならない。精密誘導兵器は物理的破壊のために非物理的な手段にも大きく頼り、防御にも使われるが、同じくサイバーや電磁波だけでなく、「飽和作戦」と言われる伝統的な火力兵器の物理的な大量投入という手段によって、その防御効果を減じることができる。

モザイク戦は、損害を最小限に抑えるためのプラットフォームに注目し、その機能や役割を小型化したプラットフォームに分散して配置するものである。物理的破壊を伴うことが多いので火力戦争の側面があるが、ＡＩを駆使するので知能化戦争、スウォームは情報化ネットワークに依存するので情報化戦争、そしてその攻防のある部分は認知戦で戦われるという性格もある。モザイク戦を戦うには火力、知能化と情報化、認知など全ての手段を必要とし、逆に言えばモザイク戦は、これからの火力戦争、知能化戦争、情報化戦争、認知戦にほぼ共通する戦い方の一つに位置づけることができる。ただ、小さなプラットフォームを使わないこれらの形態の作戦もありうるので、全てモザイク戦と重なるわけではないという複雑さがある。

情報化戦争では人間による決定や作戦実施が機械化戦争に比べればはるかに少なくなる。知能化戦争は情報化戦争のもっと高度な形態で、決定や作戦のスピードが人間ではほとんど追いつくことができず、直接の介在が圧倒的に少なくなり、ほぼ人間が疎外されてプロセスが進む。考えにくいが、ハイブリッド戦争とはほとんど関係ない知能化戦争や情報化戦争の形態が出現するかもしれない。

物理的、非物理的手段の違いを問わず、物理的な装備や装置は不可欠であり、その生産と輸送には、採掘などによる原料の入手から始まり、工場に輸送して部品を作り、組み立てていく必要がある。このような活動には、金融による維持のほか、電力や水資源など社会インフラが不可欠である。これらはすべて伝統的な「平時」と「戦時」の両方で意味を持つ。

エコノミック・ステイトクラフトは、これら一連のプロセス全体を攻撃や防御の対象とする。ただし、エコノミック・ステイトクラフトは物理的破壊を一切伴わない。またエコノミック・ステイトクラフトは非物理的破壊の性格を帯び、経済や技術を手段とする。物理的破壊を伴う戦場では、直接には意味を持たないが、兵站、補給や修理などを行う必要条件となり、さらに広く言えば、兵器、装備やソフトの整備を麻痺または遅延させ、物理・非物理の両方の戦いに強い影響を与える。逆に、電力などインフラは物理的破壊・火力戦の対象ともなる。ハイブリッド戦争と完全に無縁ではないが、グレーゾーンの緊張の低いレベルで遂行されることがあるので、ハイブリッド戦争になかなか当てはまらないように見えるかもしれな

図3-1　諸概念の関係（イメージ図）

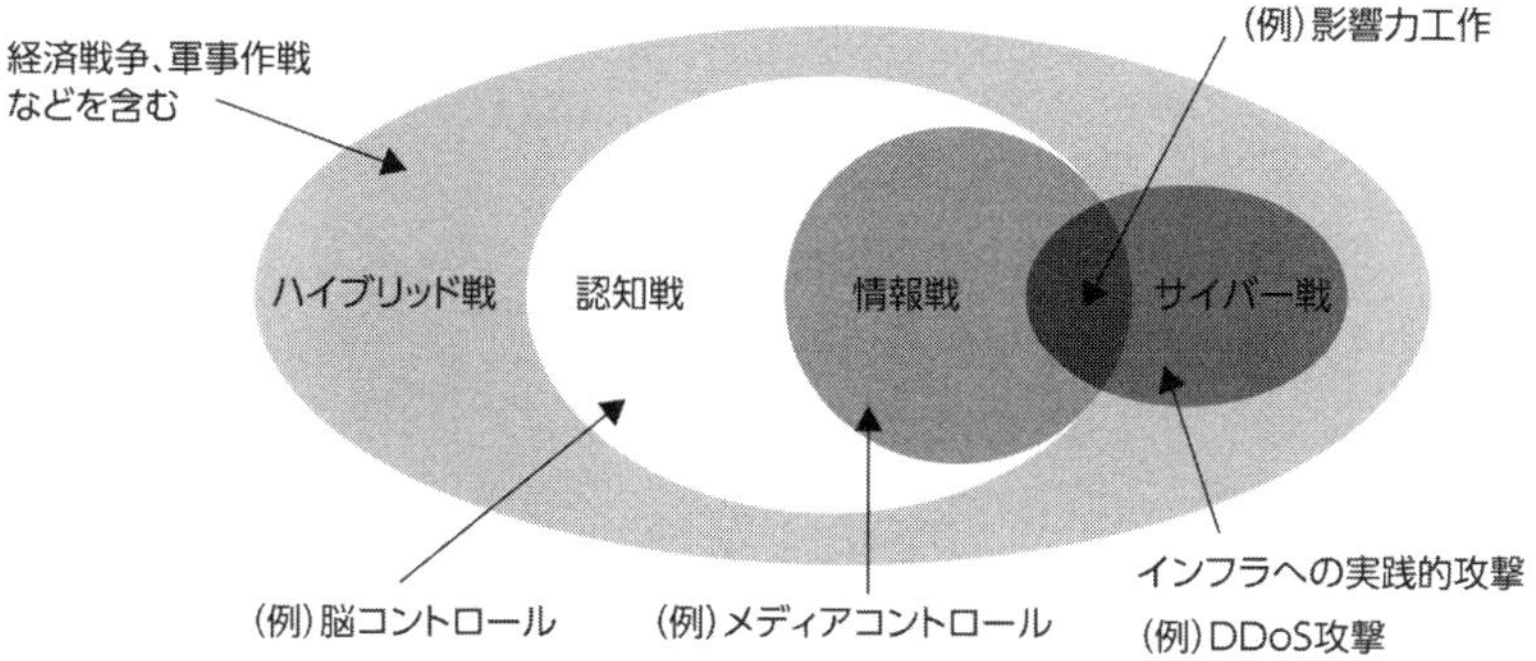

（出典）Tzu-Chieh Hung, Tzu-Wei Hung, "How China's Cognitive Warfare Works: A Frontline Perspective of Taiwan's Anti-Disinformation Wars," *Journal of Global Security Studies*, 7(4), 2020, pp.3を基に筆者作成。

い。

戦争の遂行では、的確でタイムリーな情報に基づく現状の戦略・戦術上の正確な認識と正常な判断が不可欠で、それは上記の採掘から末端の部隊による決定と作戦実施でも同じである。情報の遅延や歪み、誤情報、認識枠組みの混乱発生は全て攻撃手段として使われ、防御すべきこととともなる。これは認知戦と呼ばれ、通常の社会活動から始まり戦争に関わる全てのプロセスに適用される。多くの活動や通信は、サイバー・ネット空間で行われるので、知能化戦争や情報化戦争が深く関係するが、物理的な破壊にも脆弱であり、火力戦争にも関わる。宇宙をめぐっては、人工衛星を通じて情報伝達や偵察・監視に使われるが、電磁波やサイバー、物理的破壊の対象ともなる。単独で行われるサイバー・電磁波戦をハイブリッド戦争と位置づけることに抵抗があるかもしれない。

火力戦争は伝統的な形として、それが主力になった場合、ハイブリッド戦争としての性格は薄いと解釈される。二〇二二年のウクライナ戦争では、大砲やミサイルが大量に使われたので、そのような考えもあった。

これらの諸概念は、ほぼ全て少しずつお互いに関連して

図3-2　諸概念と中国による戦争概念との関係（イメージ図）

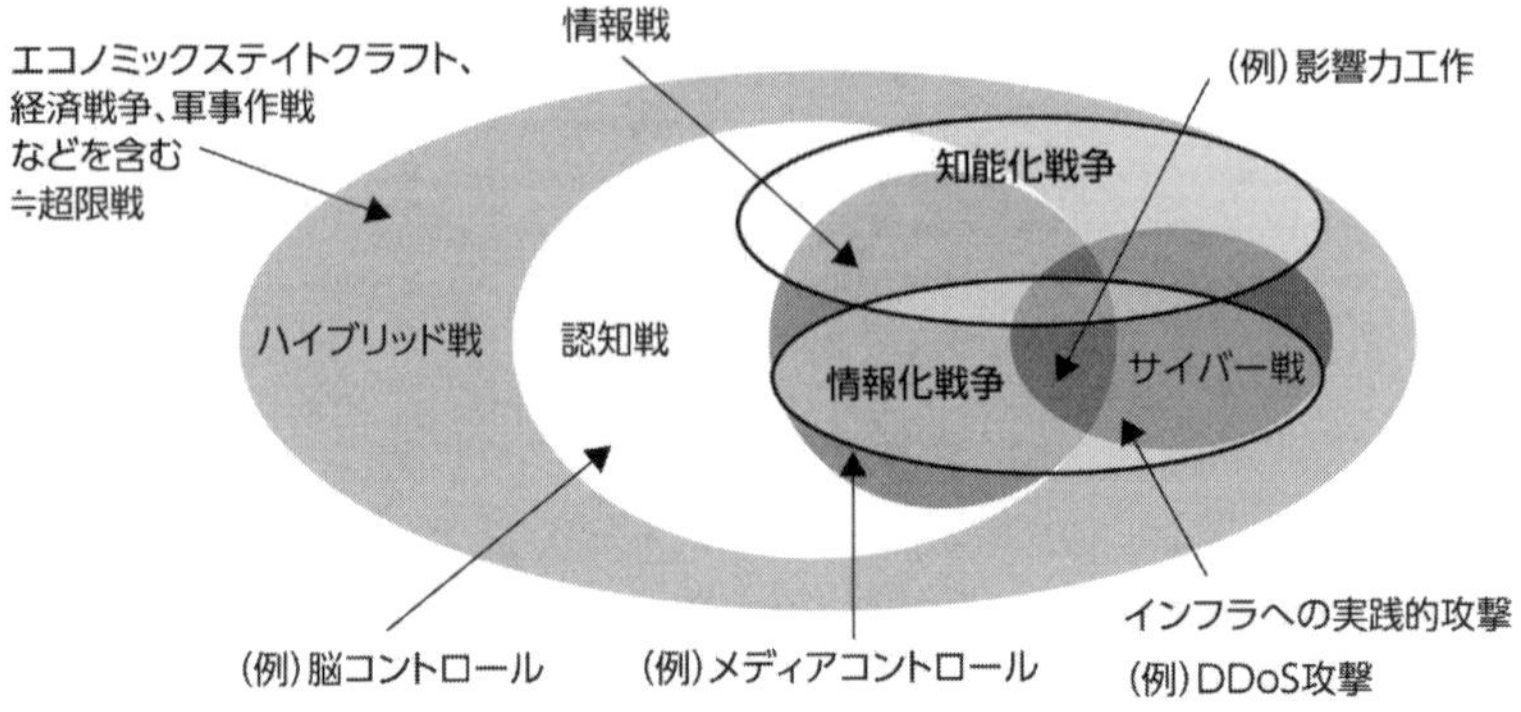

（出典）図3-1を基に筆者作成。

いて、重なった形で整理できる（図3-1参照）。しかし、全く同じ程度で重なるかというとそうではない。想定していない独自の自律性を備えているのかもしれない。あくまでマックス・ウェーバーの言う理念型の議論に過ぎず、具体的なイメージは湧かないとしても、お互いにほとんど重ならない独自の戦争形態で戦われるという想定が可能で、それはハイブリッドには見えないかもしれない。

これらの諸概念と中国による戦争概念である情報化戦争および知能化戦争との関係をひっくるめてまとめると、図3-2のように描くことができる。情報化戦争はネットワーク中心の戦い（NCW）などに加えてサイバー戦や情報戦に重なり合う概念、知能化戦争は情報化戦争を基礎としながらAIなどの新興技術を取り入れてより広範かつ一部は認知戦も含む形で行われる戦争形態と考えられる。また、エコノミック・ステイトクラフト（経済を用いた強制や威圧）は、経済戦争の手前で行われるハイブリッド戦争の一部を形成、中国の超限戦は軍事作戦のみならず非軍事を含むあらゆる手段を用いた戦争形態であり、ほぼ広義のハイブリッド戦争と同義である。社会のソフトなインフラの攻防も含んでおり、これらを除外することはない。なお、モザイク戦や実際の戦闘に特化した用語の定義については、本図とは異なる整理が必要である。

加えて、グレーゾーンは次元が異なることや平時と戦時がシームレスに続いていくイメージであるため、平面図に落とし込むことが困難であり、図の中への書き込みは割愛した。

最後に、ここまでほとんど触れてこなかったグレーゾーンについて説明を重ねて加えておく。グレーゾーンについて日本における議論は、二〇一〇年の中国漁船と日本の巡視船の衝突事件の後、中国側の海軍艦艇ではなく、法執行機関や「海上民兵」、漁船など一般には海軍に属さない艦船による活動が目立ってきた後に本格的に始まった。一般に、グレーゾーンは、本格的な軍事衝突にならない程度の、レベルの低い緊張と考えることができる。

しかし、問題はこのレベルの低い緊張という考えの定義である。キューバ危機を主要な事例として進んだ危機決定（crisis decision）に関する研究では、危機や緊張そのものの定義が問題となった。キューバ危機は、相対的に短期で火力戦や物理的破壊を伴いかねない急性の状況だが、それを元にした定義では、金融危機のように「灰色の犀」とも言われるような、目立たないが相対的に長期間に進む慢性の状況を十分に捉えることはできない。

思い切って言えば、グレーゾーンは、火力戦と物理的破壊を伴う軍事力の本格的なリスクは相対的に小さいが、決してその本格的な衝突となるリスクはなくならないと認識される状況である。したがって、戦争形態としては、火力戦と物理的破壊の重要性は低いが、それ以外の戦争の形はほぼ全て残る。となると、グレーゾーンにおけるハイブリッド戦争においては、概念図における火力戦と物理的破壊の役割を表す円は小さくなるだろう。

＊註

１　八塚、前掲論文などを参照。

2 Ionita, Craisor-Constantin, *Multi-Domain Operations versus the Mosaic Warfare: Future Conflicts' Dilemma between Multi-Domain Operations and the Mosaic Warfare*, Moldova: Lambert Academic Publishing, 2021.

3 Csengeri, Janos, "Multi-Domain Operations - A New Approach in Warfare?," *Security & Future*, No.3 (2021), pp.78-80 など。執筆者はハンガリーの研究者である。

4 杉浦康之『中国安全保障レポート２０２２：統合作戦能力の進化を目指す中国人民解放軍』防衛研究所、二〇二二年参照。ただし、外交圧力、経済封鎖や制裁、文化浸透、またそのための宣伝を軽視しているのではなく、研究の主要対象が軍隊だと言うことである。

5 楊竜渓「瞄準未来戦争打好認知『五仗』」『解放軍報』二〇二二年八月二三日。

6 趙全紅「認知域作戦：現代戦争的制勝関鍵」『解放軍報』二〇二二年七月一四日；薛閏興「『粉絲戦争』：開啓認知対抗新緯度」『解放軍報』二〇二二年八月四日。

7 薛閻興「『粉絲戦争』：開拓認知対抗新維度」『解放軍報』二〇二二年八月四日。中国語の「粉絲」は、元々は芸能人のファンを意味していたが、最近ではＳＮＳのフォロアーをも指す言葉となっている。ここではおおむね体制への信頼度の高い人々を指す。似た内容の論文として、王明哲「価値攻防：認知域作戦的重要方式」『解放軍報』二〇二二年八月二日。価値や文化的伝統に言及しており、中国側が「中華文化」を称揚する背景には、諸外国からのこの分野での攻撃を中和する狙いがあると考えることができる。

8 一例として、門洪華・徐博雅「美国認知域戦略布局与大国博弈」『現代国際関係』二〇二二年第六期、一～一一頁。教育部の「国家安全戦略研究」補助金を得て書かれたこの論文は、ウクライナ戦争にも言及し、ＮＡＴＯによる認知戦研究（Cognitive Warfare Project）にも目を配っている。門洪華は、元々は中央党校の研究者であったが、現在は同済大学国際関係学院の教員で、「教育部長江学者特聘教授」という称号を持つ社会的に影響力の大きい人物である。

9 余志鋒・逯杰・汪立志「制網絡権：全域制権的枢紐」『解放軍報』二〇二二年六月二日。

10 相互依存の武器化については、たとえば Farrell, Henry, & Abraham Newman, *The Uses and Abuses of Weaponized Interdependence*, New York: Brookings Institution Press, 2021; "Weaponized Interdependence: How Global Economic Networks Shape State Coercion," *International Security*, Vol.44, No.1, Summer 2019, pp.42-79 などを参照されたい。

11 Cheng, Dean, *Cyber Dragon: Inside China's Information Warfare and Cyber Operations*, Praeger Security International, 2016. 五味睦佳（監訳）、鬼塚隆志・木村初夫（訳）、『中国の情報化戦争：情報戦、政治戦から宇宙戦まで』原書房、二〇一八年。

12 Caliskan Murat, "Hybrid Warfare Through the Lens of Strategic Theory," *Defense & Security Analysis*, 35:1, 2019, pp.40-58.

13 喬良・王湘穂『超限戦』湖北辞書出版社、一九九九年。修訂版として『超限戦与反超限戦：中国人提出的新戦争観美国人如何応対』長江文芸出版社、二〇一六年。

14 Galeotti, Mark., *The Weaponisation of Everything: A Field Guide to the New Way of War*, Yale University Press, 2022.

15 喬良、王湘穂「中文四版自序」『超限戦与反超限戦：中国人提出的新戦争観美国人如何応対』武漢：長江文藝出版社、二〇一六年、四頁。米海軍大学のほか、ジョンズ＝ホプキンス大学などからも講演依頼があったことも記されている。

16 石原敬浩「Hybrid Warfare と超限戦：今、『超限戦』を読み直す」『波濤』三六−三、二〇一〇年九月、六八〜七二頁。入手しやすい資料の中で、ハイブリッド戦争と超限戦に関わる研究として、具体的な典拠を示しつつ議論を進めており、全体像をつかみやすい。

第4章 ❖ 新時代の軍事戦略と軍事改革
安全と発展をめぐるレトリック

1. 習近平による軍事改革の狙いとそのプロセス

本章では、これまでに論じた知能化戦争とその周辺概念の整理を踏まえて、習近平の軍事改革の狙いとそのプロセスについて分析する。中国の知能化戦争がどのような対外政策や安全保障政策を含む総合的なヴィジョンの下で進められるようになったのか。換言すれば、中国が掲げる「強軍の夢」、「強軍目標」とはどのようなもので、何を目指しているのかを明らかにしていきたい。

（１）習近平政権下の軍事改革手法

これまでに論じてきたように、概念の提唱は、すぐに戦力になるわけでなく、長期間にわたる制度の構築や改変を経なければならない。軍事現代化がどちらかと言えば自然に起こる発展で緩やかな印象がある言葉であるのに対して、軍事改革は、主体的な強い意志によって急激で広範囲、しかも深い変化を進めるというニュアンスが強いという違いがある。

習近平の軍事改革については、二〇一五年一一月二四日から二六日にかけて開催された中央軍事委員会改革工作会議から分析を始めることが多い。しかし、習近平は、軍事改革をこの工作会議で始めたのではない。改革の始まりは、二〇一二年の第一八回党大会、つまり習近平政権誕生時にまでさかのぼることができる。

軍事改革の分析を通じて、中国が想定する将来の戦争のあり方を理解できる。国や指導者によってこの想定は異なるので、習近平のもとで何に焦点を当ててどのように準備を進めるかを見ることにより、中国の軍事的特徴や独自性、そうでなければ他の国々との共通面を知ることができる。したがって、ここでは軍事改革のプロセスをやや詳しく見ていくことにする。

二〇一二年一一月、中国共産党第一八期中央委員会の最初の全体会議、すなわち中国共産党第一八期中央委員会第一回全体会議（一中全会）で中央軍事委員会のメンバーが確定したが、その日の内に習近平は中共中央政治局常務委員会の会議を開き、軍事改革について述べている。二〇一三年一一月に開かれた第一八期三中全会に関する報道の多くは、国家安全委員会の創設に強い関心を寄せていたが、軍事改革は三中全会の重点項目でもあった。習近平の意気込みは、三中全会の公報（コミュニケ）で国防と軍隊改革が書き込まれたのが歴史上初めてであったとされたことからもうかがえる。陸軍の情報化、宇宙部隊と一体化した攻防兼備の空軍、遠海作戦を行う「ブルー・ウォーター・ネイビー」（藍色海軍）、統合作戦の指揮体制の改善、兵站体制の整備などは、三中全会以来、習近平が一貫して強調したテーマであった。

二〇一四年三月、中国人民政治協商会議（政協）と全国人民代表大会（全人代）の閉幕後、習近平は中央軍事委員会改革領導小組の第一回全体会議を開き、改革の具体的な方法とスケジュールを決定した。この会議の決定に基づき、同小組の辦公室が作られ、全軍から数百名のメンバーが集められ、三月から一〇月までの間に八〇〇回ほど行われた座談会や検証作業の結果、統合作戦の指揮体制の未整備が特に大きな問題であると位置づけられた。

同年四月、同小組は軍の各軍種、七大軍区はじめとする大単位の主要な指導者ら、また五月初旬には四総部（総参謀部、総政治部、総後勤部、総装備部）の指導者にヒヤリングを行い、習近平もこれらの報告の一部を聞いたという。軍事科学院と国防大学も改革の青写真の作成に参加したほか、同小組辦公室が管理体制の改革に関するシミュレーション研究も行い、企業管理の手法として知られる事業プロセス管理（Enterprise Process Management：EPM）や大量の情報の解析を行うビッグデータ解析などの手法も用いた。三〇万人の削減の発表は、このような周到な準備に基づいて行われたとされる。同年一一月には、軍の会計監査部門である審計署が、総後勤部から中央軍事委員会の直轄となったほか、作戦部隊の指揮官の資格に関する規定が定まった。この頃には、軍事費の管理システムも改められたようである*1。

二〇一五年一月二七日の改革領導小組第二回全体会議に続き、七月一四日に開かれた第三回全体会議で「国防と軍隊改革を深化する総体方案の提案」が「原則」通過した。「原則」とあるように、かなりの異論が出たが習近平が押し切ったということなのであろう。この提案は七月二二日に中央軍事委員会常務会議、二九日に中央政治局常務委員会でそれぞれ承認された。一〇月一六日には、習近平が再び中央軍事委員会常務委員会を主宰し、「領導指揮体制改革実施方案」を審議採択した。

こうした軍事に関わる事項の改革に中共中央政治局常務委員会が関与したということも新しい。政治局レベルでも、二〇一四年八月二九日に開催された第一七回集団学習会の主要なテーマは軍事問題であった。毛沢東時代には、軍事は毛沢東一人の専権事項で、政治局は積極的に関わらなかった。習近平は、軍事改革に対する軍内の反対を押し切るため、中共中央政治局の権威を利用したと考えることができる。ただし、習近平はそれ以上は軍事に関する中央政治局の関与を認めることはなかった。同月、総政治部が公表した「国防と軍隊改革」の宣伝教育綱要では、軍事改革を妨害するような言論の抑制を要求したように、解放軍内部には改革に消極的な意見も多かったようである。

二〇一五年八月には、こうした消極的な意見を押し切って軍事改革を進める習近平の、「鳳凰涅槃」すなわち一度身を火に投じて復活するという、大きな犠牲を強いる主張が中国メディアを通して紹介された。これに続いて翌九月、軍事パレードに合わせて行われた三〇万人削減の発表は、習近平の不退転の決意を内外に示していた。それは、軍事改革の宣伝キャンペーンと合わせて、紀律部門による締めつけが容赦なく強められていたことからもわかる。

（2）巡視による半強制と諮問組による説得

中国の各種サイトの報道によれば、二〇一三年一二月から中央軍事委員会巡視組は、七大軍区や海軍、空軍、第二砲兵、武警などを繰り返し巡視した。二〇一五年九月二八日から一一月一〇日には、特に総装備部が巡視の対象となったことが報じられた。また、一一月一二日の『解放軍報』には、軍事改革を強調する許其亮中央軍事委員会副主席兼中央政治局委員の署名論文が掲載された。

さらに、中央軍事委員会巡視組は四総部にまで進駐し、「党の紀律を厳明にし、軍隊改革のために風紀紀律の保証を提供した」という*[2]。四総部は、中央軍事委員会の決定を実行に移す極めて重要な組織であり、その変革は指揮体制改革の天王山とも言えるところで、習近平の強い決意とそれに基づく巡視組による監視がなければここまで改革は及ばなかったであろう。

巡視については、情報が限られており不明な点が少なくないが、一九九六年に中央紀律検査委員会と中央組織部の下で始められたと言われている。二〇〇三年には中央紀律検査委員会と中央組織部の「巡視組」が正式に成立し、二〇〇九年には「中央巡視組」と改称され、二〇一〇年には巡視制度の範囲が軍隊にまで拡大した。習近平の盟友として知られる王岐山は、二〇一二年一一月第一八回党大会で中央政治局常務委員となり、その後党中央紀律検査委員会の書記に就任し、巡視工作の最高責任者となった。巡視組は習近平主導の反腐敗闘争を進める実行部隊となり、巡視先の多くの幹部たちが紀律違反や汚職を名目として粛清されたが、その大半は習近平派のライバルと目される江沢民系の幹部たちであった。巡視は習近平が党を厳しくコントロールする重要な手段の一つであると見られている。

軍の巡視小組を指導する中央軍委巡視工作領導小組は、組長が中央軍委副主席、常務副組長が中央軍委紀律検査委員会書記、副組長が中央軍委政治工作部主任、中央軍委政法委員会書記で構成される。軍の巡視小組は、政治紀律、組織紀律、廉潔紀律の違反を取り締まるという。二〇一三年一一月、第一八期三中全会が開催されたタイミングで、軍隊巡視機構が設立され、中央軍委巡視工作領導小組の組長に許其亮、副組長に張陽が任命された。なお、後に張陽は紀律違反で粛清され、自殺することになる。

中央軍委紀律検査委員会と中央軍委政法委員会は、二〇一六年の軍事組織の改革の一環として設立された。中央軍委紀律検査委員会は中央軍委の機関と戦区に紀律検査組を置き、中央軍委政法委員会は軍事司法体制を扱い、区域ごとに軍事法院と軍事検察院を置くこととなった。また、中央軍委紀律検査委員会は中央軍委に直属して、上級から下級に垂直管理を行うことになり、大きな権力を持つこととなった。

巡視組はいわば改革を強制する役割もあったと思われるが、強制だけでは不十分で説得も試みられたであろう。三中全会以後、中央軍事委員会に改革領導小組辦公室や専門家諮問組（専家諮詢組）などが設立されていたことがわかっている。その後の軍事改革は、この改革領導小組辦公室が中心となって進めたことは間違いない。ただし、二〇一四年三月から一〇月まで中央軍事委員会の指導者、改革工作機構と共に八〇〇あまりの座談会や検証会を開いたこと以外に詳細はわからない。

顧問集団とも言えそうな諮問組の主要なメンバーとしては、組長の楊志琦（元総参謀長助理、元済南軍区副司令員）、副組長として現役の蔡紅碩（当時、中央軍事委員会辦公庁調研局副研究員）、劉継賢（元軍事科学院副院長）などが知られている。楊志琦は軍械工程学院を卒業した専門家であるが、楊得志（元総参謀長）の息子で「太子党」と言える。蔡は二〇一六年七月の中共中央政治局第三四回集団学習会で講師を務めている。劉は一九八〇年代初期から軍事現代化の理論的支柱の構築に携わってきた。そのほか、章伝家（元国防大学学術委員会委員）のメンバー就任も報道された。彼らの役割はよくわからないが、改革の理論的なバックアップだけでなく、軍の中で行われた座談会や研究会などに参加して改革の必要性を訴えたとも推測できる。

軍事改革は巡視組による強制と諮問組による説得を組み合わせて進められたと思われるが、大きな障害は、組織変革だけでなく人員削減であった。削減は、全軍規模の指揮命令系統の効率化のためとされた。退役対象となった三〇万人の大部分は、大軍区などの司令部要員が占めていた*3。対テロ部隊などは配置換えで済む場合もあったらしいが、この頃にはかつてのような退役軍人に対する優遇措置は激減し、国有企業は退役軍人の受け入れ先となることを渋っていた*4。

二〇一五年一二月三一日には、陸軍の領導機構、ロケット軍、戦略支援部隊の成立大会が行われ、習近平が軍旗の授与と訓示を行った。この時までに「サイバー部隊は、戦略支援部隊に属することも判明した。サイバー部隊の人員数は公表されなかったが、民間と合わせて約22万人と言われていた。

習近平は毛沢東を尊敬し、鄧小平から距離を置いていたと言われるが、習近平の軍事改革は、鄧小平が強力に進めた軍事改革との連続性を示していた。鄧小平は、軍の近代化を進めるとともに、軍内の反鄧小平派を粛清した。鄧小平は、対外戦争の可能性は低いと考えており、軍事の近代化は軍が政治に直接口を出さないようにする口実にすぎず、本音は国内の権力闘争にあったとさえ考えられている。習近平の進める軍事改革にもこのような側面があることは否定できない。

ただ、その過程では軍人たちの不満が鬱積したとしてもおかしくない。人民解放軍の主要なポストは、南京軍区の勤務経験者を中心に習近平に近い人物が占めるようになった。ただし、陸軍出身の苗華が海軍政治委員に就任したように、専門や経歴よりも習近平との距離が重視された人事は軍内に不満を醸成させたであろう。しかも、習近平が進めた反腐敗闘争は人民解放軍の現役と退役を問わず、追いつめられて自殺者が相次いだことが報じられた。

このようにしてみると、二〇一五年から二〇一六年にかけて進められた一連の軍事改革は、巡視を含めた厳しい締めつけを伴い、反対を抑えながら進められたということができる。

対外政策の面では、この時期に軍事改革を進めること自体、中国が大規模な戦争を自ら起こすつもりはないことを示していた。蘭州軍区司令員の劉粤軍が「平和な時期における軍事力の運用」という論文を発表したように、習近平に近い軍人たちは大規模な戦争が切迫しているとは考えていなかった*5。もちろん、計算違いから事態が予想外に展開し、習近平が紛争をエスカレートする懸念はあったであろう。しかし、軍事改革を進めるにあたり、習近平は軍人に対して軍事改革が不十分なまま戦争を起こすつもりはないと説明したに違いない。

なお、知能化戦争という用語は二〇一五年から二〇一六年にかけての軍事制度の再編においては方針としても現れず、定着しなかった。知能化戦争に向けた軍事改革という方向性が確定するのは、二〇一七年の第一九回党大会の報告で同用語が用いられ、「軍事知能化の発展を加速して、サイバー情報体系に基づく統合作戦能力と全ドメイン作戦能力を高める」ことが提唱された後であった。

2．新時代の軍事戦略方針

(1)「新時代の軍事戦略方針」というレトリック

習近平から見れば鄧小平の改革は緩慢であったようで、それは習近平が掲げる「新時代の軍事戦略方針」というレトリックから推測することができる。二〇一九年一月四日の中央軍事委員会軍事工作会議では「新時代の党の強軍思想を深く貫徹し、新時代の軍事戦略方針を深く貫徹し、新しい起点の上に軍事闘争の準備工作をしっかりやり、強軍事業の新しい局面を開拓する」ことが掲げられた。新時代の軍事戦略方針について、それ以上の詳しい説明はほとんどなかったが、習近平が独自の軍事現代化を模索していたと見て良いだろう。

二〇一九年七月二四日に発表された国防白書『新時代の中国国防』では、同日に行われた記者会見で中央軍事委員会聯合参謀部作戦局副局長の蔡志軍少将による背景説明があった。この説明は、単なる宣伝ではなく、現場のリーダーによる冷静な解説としての性格があったと考えられる。

蔡によると、軍事戦略方針はこれまで八〜一〇年ごとに合計八回見直され、毎回の見直しには三つの要因があったとされた。具体的には、①(見直しの基本的な指導すなわちガイダンスとなる)党の戦略思想と軍事政策、②(見直しの客観的な根拠となる)国際戦略状況の重大な変化とその国家安全保障環境に対する影響、③(見直しの主要な要因となる)科学技術の発展進歩が引き起こした軍事領域の大きな変革、特に戦争形態の変化である。

その上で、今回の「新時代の軍事戦略方針」とは、「習近平主席が時代の発展趨勢を把握し、国家安全保障の全体を総覧し、軍事戦略指導の革新をする重大な決定」であると解説した。要するに、「新時代の軍事戦略方針」は、世界的な情勢の変化を背景としているが、基本的には習近平の発言に基づいたものであるという説明であった。これと前段の科学技術の進歩による軍事変革との関係は、軍隊が以前から軍事変革の必要性を考えていたところに、習近平の強い意向が加わり、それに基づいたレトリックで「新時代の軍事戦略方針」としたというところであろう。

蔡の説明は、さらに「新しい『三歩』という国家発展戦略の新しい青写真のもとで」、軍事力の運用と建設の方針に基づく使命の一つとして、「国家がただ大きいだけではなく強くなる方向で発展するキーの段階で一連の重大な戦略課題を深く研究し答えを出す」と続く。これは、二〇一九年の段階で、人民解放軍が全ての重要な問題に対して十分な答えを持っているとは限らず、模索を続けるということを意味していた。

このことから、「新『三歩』」戦略や「新時代の軍事戦略方針」というレトリックがまず発表され、肉づけがその後に進められるというパターンであったと推測できる。この推測は実は解放軍の他の物事の進め方にも通用し、中国人民解放軍も他国の軍隊と同様に大まかな将来ヴィジョンを基礎として試行錯誤を続けてきたのであろう。状況が変わったから方針が変わるというのは自然である。方針は大まかな枠組みであり、手順が厳格に決まった戦略があってそれに対応する戦術も決まっているということを保証するものではない。

国防白書の執筆グループもこの点に慎重であることが推察される。白書は「機械化建設はなお未完成で、情報化のレベルは向上させる必要があり、軍事安全保障は技術突撃と技術の世代格差によってもたらされる大きなリスクに直面しており、軍隊の現代化レベルは国家安全保障が求める水準にはまだ大きく達しておらず、世界の先進軍事レベルと比べてまだ大きな格差がある」との現状認識を示している。

その後、二〇二一年には、再び党主導で知能化戦争への軍事現代化推進の加速が強調された。おそらくは党と解放軍とのすり合わせが行われ、二〇二一年一一月の第一九期六中全会の決議では、結局より穏健な表現である「機械化、情報化、知能化の融合発展を加速」することに落ち着いた。第一九期六中全会は、一一月八日から一一日にかけて開催され、決議は最終日の一一日に公表された。

六中全会後、中央軍事委員会副主席で制服組トップの許其亮は、その論文の中で「軍事知能化の発展を加速」と表現して言及した*6。この表現は、二〇一七年の党大会における習近平演説で使われた表現をほぼそのまま用いたものであったが、全面的に「知能化」の軍事現代化を中心に置くというような急進的な表現ではなかった。この論文の趣旨は、あくまでも党による軍隊に対する絶対領導、すなわち軍人たちに対して習近平への忠誠を求めたものであり、それまで「知能化」には慎重であった許其亮が、習近平が強調した「知能化」を重視する発言をしなければならなかったものと考えられる。

習近平が「知能化」への対応を急ぎ、軍もそれに応えなければならなかった背景はよくわからない。しかし、このころ米中の経済摩擦が激化し、トランプ政権が台湾への支持を強化しており、習近平が状況の打開の試みとして、「顛覆性」、つまりそれまでの技術や手法を一挙に陳腐化してしまう「破壊的イノベーション」を要求したと考えることができる*7。「知能化」戦争とそれを支える技術はこの「顛覆性」を持つとみなされていたのである。また、それによって、反腐敗闘争が大物を粛清する時期を過ぎ、一定程度の政治的役割を果たした人民解放軍や人民武装警察部隊に対して、別の軍事専門的な目標を示して政治的な影響力を封じ込めようとした面も否定できない。

3. 総体国家安全観

(1)「総体国家安全観」概念の成り立ちと変化

「総体国家安全観」は、中国の国家安全保障戦略の大枠と、想定している将来の戦争形態を知る上で手がかりになる重要な概念の一つと考えられる。知能化戦争やハイブリッド戦争も、「総体国家安全観」と言う公式概念との関連で捉えることができる。組織によっては表面的に受け入れているに過ぎないようにも見える事例がある。

一般に、公式概念は、「建前」としての性格が強く、極端な場合には、「本音」を隠す手段の性格もある。このどちらの場合でも、政権の信頼性を担保するため表現は同じでも内容が変わることが多い。たとえ、公式概念が単に建前や「目くらまし」であっても、何を隠したいのか、また内容の変化からそれが必要となった背景を逆に推測することができる。公式概念は、それを通して分析ができる重要な資料の一つであることに変わりはない。

「総体国家安全観」をめぐる議論は、「総体国家安全観」が象徴する中国政治の特徴にまで及ぶことがある。内外の多くの研究者が、二〇一二年から始まる習近平の一〇年間を観察した結果、習近平はイデオロギーを何よりも重視し、共産党による集権的な政治を目指してきたという意見が主流となってきた。この見方を補強するもう一つの見解は、中国政治の「安全保障化」、習近平の政治は経済的利益や効率よりも主権や安全を重視する傾向がある、というものである*8。ここでは、このような分析があることを念頭に置きつつ、「総体国家安全観」をめぐるプロセスを扱っていく。

まず、概念の成り立ちと変化を見ていこう。「総体国家安全観」という概念は、二〇一四年四月一五日、新たに創設された中央国家安全委員会の第一回全体会議で示されたとされる。同委員会の設立は、二〇一三年一一月の一八期三中全会公報で設立を進めるとされ、二〇一四年一月二四日の中央政治局会議で決定した。習近平は、中央国家安全委員会の職能は、対外的には主権安全の維持、対内的には政治安全の維持であるとした。しかし、現代中国政治の緻密な研究で知られている高木誠一郎が指摘するように、決定の権限は中央政治局とその常務委員会にあるとされ、同委員会は調整機関（協調機構）にすぎず、権限に制約が課されていた*9。

国家安全委員会の設置は、一九九七年にすでに議論されていたが、当時は実現しなかったという*10。代わりに二〇〇〇年に設立された中央国家安全工作領導小組は、対外的な国家安全保障領域の重要な問題を扱うものとされ、対外政策の重要問題を扱う中央外事工作領導小組との調整的役割を担うことがその役割とされた。しかし、これらの領導小組はアドホックな組織で、またあくまで対外的なイシューだけを扱うものであったのに対して、中央国家安全委員会は常設機構であり、対外的なイシューとともに国内のイシューも扱うという違いがあった。

中央国家安全委員会の設立には権力闘争が関わっていたと考えられる。中央国家安全委員会は、当時の人民解放軍の「四総部」や政法・公安・諜報部門の最高統括機関であった党中央政法委員会を存続させたまま、これらの組織のリーダーの権限を弱めて習近平一人に集中させる意味があった。前政権の胡錦濤の時期でさえ、軍隊や政法部門は、江沢民派と目される幹部が握っていて、胡錦濤の権力も掣肘され続け、習近平の権力確立には障害となっていた。同概念が示された二〇一四年四月は、反腐敗闘争による粛清も本格的な激化前で、習近平はあまり急進的な政策をとることはなかったのであろう。しかし、習近平は、反腐敗闘争を通じて江沢民派を粛清していくと同時に、国家安全委員会を通じて彼らの権限も奪い、彼一人に権力を集中させた。

習近平はまず二〇一八年四月一七日、国家安全委員会の会議で「党委（党組）国家安全責任制規定」を成立させ、党の国家安全工作に対する領導を強化した*11。続いて、二〇二〇年九月二八日の中央政治局会議では、「中央委員会工作条例」を審議し、習近平は「二つの維持」の遵守を求めた。「二つの維持」とは、習近平を全党の核心とすることを維持、党中央の権威と集中統一領導の維持で、実質上、習近平の独裁的権力の無条件の受け入れ、および中央委員会と中央政治局の形骸化を意味する。

その上で、二〇二一年には「中国共産党領導国家安全工作条例」を制定し、党の国家安全工作に対する「絶対的領導」の制度的な強化をさらに進めた。国家安全委員会は調整の機能を持つに留まるとしても、中央委員会や中央政治局とその常務委員会が骨抜きになり、安全保障政策における習近平の独裁的権限が確立したと言っても言い過ぎではない。

国家安全委員会の扱う対外的な問題は解放軍や国家安全部が扱ってきた対外的な問題、また公安部などが扱ってきた対内的な問題をめぐる指導は、両方とも国家安全委員会に吸収され、習近平の権力を増大させた。

しかし、ここでも習近平による個人独裁への傾向が制度のあり方に影響することとなった。習近平は中央軍事委員会を通じて人民解放軍に対する権限を独占しており、国家安全委員会を通じても軍に対して影響力を行使できる態勢となった。しかし、習は他のシビリアンの党員が委員会を通じて解放軍に対する影響力を持つことを警戒し、同時にまた人民解放軍の軍人が同委員会を通じて党に影響力を行使することも懸念していたのであろう。習近平が個人独裁を進めると、制度は一貫性や明確さを損なう逆説を見せることになった。

中央国家安全委員会では、「総体国家安全観」の概念には、政治、国土、軍事、経済、文化、社会、科学技術、情報、生態、資源、核など一一項目を含むとされた*12。その後、宇宙、深海、極地、生物など、その他の要素も同委員会関連の報道では言及がなされた。

（2）「総体国家安全観」に基づく改革

中央国家安全委員会の設立と相まって、他の組織の改変や廃止も行われた。特に、海洋部門では管轄部門が多く管理がバラバラになりがちであったのが、ほぼ全て廃止され、国家安全委員会に吸収された。このように委員会の設立と新たな概念の提唱は、権力闘争と密接な関係があったとしても、組織の改編や中国の安全保障の概念の定式化という面では、無視できない出来事であった。

二〇一四年の第一回会議の後も国家安全委員会の活動はよく分からないままだったが、「総体国家安全観」という言葉は生き延び、二〇一七年二月の国家安全工作座談会に続き、同年一〇月の第一九回党大会における三時間超にわたる長大な習近平報告の中でも使われた。その説明では、発展と安全の統一管理をすべきである、また政治安全を根本とすることがそれぞれ強調された＊13。発展と安全の統一管理とは、経済発展と国家主権・安全保障という二つの目的はしばしば矛盾して両立が難しい状況での政策決定は一貫性を持っているべきであるということを意味していた。

実際の政策決定では、現場はこの両立は非常に困難だが「総体国家安全観」に基づいているという説明ができ、批判に一定程度答えることもできたであろう。もう一つの政治安全とは、共産党の統治体制、すなわち党が国家を領導する「党国体制」を守ることであり、根本とするという表現で共産党の統治体制の維持を他の政策目的より最優先するという基本方針を意味していた。

通常、中国の政策決定は、最高レベルで大枠が決定、発表された後、官僚機構が最高指導者の意図をそれぞれ推測しながら具体的な政策を立案、実施していく。つまり、公式概念は最高指導者が自ら発案したとしても、肉づけは関係組織が参加して行われる。その結果、概念は洗練されて豊かになることもあれば、指導者の考えと離れて屈折することもある。

中国共産党の組織利益という観点から言えば、「総体国家安全観」の関係機関には、人民解放軍の軍事、情報、および政治工作部門、統一戦線工作部の統一戦線、政法部門（公安部や国家安全部など）の治安工作、介在部門（国家発展改革委員会、財政部や商務部など）など、主要部門がほぼ網羅され、除外された部門は数少ない。誰も損をしない新たな装いだったのである。しかし、最高指導者としての習近平は、これらの部門に対する統制や管理を行う時の理論的基礎を持つことができ、その権力を強化したということができる。同時に、その内容説明から、中国の関係組織が連係して動く際に必要な共通のヴィジョンを知ることができる。

二〇二〇年一二月一一日の中央政治局第 26 回集団学習会で、習近平は「総体国家安全観」の貫徹で「一〇個の堅持」を求めた。「一〇個の堅持」とは、①党の国家安全工作に対する絶対的領導、②中国特色ある国家安全の道、③人民の安全の最優先、④発展と安全の統一管理、⑤政治安全を最も重要な位置に置くこと、⑥各領域の安全の統一的推進、⑦国家安全リスクの抑止緩和を突出した位置に置くこと、⑧国際共同安全の推進、⑨国家安全システムと能力現代化の推進、⑩国家安全幹部の隊伍建設である*[14]。

習近平は、これらは長期にわたり堅持すべきとしつつ、「絶えることなく豊かにし発展させる」とした。この表現は、「総体国家安全観」の内容が固定したままではないと言うことを意味している。となると、「総体国家安全観」の中身をめぐり、その後も意見が分かれていたかもしれない。

意見の違いを明確に表す公表資料はほとんど入手できないが、それを示唆するものはある。インテリ向けの新聞として知られる『光明日報』の二〇二一年二月一日付の論説「大きな安全保障構造のもとで国家安全概念を正確に認識しよう」は、国家安全保障の内容と範囲について、二つの極端に走る間違った観点があると問題を提起した*[15]。一つは、総体国家安全をこれまでの国家安全と同じように捉えて国家安全を狭く認識し、国家安全を国家安全機関のスパイ摘発・防諜工作と同じものと捉える観点である。もう一つは、国家安全を広範にとらえて一般化し、何でもその中に放り込むことができると言う見方である。この二つの見方は、「総体国家安全観」を全面的に実施する上で直面する思想上の障害となると筆者は批判した。

筆者の馬方は、西南政法大学国家安全学院に所属し、おそらくは「総体国家安全観」の理論や宣伝に直接携わっている人物である。その執筆内容は、単なる紙の上の議論ではなく、実際の状況をかなり反映していると考えられる。もしそうならば、現場では混乱があり、中国で行われてきたことが一糸乱れぬ統制が取れて全て「総体国家安全観」という一つのレンズで解釈できるわけではないと言うことになる。

やや大胆に考えれば、この論文は間接的な習近平批判ではないかという推測もできる。「総体国家安全観」が、ほとんどのイシューを安全保障に関連づけてしまう「セキュリタイゼーション」(安全保障化：Securitization)につながり、それがまた強硬な対外政策を進め、中国の国際的な立場を危うくしていくことへの反発から起きたと考えることができる。習近平を表立って批判できないことから、異なる意見を並べることで現状に当てはまる方を批判したかたちであると見ることもできよう。

他の多くの公式概念と同じく、「総体国家安全観」も内容の変化があり、さらに担当組織や権限の決定プロセスから、その位置づけや狙いを考えることができる。そして、権力中枢の動きや種々の政策の力点の移り変わりを推し量ることもできる。二〇一七年の中国共産党第一九回全国代表大会では、「総体国家安全観」を堅持し、人民の安全を宗旨とし、政治の安全を根本とし、経済の安全を基礎として、軍事、文化、社会の安全を保障」とすると述べられていた。なお、「知能化」という表現はあったものの、「社会治理」、つまり国内社会のガバナンスに関する文脈においてであった。

(3) 延伸する「総体国家安全観」の射程

二〇二一年までに、「総体国家安全観」の構成要素は一六個にまで増大した。それまでの政治、国土、軍事、経済、文化、社会、科技、サイバー、生態、資源、核という一〇個に加えて、海外利益、宇宙、深海、極地、生物が新たに付加された*16。

この一六個の要素からなる「総体国家安全観」は、二〇二一年一一月一一日、第一九期六中全会で採択された「歴史決議」で公式に確立した。また、後に「五つの統一管理」(五個統籌)と称される表現もここで現れた。五つの項目とは「発展と安全、開放と安全、伝統的安全と非伝統的安全、自身の安全と共同の安全、国家安全の維持と国家安全の塑造」である。なお、中国語原文の「統籌」は、統一的な計画や調整という意味合いもある言葉で、日本語になりにくい。

「発展と安全」など、それぞれに並べられた二つは、目標として実現を追求しても二つの同時達成は非常に困難で、しばしばぶつかり合うため、実際に政策を進める時に担当の実務者は非常に悩ましい状況に置かれ、どちらを優先しても批判を受けやすい。「統籌」はどちらかを優先しても、理論的には「統籌」で説明して一貫性を演出できる表現と言える。

第一九期六中全会に続き、二〇二一年一一月一八日に開かれた中央政治局会議で「国家安全戦略(二〇二一-二〇二五年)」を審議し、「国家安全戦略綱要」が採択された。この中身の決定には、「総体国家安全」が下敷きになったと考えられる。

綱要は公表されていても、「国家安全戦略(二〇二一-二〇二五年)」の詳細はわからない。公式報道によれば、「人民の利益」に続いて「政治の安全」が重要とされ、国家と政権の安全、制度の安全、イデオロギーの安全、各種の浸透、転覆の破壊活動、金融リスク安全、食糧安全、エネルギー鉱産安全、重要インフラ安全、海外利益安全、さらには新型コロナウイルス感染症(COVID-19)拡大を受けた生物安全、サイバー安全、データ安全、人工知能(ＡＩ)安全が含まれていた＊17。

このように、「総体国家安全」に基づいた内容の国家安全戦略は際限ないと言っても言い過ぎではないほど広い範囲をカバーした。安全保障の担当者や担当部門はほぼどのような分野の介入もできる理論的、実務的な基礎を手に入れた。目立たないが、深海は単なる海洋とは異なる装備や行動を必要とする新たな領域である＊18。また、海外利益の重視は中国の大国外交が他国からさらに膨張的になったと見られていく可能性が大きいことを示している。

中央国家安全委員会の下での「総体国家安全」の中身がほぼ固まると、その説明が行われるようになった。二〇二二年四月二九日付の党の理論機関誌『求是』には、中央国家安全委員会辦公室日常工作担当副主任、国家安全部党委員会書記・部長の陳文清の名義で「総体国家安全」に関する説明論文が発表された*19。陳の肩書きからして、その説明は基本的な方針を解説したものとして重要であろう。「渉台、渉疆、渉蔵、渉海」（台湾、新疆ウイグル、チベット、南シナ海）など、「渉外」で括られる諸問題も、国家安全に関わるとして言及されるなど、米中の間でもしばしば対立の要因となったイシューも「総体国家安全観」という概念の下で位置づけられた。

このような抽象的な枠組みの構築の背景には、具体的な出来事があった。米中関係は、トランプ政権とそれに続くバイデン政権下で緊張の度合いを高めてきた。緊張をもたらす主要なイシューには、貿易、投資や技術はもとより、台湾、新疆ウイグル、チベットや南シナ海までも含まれていた。中国国内では、米国に対する反発が習近平政権の対米政策に対する批判にとどまらず、体制批判にまで拡大する懸念が持たれてきた。

こうしてみると、遅くとも二〇二二年におけるこの位置づけは、コントロールを失いやすい排外主義に制約を課す重要な意味があったと言える。ナショナリズムは社会の凝集力の根源の一つであるが、排外主義の色彩を帯びて諸外国との後戻りできない衝突を引き起こし、共産党の支配を根本から揺るがす。しかし、妥協や譲歩は弱腰ととられて排外主義がさらに先鋭化してしまうリスクがある。このリスクを最小限に抑えつつ排外主義を抑えなければならない。「総体国家安全観」のような、一見何を言おうとしているのかわからない、読み方によってはあまりに当たり前の概念は、このようなジレンマのもとでのコントロールの手段としての役割を与えられた。

「発展と安全の統一管理」（統籌発展和安全）はその工夫の一つである。上述の陳文清論文は、この概念と戦略的思惟の重要性を強調した上で「戦略定力」（戦略的抑制）、「戦略信心」（戦略的自信）、「戦略耐心」（戦略的忍耐）を保持して、戦略の安定性と策略の霊活性（柔軟性）を結合する」ことを求めた。なお、「定力」とは、中国の仏教用語で、物欲抑制の能力、自分をコントロールする能力を意味し、仏になるために必要とされるということである。すなわち、目の前のことで暴発せず、長期的な戦略目標を実現するため、今は忍耐強く抑制的な態度を取ろうという論理である＊20。

この論理にたてば、台湾問題も、国家主権や中国統一の問題に密接に絡むが、経済運営とのバランスを取る、つまり台湾をめぐり米国との正面衝突は回避するという方針を読み取ることもできる。米国のオバマ政権時代に対中「戦略的忍耐」が提唱されたように、習近平政権も同じく「戦略的忍耐」を求めていたということになる。実際、台湾問題を直接扱う部門でも、「総体国家安全観」に基づき「台湾に関わる国家安全の闘争を強化すべき」とする一方で、同時に「台湾海峡の重大なリスクを抑止し、台湾海峡の平和と安定を確保し、党と国家の事業全体に影響を与えるような重大な危機の発生を防ぐ」ことが求められた＊21。

勇ましいレトリックが数多く散りばめられているので、「総体国家安全観」の役割はなかなかわかりにくいが、その一つは排外主義的な傾向に強く歯止めをかけることであった。それは制度の中にも組み込まれた。「総体国家安全観」は、二〇一七年の第一九回党大会の報告でも言及されただけでなく、修正された党章（党規約）にも書き込まれ、重みを増していった。

その上で、「発展と安全の統一管理」は、第一九期五中全会において「第一四次五か年計画」の大枠となる「経済社会発展の指導思想」と定められた。これは、「総体国家安全観」が党の重要な基本方針とされた上で、その中の「発展と安全の統一管理」が中長期的な方針として確立し、実質上、対外的な妥協を図って経済運営を優先し、社会の安定を保つ道を示したことを意味している。多くの評論も発表され、「一〇個の堅持」など、「総体国家安全観」に関わるスローガンも誕生した。また、二〇一五年七月には、国家安全法に基づき「国家安全教育日」が設定され、キャンペーンが繰り返され定着が図られた。

二〇二一年三月の全人代で「国民経済・社会発展第一四次五か年計画と二〇三五年までの長期目標要綱」が正式に採択された。この「第一四次五か年計画」では、「国家経済安全の強化」と題する章が設けられ、対外依存の減少が謳われた。発展する上でのリスクを抑え、安全保障への対応の強化が掲げられた。この安全保障には、国防のみならず、金融、対外関係、食糧、エネルギーが含まれる。また、海洋、宇宙、サイバー空間、生物、新エネルギー、人工知能、量子科学技術が、軍民融合を進め科学研究インフラを共有する分野として挙げられた。海洋など一連の分野は、知能化戦争が深く関わるものばかりで、軍民融合が知能化戦争をも想定した政策として位置づけられているとみられる。

（4）定着する「総体国家安全観」の論理

ウクライナ戦争についての中国の立場に関する国内向けの説明もまた、「総体国家安全観」を基にして行われた*22。ウクライナ戦争の長期化で中国は難しい立場に置かれた。中国共産党指導部は、中国がもしロシアを公然と援助すれば米国からの厳しい制裁を受ける可能性が大きいと判断したようである。また、中国にとってロシアとウクライナ双方との関係も重要であり、調停に乗り出しても戦争が長期化し両方から不満を持たれてしまうとも考えたようである。

実際のところ、中国は、北京冬季五輪開幕前に習近平国家主席がプーチン大統領と会談し、ウクライナへの「特別軍事行動」を支持していたと見られている。しかし、ロシアによるウクライナ侵攻後は、基本的にはロシアのウクライナへの「特別軍事行動」に対しては支持もしくは不支持の立場を取らず、当事者間の対話によって解決すべきであり、米国をはじめとする諸外国の一方的な経済制裁や情報操作には反対、という主張を繰り返している。

二月四日の中ロ首脳会談後、中ロ双方は「中華人民共和国とロシア連邦の新時代の国際関係と全世界の持続可能な発展に関する共同声明」を発表した＊[23]。この中ロ首脳会談が行われた時点で、すでに米国はロシアによるウクライナ侵攻を想定し、米上院においてロシア制裁法案について合意形成がなされつつあった＊[24]。また、中国は北京冬季五輪開幕を前に、新疆ウイグル自治区や香港特別行政区、台湾などをめぐって国際的な非難に直面していた。

そのため、中ロ両国は共同声明において、「少数の国際勢力」が「パワーポリティクスに頼り、他国の内政に干渉し、他国の正当な権利と利益を損ない、矛盾、相違、対立を生み出し、人類社会の発展と進歩を阻害し続けている」と主張した。この会談において、中国・習近平は、少なくともロシアによるウクライナへの「特別軍事行動」は「正当な権利と利益」に基づくもので、米国をはじめとする諸外国の制裁は「内政干渉」であると認識していた。

また、ロシアによるウクライナ侵攻が開始された二月二四日、中国外交部定例記者会見において、華春瑩報道官は、「ロシア側はウクライナに対して『特別軍事行動』を実施したと述べており、ロシア軍はウクライナの都市に対してミサイルや砲撃を行っていないことに注意しなければならない」とロシアの公式見解を擦った発言を行うとともに、「ＮＡＴＯの東方拡大」がロシアに「正当な安全保障上の懸念」をもたらしたとする主張を代弁した＊[25]。

また、翌二月二五日には、王毅国務委員兼外交部長が英仏欧の外相らと電話会談を行う中で、①各国の主権と領土保全を尊重・保障する、②共同・総合・協力・持続可能な安全保障観を提唱し、ロシアの安全保障面の正当な訴えを重視する、③各国が必要な自制を保ち、大規模な人道危機を防がなければならない、

④平和的解決に役立つあらゆる外交努力を支持する、⑤国連の軍事措置と制裁に反対する、という「ウクライナ問題に関する中国の五つの立場」を強調した*26。

さらに、ロシアのウクライナへの「特別軍事行動」が大規模な軍事侵攻となり、ウクライナ軍と衝突、ウクライナ市民を巻き込む形で展開されていることに対して国連総会緊急特別会合が開かれた二月二八日、張軍国連大使は「見たくない地点まで状況は進んでしまった」、「ある国の安全保障が他の国の安全保障を犠牲にすべきではない」とロシアとウクライナとの間でバランスを取る発言を行ない、三月三日のロシアへの非難決議を棄権した*27。

それでもなお、三月七日、第一三期全国人民代表大会第五回会議の記者会見で、王毅国務委員兼外交部長は、「中ロは国連安保理の常任理事国で、互いに最も重要な緊密な隣国、戦略パートナーでもある」、「中ロ関係の発展には明確な歴史的ロジックがあり、強大な内的原動力があり、両国人民の友誼は磐石で、双方の協力の前途は広い」、「国際情勢がいかに険悪でも、中ロは常に戦略的にぶれることなく、新時代の全面戦略協力パートナー関係を絶えず前進させるだろう」と述べ、ロシアとの強固な関係を強調した点に留意すべきであろう*28。

他方、秦剛・中国駐米大使は、三月一五日付の米ワシントン・ポスト紙に寄稿し、「ウクライナとロシアの衝突は、中国側にとって良いことは全くない」、「中国が状況を知っていれば、阻止しないわけがない」とした上で、ロシアによるウクライナ侵攻について「中国の立場は客観的かつ公平」である等と主張した*29。その一方で、「いかなる国も領土の一部を分離独立させるようなことがあってはならない」と述べた点はロシアの論理を否定するものである。

これは、前述の「中国の五つの立場」に示された「各国の主権と領土保全を尊重・保障する」と同じ主張ではあるが、「特別軍事行動」を超えてロシアがウクライナの領土と主権の一体性を損ねる軍事侵攻を行ない、「一部を分離独立させる」ことに反対するものである。中国としては、領土と主権の一体性を掲げなければ、新疆やチベット、香港、台湾との整合性が取れず、この点ではロシアの論理を支持することはできない。無論、台湾はウクライナとは異なり、あくまでも中国の「内政問題」であるというのが中国の主張する立場である。

ただし、ロシアによるウクライナ侵攻は、あくまでウクライナ東部の親ロシア派・ロシア系住民を保護するための「特別軍事行動」であるという論理は、中国の台湾への武力行使の論理にも援用されることが想定される。このことが、ロシアとウクライナへの軍事侵攻をめぐって、中国が立場を明確にできない要因の一つとなっているとみられる。

そのため、中国は、ロシアのウクライナへの「特別軍事行動」がその範囲を超えて「衝突」あるいは戦闘・戦争状態が行われることを予期しなかったと主張している。その一方で、「中国の立場は客観的かつ公平」とロシアとウクライナのどちらかの支持を明言することなく、ロシアに対しては全面戦略協力パートナー関係を維持し、ウクライナに対しては人道支援を行い、要すれば経済的・政治的支援も行なうという立場を採っていると説明できよう。

そこで、ロシアとウクライナのどちらかの支持を明言しない代わりに、ウクライナ戦争の責任を米国に求める論理が展開された。中国の公式的な言い分によれば、米国は、絶対的安全を追求する米国が混乱を招いており、間接的なやり方で競争相手を攻撃し、カラー革命で他国の政権を倒し、「ファイブ・アイズ」の情報手段で他国の安全と安定を破壊してきたのだという。これに対して、中国は人民の安全と発展利益および民族の復興を実現するために国家の安全を追求する、という主張が展開された。

これは、中国が安全と発展利益のバランスをとり、ここでは発展利益、つまり米国から得られる経済的な利益を優先してこそ、民族の復興という大目標を実現できる、という「総体国家安全観」の論理を内包する表現であった。

　ただし、「総体国家安全観」下の「安全と発展」のバランス保持は、消極的な現状維持を意味しない。中国は、自国に力があると考えられる場合、一般に「サラミ戦術」や「キャベツ戦術」と言われるような、限定的で小規模な現状変更を積み重ねることが多い。たとえば、前述の通り、ペロシ米下院議長の台湾訪問直後の二〇二二年八月四日から行われた台湾周辺海空域における大規模な軍事演習は、台湾を包囲する形で中間線を超えても行われ、正面衝突を避けつつ、活動が常態化し圧力を強める姿勢をとった。

　「総体国家安全観」では、シンクタンクや大学など教育研究機関の役割も求められた。二〇二一年一〇月一七日に中国人民大学国家安全交差学科と中国人民大学国際関係学院の共催で「国家安全論壇2021…総体国家安全観と新時代の中国国家安全」と題するシンポジウムが開かれた*30。このシンポジウムは、国家安全交差学科の新設にあたってのお披露目のためであった。ここでの「交差」とは、既存の他の学科の教員が兼任の形で新設学科に加わるという意味である。

　このシンポジウムには、中央対外連絡部のような党組織、中国現代国際関係研究院のような政策決定に関わる重要なシンクタンク、また国防大学、国際関係学院、外交学院、中国人民公安大学などの対外政策や安全保障に関わる部門の学校、北京大学や清華大学のような大学、中国船舶集団公司、中国電子科技集団公司、漢衛国際安全保衛有限公司などのハイテクや安全保障に関わる企業のメンバーが参加した。

　同シンポジウムでは、人民大学国際関係学院副院長で日本・東アジア政治の専門家である黄大慧が、国家安全交差学科の「首席専門家」として、また、国際関係分野の代表的なシンクタンクである中国現代国際関係研究院の院長で、中央政治局集団学習会で講演をしたことがある袁鵬が、総体国家安全観研究センター秘書長を兼任する形で紹介されていた。

　袁鵬の役割は大きく、二〇二一年四月一四日には、中央宣伝部の批准を経て「総体国家安全観」センターが設立され、事務局（秘書処）は当然中国現代国際関係研究院に置かれた。一連の動きから、「総体国家安全観」のイデオロギー的解釈や宣伝を含め具体的政策とのつながりでは、中央宣伝部ではなく、国家安全部系のシンクタンクの役割が大きくなったということが推定できる。ただし、宣伝部の役割がなくなったわけではなく、二〇二二年四月一五日に出版された『「総体国家安全観」学習綱要』の出版は、中央宣伝部と中央国家安全委員会辦公室の連名で行われた。

袁鵬は、「総体国家安全観」の学習のあり方をリードした。彼によれば、「総体国家安全観」は安全保障に関する教育の一環としての性格があり、強調すべき点は、①国家安全工作における党の絶対的領導の堅持、②「辺疆、辺境、周辺」における国土の安全、③質の高い発展と高いレベルの安全というダイナミックでバランスの取れた安全発展の堅持、④リスクが互いに交錯して共振する伝統的安全保障と非伝統的安全保障の統一管理、⑤自らの安全と共同の安全の協調による平和発展の道の堅持にあるとした。加えて彼は、「闘争の堅い意志と精神の品格」という表現を使い、闘争の精神を忘れないことを強調した＊31。このように、「総体国家安全観」は安全保障に関する主要な概念として広く定着が図られた。

（５）論理的基礎としての「総体国家安全観」

しかし、「総体国家安全観」だけが安全保障に関わるスローガンではない。「総体国家安全観」に次いで目立つスローガンは、「グローバル安全観」（全球安全観）であった。「グローバル安全観」は、中国社会科学院の陳向陽によれば、前身は「アジア安全観」であり、すでに内外両方の性格を兼ね備えている「総体国家安全観」の「世界編」であるとの説明を行った＊32。また陳は、「全球安全観」が重視する「持続可能な安全」が中国のウクライナ戦争に対する態度や、各国への働きかけの理論的な根拠であるとした。

また、現代国際関係研究院副研究員の董春嶺は、「グローバル安全観」は「全球安全倡議」（GSI: Global

Security Initiative、以下「グローバル安全（保障）イニシアチブ」と訳す）の理論的基礎であるとの説明を行い、袁鵬は「総体国家安全」は「内外兼修を堅持し、内は人民を中心に、外は天下のことを自分の任務とすること（中国語原文は「外以天下為己任」）」であるのに対し、「共同、総合、協力、持続可能」をコンセプトとする「グローバル安全観」は中国自身の安全だけでなく、他国との「共同安全」も含めるもので、西側の「安全保障のジレンマ」に対する解決策であるとした＊33。

なお、「己任」（天下のことを自分の任務とする）という表現は、古典でも使われる言葉の一つとして知られ、二〇一九年三月二六日の中仏グローバルガバナンス理論フォーラムの閉幕式での習近平の講話にも登場した。また、二〇二〇年九月二三日の習近平の言葉を紹介するCCTVの番組「毎日一習話」（「毎日一つの話を習う」とも「毎日習近平の言葉をひとつ」とも取れる表現）でも、「厳しいグローバルな挑戦に直面し、人類発展の十字路でどのような選択をするかに直面し、各国は天下を己の責任として取り組む精神を持たなければならない」とした。

上記の董春嶺による説明にも出てきた「グローバル安全（保障）イニシアチブ」は、二〇二二年四月二一日、ボアオ・アジア・フォーラムで行った演説で習近平が六つの項目からなる提案を行ったのが始まりとされる。

この六つの項目は「六つの堅持」（六個堅持）という別のスローガンの始まりとされた。内容が長いため、各項目のポイントだけまとめると、習近平は、第一に共同、包括、協力、持続可能な安全観を堅持し、世界の平和と安全を共に堅持していくこと、第二に各国の主権と領土保全を尊重し、他国への内政干渉をせず、各国国民が自ら選択する発展の道を社会制度を尊重すること、第三に国連憲章の主旨と原則を順守し、冷戦思考を放棄して一国主義に反対し、集団的政治と陣営を組んでの対決をしないこと、第四に各国の安全保障上の合理的な関心事を重視し、安全保障の全体性の原則を堅持し、均衡、有効、持続可能な安全保障の枠組みを構築し、他国を安全でない状態にして自国の安全保障を築き上げることに反対すること、第五に国家間の見解の不一致と紛争を、対話と協議を通じた平和的方式で解決することを堅持し、危機の平和的解決に有益なあらゆる努力を支持し、ダブルスタンダードは行わず、一方的な制裁とロングアーム（自国の法令などを自国領域外にも適用すること）の乱用に反対すること、第六に従来型の分野と新たな分野の安全保障を統一して維持することを堅持し、地域の紛争やテロリズム、気候変動、サイバー・セキュリティ、生物安全などグローバルな課題に共同で対応することを強調した＊34。

これに続いて、「グローバル安全イニシアチブ」に関する王毅の論文も『人民日報』に掲載された＊35。二〇二二年のボアオ・フォーラムで使われた「共同、総合、協力、持続可能」という表現は、遅くとも二〇一四年五月、アジア相互協力信頼醸成措置会議（ＣＩＣＡ）第四回サミットで習近平により「アジア安全保障観」という言葉を説明するのに使われた。この表現は使い勝手が良かったようで、ウクライナ戦争の直前、二〇二二年三月一八日の米中首脳会談においても、習近平は「共同、総合、協力、持続可能」を、国際法や国際的な準則、国連憲章と共に「ウクライナ危機」を処理する上での立脚点とする」と述べ、エスカレートすれば、グローバルな貿易、金融、エネルギー、食料、サプライチェーンで重大な危機が発生すると警告した。この用語の説明には中国社会科学院のメンバーも動員された＊36。

「総体国家安全観」、「グローバル安全観」、「グローバル安全イニシアチブ」や「持続可能な安全観」など、政治体制の違いを超えて、スローガンの頻出は政治では珍しいことではない。「グローバル経済イニシアチブ」というスローガンが先にできていて、安全保障の分野でもその言い方を使ったのかもしれない。習近平のような最高指導者の演説では毎回何らかの新味を演出されなければならないであろう。

これはスピーチライターと彼らを支える人々（主に中央党校や現代国際関係研究院のような学校とシンクタンク）の重要な仕事に違いない。それが類似の用語が増えていく主な原因ともなったと考えられる。多くの人々、特に共産党員にとってはまた新しく学習しなければならない事項が増えたということでもある。この結果、これらの間の理論的なつながりを説明する必要が生じた。中国社会科学院だけでなく、党宣伝部のような担当組織の中には、新しい概念が打ち出されるたびに専門部署のデスクが増えていったであろう。

もし違いを強調するとすれば、「グローバル安全イニシアチブ」は、「総体国家安全観」が主に国内向けであったのに対して、国際社会の安全保障分野において中国がより積極的に行動しようとする姿勢を打ち出し、対外的なアピールにも使える象徴的なレトリックの一つということができる。リンとブランシェット（Lin & Blanchette）は、中国の攻撃的で現状変更国とのイメージを緩和しつつ、欧州やアジア諸国の対米接近を弱める一方、米国主導の国際秩序に不満を抱いているアフリカ、南アジアやラテンアメリカ諸国（いわゆる「グローバル・サウス」）との連携を強めようとするものと分析した*37。「グローバル安全（保障）イニシアチブ」の成否は、食糧とエネルギーの慢性的不足に苦しむ「グローバル・サウス」に対して中国が実際にどの程度貢献できるかどうかにかかっているといえよう。

ただし、「グローバル安全イニシアチブ」は、常に「グローバル・サウス」に投げかけられたのではなかった。二〇二二年九月二一日、ニューヨークの国連本部で行われた米露外相会談や二四日の国連総会演説で王毅が「グローバル安全イニシアチブ」をそれぞれ使ったのは、米露の間に挟まれてどちらも支持できない中国のギリギリの立場を表したとも解釈できる。もっとうがってみれば、中国がロシアのウクライナ侵攻を事前に知らされていたとすれば（そしてその可能性は大きいが）、この表現を使って、間接的にロシアの立場との違いを示したと言えないこともない。

これまでところ、理論的なつながりを解説する主要な説明では、「総体国家安全観」が理論的な基礎となっている体裁をとっていることから、中国の対外政策や安全保障政策に大きな変化が将来生じた場合に改めて分析を進めることとしておいてよいであろう。

（６）「総体国家安全観」と人民解放軍

こうした「総体国家安全」の概念作りに人民解放軍の果たす役割はあまり取り上げられてこなかった。二〇一九年七月二五日に発表された国防白書『新時代の中国国防』でも言及は一回にとどまっている。「総体国家安全観」に対する解放軍の冷たい態度の理由は明確にはわからない。「総体国家安全観」の策定では、シビリアンの情報部門などが主導権を握り、人民解放軍がその中に入るのを嫌がった可能性がある。しかし、この概念には習近平も直接言及したので、拒否するわけにもいかず、その宣伝キャンペーンを行ったが、研究教育分野に限定したのかもしれない。

人民解放軍が本格的な「総体国家安全観」の宣伝キャンペーンを始めたのは綱要が公表された後、二〇二二年五月になってからであった。五月一一日、『解放軍報』は、「学習総体国家安全観学習綱要」系列談」を連載し始めた。八月下旬まで九回続いたこの連載は、第一回と第三回が国防大学安全学院、第二回が周晶炯（軍事科学院政治工作部少将）の名義で発表後、第四回からは国防大学と軍事科学院それぞれに所属する研究センターを中心とし、一回だけ国防科技大学が関わった。第九回は軍事科学院戦争研究院の王剣飛である。

総じて、連載された論評は、軍事面には深く切り込まなかった。第一回は新時代国家安全工作の根本規定と行動の指南（五月一一日）、第二回は中国特色ある国家安全の道（五月二三日）、第三回は発展と安全の統一的管理（六月一日）、第四回は党の絶対的領導（六月一五日）、第五回は人民安全（六月一七日）、第六回は政治安全（六月二九日）、第七回はリスク抑止（七月一三日）、第八回は文化安全（七月一八日）、第九回は国際共同安全（八月二二日）であった。

「総体国家安全観」に軍事安全は含まれていたものの、軍における宣伝キャンペーンはほぼ理論分野に限られ、中央軍事委員会委員レベルの軍首脳が「総体国家安全観」に本格的に言及することはほとんどないと言って良いほど少なかった。人民解放軍部隊の現場でも勉強会などについての大々的な報道もほとんどなかった。『解放軍報』に掲載された前記の連載を見る限り、軍事以外の事柄への言及が多く、逆に軍事面への言及はほとんどないと言っていいほど少ない。

しかし、「総体国家安全観」への直接の言及は少ないにもかかわらず、実質上「総体国家安全観」の内容に深く関わる研究は進められてきたことはほぼ間違いない。実際の準備状況は機密でわからないが、数多くの論評から推定できる。軍の戦争研究も、幅広く首脳や主要な政治家、軍隊の要因、社会エリートの心理などを考察し、経済封鎖、制裁や文化浸透などを通して、相手の信念の弱化、社会の混乱、誤った政策決定、果ては政権の転覆までを導くことを論じた＊38。この内容は、ハイブリッド戦争そのものを意味していた。

「総体国家安全観」そのものは抽象的な概念だが、党と国家の人事政策にも具体的な影響を及ぼしてきた。それは、軍系企業（中国語では「軍工集団」）の指導者や「軍民融合」関係者が、国務院の閣僚や地方の指導者の地位を与えられることが続いてきたことからも明らかである＊39。二〇二二年九月には、中国航天科技集団副総経理の経歴を持つ金壮竜（中央軍民融合発展委員会辦公室常務副主任）が工業情報部長（大臣）に就任した。ただし、軍系企業の幹部の抜擢が解放軍の影響力増大を直接意味するとは限らない。

とりわけ、抜擢された軍系企業の幹部の多くが航空宇宙部門とハイテク部門に限られる事実からは、解放軍幹部の全体の発言権の本格的な増大を示すとは言いにくい。第二〇回党大会で中央軍事委員会副主席に留任した張又侠との関連をいうことはできる。一九五〇年生まれの張の留任は習近平の強い意向によるものであることは間違いなく、科学技術に関心があった張は「中国のマハン」劉華清のもとで頭角を表し、二〇一二年に総装備部部部長に就任し、軍事機構が再編された二〇一五年には最初の中央軍事委員会装備発展部長となった。

二〇二二年の第二〇回党大会当時、副主席を除けば筆頭の中央軍事委員会委員である李尚全は張又俠のもとで二〇一四年に総装備部副部長、二〇一六年には戦略支援部隊副司令員となり、二〇一七年には張の公認として中央軍事委員会装備発展部部長となった。このように、中央軍事委員会では、習近平に個人的にも近い張又俠の影響力が強いことは確かである。しかし、国務院の閣僚や地方指導者への軍系企業の幹部の就任にまでも張の影響力が発揮されたかどうかまではわからない。科学技術に関心が強い軍幹部は政治的野心が強くないはずということはできるが、軍以外の人事への影響力を習近平が簡単に受け入れるとは思えないからである。

それでも、これらの人事が、経済や文化など多くの分野が安全保障に関連づけられる「安全保障化」や軍と民間の垣根を取り払う「軍民融合」の傾向を示すことは否定できない。この行き着く先は、まさに軍産複合体が出現する「兵営国家」で、詳細は章をあらためて後述する。これは習近平の深刻な不安感を示すとも言え、「グレーゾーン」の背景要因の一つを成している。この議論は、間接的には習近平の経済的な実利よりもイデオロギーとナショナリズムを重視する個人的な傾向とも関連するが、直接にはまず「超限戦」と密接に関わることになる。

4．「総体国家安全観」とハイブリッド戦争

以上の議論から、「総体国家安全観」とハイブリッド戦争という二つの概念の間には表と裏の関係があり、実質上ほとんど変わらないということができる。これに同意できない人も、中国が提唱する「総体国

家安全観」の構成要素が「超限戦」とかなり重なることは否定できないであろう。すでに述べたように「超限戦」とは、中国が直面すると考えられる戦争形態で、一九九九年に人民解放軍の現役メンバーが出版した書籍が使った名称であり、作戦までも議論されていた。中ロ関係の密接さから見て、ロシアが中国の超限戦を参考としなかったとは考えにくい。「超限戦」の基本的枠組みは、ロシアのハイブリッド戦争と大きく重なり、基本的に違わないと言っても言い過ぎではないかもしれない。

したがって、「総体国家安全観」の構成要素は、ロシアよりも西側のハイブリッド戦争のそれらともかなり重複する。中国側の想定は実質的にハイブリッド戦争で、公式の定式化が「総体国家安全観」ということができる。戦争や作戦という表現を避けたことから、中国が攻撃的になっているとの印象を薄めようとしたのは間違いないであろう。ただし、これは力学的な破壊を主とする伝統的な形態の戦争についてである。

実際、二〇一〇年代中頃までには、中国はマルチ・ドメインにおける抑止に重点を置いていた*40。言葉を変えれば、人民解放軍は、諸外国からの「ハイブリッド」な攻撃を想定した防衛を主体としていた*41。これは、諸外国からの「超限戦」に対する防衛で、軍事技術の急速な発展による作戦の変化だけでなく、軍事技術の発展そのものによる「ステルス性」の軍拡競争、またアラブ諸国などの「カラー革命」のような政治や思想に関わる「グレー」な戦いでもある。そのため、中国は、軍民融合発展戦略の下で新興技術の軍事分野への応用を進め、拡大する戦略空間での優勢確保に努めるとともに、「グレーゾーン」下における総力戦を想定した「軍事闘争準備」を進めていると理解できよう。

＊註

1　詳しくは第6章を参照。

2 鹿文竜「直面改革、紀律底線不可逾越」『解放軍報』二〇一五年一一月一八日。
3 董強「民政部国資委印発《意見》　国有企業接収安置退役士兵有了硬杠杠」『解放軍報』二〇一五年一二月二九日。
4 同上
5 劉粤軍「論和平時期軍事力量的運用」『中国軍事科学』二〇一三年第四期、四二～五一頁。
6 許其亮「堅持和完善対人民軍隊的絶対領導制度」『人民日報』二〇一九年一一月二一日。
7 「破壊的イノベーション」を事実上意味する「顚覆性」は、軍事だけでなく、経済や技術の計画でも用いられてきた。重要な概念であるが、詳細な分析は今後を待ちたい。
8 たとえば、Drinhausen, Katja, & Helena Legarda, *MERICS China Monitor*"*Comprehensive National Security*" *Unleashed: How Xi's approach shapes China's policies at home and abroad*, Mercator Institute for China Studies, September 15, 2022. この議論は習近平政権の基本的性格に関する他の議論に深く関係する。たとえば、Rudd, Kevin, "World According to Xi Jinping: What China's Ideologue in Chief Really Believes," *Foreign Affairs*, November/December 2022. ラッドは、習近平政権成立一〇年を回顧し、イデオロギー上の純潔性とそれに直結したナショナリズムをキーワードとして性格づけた。その上で、習近平は、主に党組織に頼った政治を行い、「中華民族の偉大な復興」を、本気で実現しようとしてきたとした。
9 『「中央国家安全委員会」について』『平成二八年度外務省外交・安全保障調査研究事業：国際秩序動揺期における米中の態勢と米中関係』、日本国際問題研究所、二〇一七年三月。
10 「解読中央国家安全委員会和総体国家安全観」『新華網』二〇一四年四月一七日。
11 鐘国安「深入把握新時代国家安全偉大成就」『求是』二〇二二年五月一六日。
12 『人民日報』二〇一四年四月一五日。洪水や旱魃などによる食糧不足が王朝の滅亡を何度も招いた歴史は中国でも広く知られているものの、食糧や気候などが総体国家安全観に含まれていく背景はよくわかっていない。
13 ここでの「統一管理」とは、中国語の「統籌」の仮訳で、「統一調整」とのニュアンスがある。日本語にしにくい中国語の一つとして知られる。

14 「習近平在中央政治局第二六次集体学習時強調　堅持系統思惟構建大安全格局為建設社会主義現代化国家提供堅強保障」『新華網』二〇二〇年一二月一二日など。
15 「准確認識大安全格局下的国家安全概念」『光明日報』二〇二一年二月一日。
16 国安宣工作室「総体国家安全観的『一六種安全』」『中国科技網』二〇二一年四月一四日など。二〇二一年から活動がかなり公表されるようになった国安宣工作室は、おそらく国家安全部の部局の一つで、「国家安全日」（毎年四月一五日）の宣伝工作を担当している。「総体国家安全観」は大衆向けの説明を行う際の理論として使われている。
17 「中共中央政治局会議審議『国家安全戦略（二〇二一-二〇二五年）』『軍隊功勲栄誉表彰条例』和『国家科技諮詢委員会二〇二一年諮詢報告』　習近平主持」『中華人民共和国中央人民政府』サイト、二〇二一年一一月一八日）。
18 全文は入手できないが、論文の要約や紹介から、米軍が深海をどのように戦場として想定しているかという研究がすでにされていることがわかっている。中国でも主要国の深海開発や軍事利用についての研究は行われてきた。梁懐新「国際深海空間軍事化趨勢及其治理」『現代国際関係研究』、二〇二二年第八期、八～二九頁。この論文は、深海開発におけるＡＩ利用にも言及している。
19 陳文清「牢固樹立和践行総体国家安全観　譜写新時代国家安全新篇章」『求是』二〇二二年四月二九日、および陳文清「牢固樹立総体国家安全観在新時代国家安全工作中的指導地位」『求是』二〇一九年四月一六日。
20 「発展と安全の統一管理」についての同様の議論は、鐘国安「深入把握新時代国家安全偉大成就」『求是』二〇二二年五月一六日を参照。
21 「践行総体国家安全観　加強渉台国家安全闘争」『中国和平統一促進会』、二〇二一年九月一八日。
22 「縦論天下　透過総体国家安全観　如何理解俄烏衝突？」『新華網』二〇二二年四月二一日。「総体国家安全観」は米国への対応であり、「セキュリタイゼーション」は米国側から先に仕掛けてきたのだという論理は、ウクライナ戦争だけにとどまらず、ディスインフォメーションやディープ・フェイクをめぐる論文でも見られる。劉国柱「深度偽造与国家安全：基于総体国家安全観的視角」『国家安全研究』二〇二二年第三期、三～二九頁、および袁莎「総体国家安全観視閾下的虚偽信息研究」『国家安全研究』二〇二二年第三期、三三一～五六頁。

23　「中華人民共和国和俄羅斯聯邦関于新時代国際関系和全球可持続発展的聯合声明（全文）」新華網、二〇二二年二月四日、http://www.news.cn/2022-02/04/c_1128331320.htm。

24　Daniel Flatley, Ian Fisher「米上院、ロシア制裁法案で合意近づく―ウクライナ侵攻前に発動も」Bloomberg（日本語版）二〇二二年一月三一日、https://www.bloomberg.co.jp/news/articles/2022-01-30/R6J8F5DWX2PT01。

25　「二〇二二年二月二四日外交部発言人華春瑩主持例行記者会」中華人民共和国外交部ホームページ、二〇二二年二月二四日、https://www.mfa.gov.cn/web/wjdt_674879/fyrbt_674889/202202/t20220224_10645295.shtml。

26　「王毅闡述中方対当前烏克蘭問題的五点立場」中華人民共和国外交部ホームページ、二〇二二年二月二六日、https://www.mfa.gov.cn/web/wjbz_673089/xghd_673097/202202/t20220226_10645790.shtml。

27　ただし、外交部ホームページでは、「見たくない地点まで状況は進んでしまった」とする発言は割愛されている。「常駐聯合国代表張軍大使出席聯合国大会就烏克蘭問題挙行緊急特別会議」中華人民共和国外交部ホームページ、二〇二二年二月二八日、https://www.mfa.gov.cn/web/wjdt_674879/zwbd_674895/202203/t20220301_10646520.shtml。

28　「王毅：保持戦略定力，不断深化新時代中俄全面戦略協作伙伴関系」中華人民共和国外交部ホームページ、二〇二二年三月七日、https://www.mfa.gov.cn/web/wjbz_673089/xghd_673097/202203/t20220307_10648857.shtml。

29　Qin Gang, "Opinion: Chinese ambassador: Where we stand on Ukraine," The Washington Post (WEB), March 15, 2022, https://www.washingtonpost.com/opinions/2022/03/15/china-ambassador-us-where-we-stand-in-ukraine/.

30　「『国家安全論壇 2021：総体国家安全観与新時代中国国家安全』挙弁」人大新聞網、二〇二一年一〇月二二日。

31　袁鵬「新時代維護塑造国家安全的根本遵循：学習『総体国家安全観学習綱要』」『人民日報』二〇二二年四月二六日。

32　陳向陽「新時代中国以『全球安全観』推進国際共同安全」『対外伝播』二〇二二年五月二六日。

33　董春嶺「『全球安全倡議』対中美全球安全治理合作的啓示」『国際網』二〇二二年五月九日、および袁鵬、前掲記事。

34　中華人民共和国在日本大使館による「習近平主席、グローバル安全保障イニシアティブを提唱」(二〇二二年四月二二日)を参照しつつ、原文を訳出した。なお、「グローバル安全イニシアチブ」概念に関する文書が二〇二三年二月二一日に公表された。

35　王毅「落実全球安全倡議、守護世界和平安寧」『人民日報』二〇二二年四月二二日。

36　馮維江「全球安全倡議的理論基礎：総体国家安全観視角」二〇二二年六月一六日。CSIS Interpret: China を参照。筆者は、中国社会科学院世界経済与政治研究所国家安全研究室研究員兼国家全球戦略智庫副秘書長。また、任琳「全球安全倡議為安全治理提供新方向」『人民日報海外版』二〇二二年五月九日にも詳しい。筆者は、中国社会科学院世界経済与政治研究所全球治理室主任兼中国社会科学院国際経済与戦略研究中心執行主任。

37　**Lin, Bonny and Jude Blanchette, "China on the Offensive: How the Ukraine War Has Changed Beijing's Strategy,"** ***Foreign Affairs***, **August 1, 2022.** また、川島真「グローバルサウスに働きかける中国：中国の描く世界と米中『対立』像」、『安全保障研究』〔特集：習近平の中国：政治・経済・社会・外交〕二〇二二年九月、九七〜一一〇頁。

38　趙全紅「認知域戦：現代戦争的制勝関鍵」『解放軍報』二〇二二年七月一四日。

39　たとえば、「習氏、軍民融合を加速　軍系企業から閣僚登用」『日本経済新聞』二〇二二年一〇月二二日。

40　凌勝銀・彭愛華主編『我国戦略威懾能力建設研究』人民出版社、二〇一九年。ここでの抑止の範囲は、核、通常兵器、宇宙、情報、経済、国防動員、心理などの領域である。

41　許炎・傅婉娟「加強反混合戦争問題研究」『解放軍報』二〇二一年八月二六日、および魏松「透視外軍網絡戦隠秘性的変与不変」『解放軍報』二〇二一年五月二〇日。

補論❖「抑止メカニズム」の再検討

認識と「客観的」存在の関係から

第1部の各章で扱うには長すぎると判断し、議論しなかった軍事戦略にかかる理論的前提を補論として扱う。二一世紀初頭の状況を分析するのに、多くは冷戦期に精緻化された国際関係理論をそのまま使うのは、概念がその時代状況に大きく規定されるという社会科学が持つ限界を無視することになる。具体的な事象に国際関係理論を応用する際には、理論そのものの検討を事前に行わなければならない。

この種の検討は、国際関係にとどまらず、社会科学全般、特に歴史研究でもあると見られる。しかも、本補論の執筆では大学教養課程レベルの入門書をなぞったにすぎないが、歴史研究では科学哲学との本格的な交流が進んできたそうである。

こうした時代状況の変化に伴う概念の変化を読み解くキーワードの一つは、外界がどのように見えるかという認識である。予測に基づき行動するという目的のために認識するという手段がある。この意味で認識が重要な役割を果たす。予測という行為も将来に関する認識と考えることができる。なお、補論としての性格上、詳細な典拠と文献情報は省略する。

（1）抑止論

ここでの議論では、二一世紀初頭における状況をもとに、抑止について考察する。

抑止には、認識という要因がきわめて大きな役割を果たす。二一世紀初頭、抑止論に対する挑戦は、第一に「クロス・ドメイン」（以下、「マルチ・ドメイン」と同義とする）との進展、第二にロシア・ウクライナ戦争である。

「クロス・ドメイン」の使用が定着した背景には、戦争の空間が陸・海・空に加えて宇宙、サイバー、電磁空間などに拡大し、これらの間の関係がより密接になって相互作用が格段に増大したことがある。なお、戦争の空間として、深海、さらには心理・認識などの認知空間も含むことがある。このような「クロス・ドメイン」で相互作用が密な状況での抑止を考えるとき、核や通常兵力に基づく既存の抑止論がどこまで役立つかを検証しなければならない。

周知のように、「クロス・ドメイン」概念の定着以前の一九九〇年代、国際関係論では、ペイン（Keith B. Payne）などにより、それまでの核抑止に宇宙やサイバーと通常兵器の役割をリンクさせた抑止が研究されたこともあった。実際、二〇二二年の時点で、「クロス・ドメイン」下の抑止構築の試みは、戦略的安定（strategic stability）の研究と密接に関連しつつ、米中双方で理論の精緻化が進んできた*1。戦略的安定とは、抑止が予想できる将来維持され戦争が回避できることを意味する。中国ではこれらにさらに広く政治や経済要因も含めた議論が進められてきていて、米国側も中国側の理解の仕方には注目してきた。

戦略的安定を論じる場合、もう一つ重要な概念は対称・非対称である。二一世紀初頭の時点で中国は米中間で米国による抑止が優勢である非対称を強く意識しており、その格差の縮小を図ってきた。非対称の度合いが変化するプロセスが安定的かどうか、が抑止の成否につながる。このプロセスが「クロス・ドメイン」に展開するのである。また、のちに述べるように、「安全保障のジレンマ」は相互抑止において対称的な状況では相互に相手より優越しようとする時、また非対称な場合には、一方が優勢を保とう、もう一方が格差を縮めようとする時に発生する。このようにしてみると、「クロス・ドメイン」、抑止、認識や「安全保障のジレンマ」を別々にだけでなく総合して議論する必要があることは明らかであろう。ここでは、根本に立ち返った理論的な枠組みを議論する。

認識という一見迂遠な議論が必要なことは、ロシア・ウクライナ戦争でも明らかとなった。国際秩序やロシアについての米国政府の認識が、ロシア、特にプーチン大統領の認識と大きく異なっていたことに、一部の専門家を除き、多くの人々が長く気づかなかった。米国は、ソ連崩壊による冷戦終了を民主主義と資本主義の究極的勝利をとらえ、「リベラルな国際秩序」が確立し、もはや後戻りはないと楽観的に考えていた。しかし、それはロシアにとって屈辱であり、喪失した威信と「ロシア世界」(国際法的に定義された領土ではない)の復興を進めようとしてきた。さらに、東ローマ帝国やモンゴル帝国、またロシア正教とカトリックとの歴史も、ロシアの安全保障観の背景にあるとの研究はほぼ無視されてきた。米ロのこのような世界観、すなわち国際政治の認識の仕方の大きな違いのもとで、冷戦期の抑止論がどこまで有効かを検証しなければならない。

本分析は、その議論を通し、「現実」を認識して、予測を行い、生じた誤差や乖離を解釈して行動を修正する一連の作業の基礎となることを期待している。つまり、既存の抑止論に基づく「現実」の解釈を知り、それに基づく二一世紀の現状の分析の不十分なところや乖離を特定し、理論を修正するということである。「現実」にカギカッコがついていて、いわゆる現実と言われるもの、というニュアンスに留意されたい。この視点が本分析の基本的な特徴である。

まず、既存の抑止論について簡潔に述べておきたい。抑止理論の古典とも言えるトマス・シェリング

（Thomas Schelling）による研究にみられるように、抑止に関する議論はかなり緻密に組み立てられている。その基本にあるのは、古典的な経済学の枠組みという立場である。なお、古典的な経済学は、おおむね古典的なニュートン力学の考え方を基礎に置いているとされてきた。もちろん、これと並んでリアリズムに基づいているということもできるが、それは実利や安全を重視するという意味に限られ、古典的なリアリズム研究にはあった歴史的な考察はほぼ除外されていた。

抑止論ではこの二つはほぼ融合していて、一つの物理的空間の中で、相手の国を単体として見、この単体は「合理的」な決定をするという前提である。ここでいう「合理的」とは、行動の主体から見て損失を最小化するという意味である。利益の最大化と言い換えたいが、利益最大化と損失最小化は必ずしも一致しない。しかし、この前提は少なくとも三つの点で再考が必要である。

第一に、同じ空間の中でお互いに同じ状況認識を持ち、違うのは計算だけという前提が成り立つとは限らないということである。言い換えれば、相手はこちらと同じように考えている、と言う前提だが、この前提が常に成り立つとは限らない。相手が合理的と仮定を立ててその行動を予測する場合、単なるミラー・イメージに過ぎない場合がある。状況の捉え方は普通異なる。捉え方、言葉を変えれば認識は（学術用語としての）学習の結果として得られるが、学習の重要な要素である経験は人や国によって違うので、認識も異なる。部分的には過去に得られたイメージを引きずり、「現在」と「過去」のイメージが混在していることも頻繁にある。

相手を合理的と見て対策を考えるパターンは、国際関係では頻繁にみられるので、分析する意義は大きい。そこで、この「合理仮説」と呼ばれる分析枠組みについて考えてみたい。この仮説は、相手に関する詳しい状況がわからない時、相手が「合理的」に行動する主体と仮定して分析を進める時に使われる。合理性を追求していると自認する人や組織が、相手を同じように合理的とすることは不思議ではない。多くの場合、自分ももちろん合理的と考えることが多い。

こちらが合理的で、相手も合理的と見ることは、合理仮説に頼ることの多いリアリズムの罠とも言えよう。リアリズムにもさまざまな幅があるが、理想ばかり追わずにまず足元の現実を見よというのが始まりであった。このことから、逆説的とも言えるが、リアリズムには規範という性格があることがわかる。「〜でなければならない」、「〜であるべきだ」というのは現実ではなく、規範である。足元の現実を見よ、ということからもっと合理的に考えろ、ということになり、自分が現実的で、相手も現実的なら、という認識の枠組みを持ちやすい。

しかし、この立場に立つと、逆に相手のことがわからなく場合がある。人間の決定にはバイアスがあり、異なる主体の間ではバイアスもその強度も異なるので、自分と同じ認識を持つと仮定してしまうと、相手の態度や行動は合理的には見えないことが多い。そのため、最適と思われた政策もしばしば予想外の反応を引き起こす。結果的に、こちらは戦争を望んでおらず、相手こそ不当な戦争を起こす根源であると見なし、その行動の全てが好戦的に解釈される。

「合理仮説」は、十分な情報が手に入らない場合、その部分を補うためにも使われる。おそらく人間の進化の過程で生き残るために必要な推測の方法であったのであろう。「陰謀論」にも通じやすいこの仮説は、事物に人格を投影する（たとえば太陽や月に人格があるとみなすなど）ことが多く、それも状況を無視して行動する全能の怪物（モンスター）のように相手を見る。これらは、人間の基本的な認識の仕方に合致し、多くの人々に受け入れられやすい。

第二に、行動の主体としての国は単体ではなく、多様な組織や個人が決定プロセスに参加する複合体であることである。多くの場合、単体による決定プロセスとは異なるプロセスをたどる。指導者が最善と思う決定に対して国内から強い反発が出るケースは少なくない。国内のさまざまな事象が起こる順序によってプロセスが異なるだけでなく、結果も違ってくる。相手も自国も、玉突きの球のような一様な単体ではなく、複雑系のメカニズムとしての性格がある。ここにそれまでの学習の違いから見えている世界も違っているというすでに述べたメカニズムが重なれば、相手の行動の予測はさらに難しくなる。

第三に、「合理的」と言っても、利益が一つにまとまっていないので最適点は存在せず、実際には全ての部分的利益（明確に示せるとしても）を同時に実現することが困難であり、一つに束ねたときに「合成の誤謬」が生じることがある。また、時期によっても異なる方が多い。経済と安全保障など、二つの異なる利益の追求は両立するとは限らない。三つ以上になればなおさらである。時期によって異なるというのは、短期的な利益の最大化、中期的な利益の最大化と長期的な利益最大化、それぞれを実現する経路は常に一致するとは限らないということを意味する。

利益が点ではなく面、すなわち一定の範囲で表されるとしても、幅を持った経路が十分に重なることは保証できない。異なる利益が十分に保証できる条件の一般化は今のところできていないようである。一国の政府のように、政治主体が同じ世界を見ていて同じような計算マトリックスを持っていて行動するとしても、相手が合理的に見えないのは、以上のような背景があるからである。

以上の議論は、行動の主体が利益とコストに関して明確な計算ができるという暗黙の前提に基づいているが、実際には主体は自分が何を欲しているのか明確にわかっていない場合も少なくない。

ここで、人間の心理は、複雑でダイナミックな相互作用を、リアルタイムに正確に把握することができないという限界が引き起こす問題について、もう少し説明を加えておきたい。人間は全世界の隅々までの事象をリアルタイムに全て認識することはできない。認識は必ずあやふやか、それともすでに過去のものになってしまったイメージを残す。人間は説明できないと不安に駆られ、必ずしも正確とは言えない説明も受け入れる。政治現象では、虚構を含む国家や他の組織を、人格を疑似的に備えた実体であると理解しがちである。国家は領土や人口を備えた物理的実態という側面とともに、確固としたアイデンティティを持つ実体と捉えることが多い。しかし、実際にはナショナリズムの基盤となるアイデンティティはかなりあやふやである。

アイデンティティの基礎となるはずの歴史も恒久不変ではなく、事象も柔軟に選択され組み替えられてきた。歴史学者のたゆみない努力にもかかわらず、世間で受け入れられている歴史とは、多くは物語であり、虚構が入り込んでいる。

歴史的な発展という単線的な理解も、それが正確な理解であるという証明は難しいが、ほぼ無条件に真理であるとみなされてきている。例えば、中国を、夏、殷、周から始まり、元、明、清という王朝が展開してきたというヴィジョンで理解する。あまりに当たり前で、これを前提とする行動も広くみられるので、このヴィジョンは広く受け入れられてきた。しかし、この理解が正しいという証明は難しい。国家の中には、ナショナリズムが確立していないまま、行政区画が外部から押しつけられ、そのまま強靭性のない政治制度が作られたものも少なくないからである。

このようにしてみると、国際関係の基本単位である国家は、ベネディクト・アンダーソン（Benedict Anderson）が『想像の共同体』と呼んだように、基本的には擬制としての性格を強く備えている。変化が激しく将来の予測が難しくなって不安になると、人々は美化した過去に逃げ込む。ナショナリズムの多くが過去への憧憬を不可欠の要素として含むのはこのためである。ジグムンド・バウマン（Zygmunt Bauman）は美化した過去への逃避を「レトロトピア」（retrotopia）と呼んでいる。

（2）「安全保障のジレンマ」

安全保障論の基本概念の一つとされてきた「安全保障のジレンマ」は、抑止と密接に関わる。「安全保障のジレンマ」は、防衛的な意図から軍事力を増大すると相手が警戒して自分の軍事力を増大させるという逆説である。逆に言えば、このままなら戦争になるとの認識から逆に平和がもたらされるというメカニズムでもある。ただ、このメカニズムは完璧ではなく、相互の軍事力増大が果てしなく続いて緊張が高まり衝突してしまうリスクが存在する。つまり、抑止をしようとする意図が、抑止を失敗させるという逆の結果を招くというパラドックスである。

ここでも認識が決定的な役割を果たすことは明らかである。ウクライナ戦争でも明らかなように、核抑止が確立すると、核戦争は起こらないと安心した結果、核を使わない通常戦争を始めやすくなってしまうというのは、まさに認識が大きな役割を果たしている。

このメカニズムは、「安定―不安定のパラドックス」として、核戦略をめぐる議論ではよく知られている。抑止をめぐるこのメカニズムは、核戦略だけではなく戦争と平和をめぐる基本的なパラドックスとして拡張できる。つまり、平和が保たれると楽観すると状況を甘くみた指導者が戦争を発動しかねない。「安定―不安定のパラドックス」は核戦力と通常戦力に分けた場合の「安全保障のジレンマ」の一つということができる。「安全保障のジレンマ」が「安全保障のパラドックス」とも言われる背景には、このように戦争回避の動きが戦争を招き、戦争に備える動きが戦争回避をもたらすという抑止の根本的パラドックスが存在するからである。このパラドックスには緊張の度合いの強い場合と弱い場合があると考えられ、強ければ戦略的に不安定であり、弱い場合には安定であるということができる。

「安全保障のジレンマ」が問題となるのは、一つは自国の安全保障がその意図に反して脅かされる結果を招く場合であり、いま一つはその国が含まれる二国間または国際システムの安定が損なわれて戦争が発生する場合である。後者は、自国の安全保障が決定的に損なわれる場合であるから、両者は当該国の安全保障にとって共通の課題ということは否定できない。総じて、「安全保障のパラドックス」という抑止が抱える矛盾は、意図と結果の間のずれによって生じ、このずれは政策決定における予測が不十分という能力の問題だけで決着はしない。基本的にはこのメカニズムの特質による。

また、「安全保障のジレンマ」に関する議論は一回きりのゲームでの考察が多い。その結果、複数回連続する場合が考えられておらず、インタラクティブな視点からの「安全保障のジレンマ」の展開に関する知見は共有されていない。

しかし、実際の「安全保障のジレンマ」のメカニズムは複数回のゲームであることが多く、安全保障の秩序の安定性とは、この複数回のゲームの束の安定性を意味する。複数回のゲームでは、安定と不安定をめぐる経路は一回きりの場合よりもさらに複雑になることが多い。

複数回の場合、「システムの安定」が微動もしない絶対的安定となることは期待できない。ジョン・ミアシャイマー（John Mearsheimer）の議論を借りて言えば、抑止のバランスとはお互いに相手をしのごうとするダイナミズムの中で得られる結果の一つである。安定と不安定の間を行ったり来たりするこのプロセスの中で、そのシステムがある決定的な閾値の上限（または下限）を超えて不安定な状況に入り込んでしまい、元に戻らないということにはならない、つまりその閾値までの範囲内ならば、ある程度の振動が繰り返されても安定的であるということができる。

ひとたび軍事衝突が起こると、短期か長期かという予測が意味を持つ。軍事衝突を起こす前も、短期で終結するか、長期化するかという予測が持つ影響は大きい。短期だと思って戦争になるとしばしば膠着状態に陥り長期化する。長期化すると思って準備をすると相手よりも有利な状況になって軍事衝突は短期間に終了することもあるだろう。つまり、極端に言えば、短期だと思えば長期になり、長期になると思えば短期になる傾向がある。短期だと思って本当に短期のうちに終わる状況は少ないと考えた方が良い。

短期のうちに終わるか、それともすぐには終わらず引き延ばされるかは、反撃する側の技術革新や作戦術のレベル、コストの掛け合いへの耐性（つまり損害が大きくとも続けられる意志と能力、認識）によると考えられる。

このようにしてみると、抑止は「安全保障のジレンマ」の状況の特性の一つである戦略的安定と深く関わっており、抑止は一回きりのゲームや固定された状況というよりも、多段階ゲーム、つまり複数回行われるゲームであるということから離れて十分な分析ができないことは明らかであろう。しかも、このゲームは相手がどのように我々や状況についての認識を持っているかが鍵であり、相手の認識にどのようにして影響を及ぼすかが決定的に重要である。つまり、「現実」について相手がどのような認識を持っているかが重要な鍵となる。この場合、認識は外部の客観的な「現実」をそのまま反映してはいない。認識する主体が受け取る情報をどう解釈するかであり、それは次に何が起こるかの予測を行って、最適な行動をとるためである。認識は予測して行動するための道具である。

繰り返しになるが、大切なことは、さまざまな主体が受け取る情報は異なる場合が少なくないことである。また、すでに述べたように、どの主体もリアルタイムに全ての事象を認識できるわけではない。したがって、主体によって見えている「現実」は異なるとするのが妥当であろう。何が次に起こるかという予測も、主体によって異なる。ミラー・イメージとも言われる、相手が自分と同じように認識し、予測するとの前提に立つと、しばしば誤解が生じ、予測も外れる。このことは、ロシアや中国を理解する上でも重要な視点であろう。

ミラー・イメージの議論は、冷戦時にはある程度共有されていたが、冷戦後、二一世紀に入りほとんど忘れられていたと言っても言い過ぎではなく、ウクライナ戦争によって再び脚光を浴びた。リベラルな国際秩序が確立したと考える人やロシア情勢の情報にほとんど接しない人には、自国の権利や威信が大きく損なわれていると考えるロシアの指導者の行動は理解できず、予測も大きく外れることになる。ウクライナ戦争が衝撃的であったのは、このような背景があったからである。

1回きりのゲームではなく、多段階、複数回のゲームでは、一度予測が外れると元に戻ることもあるが、それまで予測していた展開から大きく外れ続けることもある。理論上、効果的な抑止とは、主体によって異なる認識や予測をよく理解した上でこそ成立する。

たいていの場合、主体は個人だが、近似的にある集団や組織にもおおよそ当てはまると考えられている。集団や組織の場合、実際には態度が表明され行動に出るまでには複雑な政策決定プロセスをたどり、相手はそのプロセスをプロセスとしてではなく確立した主体、それも多くは合理的な主体であると認識するであろう。

ゲームが一回で終わるのか、複数回なのかと言う問題に加えて、もう一つ非常に難しいのは、「安全保障のジレンマ」や抑止という準普遍的に思える概念にも、個別の事情が絡むことである。これは、「安全保障のジレンマ」や抑止にコンストラクティヴィズムの側面があると言い換えてもいいであろう。

一例として、大陸国家と海洋国家という類別を上げて議論してみよう。これらは理論的な概念としては意味があるとしても、実際の国を当てはめていくのは容易ではない一方、全く意味がないわけではないという難しさがある。ある日本人研究者の分析によれば、例えば陸上戦争の経験が大きな心理的トラウマとなった場合、陸を主とする緩衝地帯の形成に固執する歴史的な傾向ができることは否定できない。ただ、緩衝地帯の形成は、他国からは勢力圏の構築と見なされ、警戒される。広い意味での「安全保障のジレンマ」であろう。となると、抑止や「安全保障のジレンマ」にも、歴史や心理などのコンスト的要因が役割を果たすということになり、簡単に普遍化することは難しい。

こうした一見迂遠な議論は、将来起こり得る中国をめぐる紛争がどのような展開をするのかを議論する上での基礎となる。つまり、紛争がこれまでの伝統的な軍事衝突の基本的性格を備えていて「システムの安定」、ここでは特に「安全保障のジレンマ」が複数回のゲームで起こるメカニズムが働くとすれば、技術革新や新しい作戦によって、紛争の展開がどう変化するか、紛争が一定程度のレベル内におさまる戦略的安定性を持っているかどうかを考える手がかりの一つになる。しかし、複数回のゲームという仮定だけでは、すでに述べたように、歴史的な要因もあって相手の「安全保障のジレンマ」や抑止をめぐる行動原理を読み違え、かなり的はずれとなるかもしれない。

紛争後の国際秩序を構想する上でも、紛争の展開プロセスに関する予測と分析はその基礎となる。紛争への関与の度合いを決めるためには、予測は難しいとしても、紛争後の状況の想定も必要であろう。長期的な観点にたてば、短期的な袋小路は現状維持を意味し、その状況で限定的な協力ができるのであれば、徐々に安定が保たれるようになるかもしれない。しかし、この場合も、静態的なバランスではなく、お互いに相手をしのいで優位を確実なものにしよう、または不利にならないようにしようという動きが絶えることのない動態的なバランスである。多国間主義はこのような状況で役割を発揮する。

すでに述べてきたように、認知や認識という要素はクロス・ドメインにおいても、というよりも以前よりもさらに重要さを増してきた。また、米国の抑止力が相対的に低下し、日本はそれ自身による抑止を考えなければならなくなってきた。抑止は国によって展開の仕方が異なる。日本の場合は、軍事力による抑止とともに、より広く抑止のメカニズムを特定しておかなければならない。

抑止は、与えられた国際関係の空間、つまり国際秩序の中で役割を果たす。抑止のあり方は国際秩序に大きく影響される。したがって、抑止について考える前に、国際秩序についても同じような根本的な前提について議論しておかなければならない。

（3）国際秩序

国際秩序も、物理的空間と心理的空間という二つの側面があると仮定できる。政治学の分野では政治哲学者として知られる一七世紀イギリスの哲学者ジョン・ロック（John Locke）の言葉を援用すれば、国際秩序には認識に影響されない客観的な側面（第一性質、primary quality）とともに、認識に大きく影響されるもう一つの側面（第二性質、secondary quality）があるということが可能である。

抑止のメカニズムも、この物理的空間と心理的空間という政策とは全く関係のないように見える迂遠な議論と密接な関係がある。これを無視するのは、地面が平らだという立場のまま人工衛星を打ち上げるような、間違った前提のまま努力を続けるようなものである。

相手は静止した物理的実体というよりも、政策決定者、利益団体、世論やジャーナリズムなどの複雑なメカニズムと時間的な展開の複合体と見なすことができる。われわれは、変化の方向性を予測しながら、その時点での彼らをあたかも確固とした実体のように捉える。ここから、お互いの関係は玉突きのような古典的な力学の喩えに基づいて議論されていく。

しかし、我々も彼らも客観的な状況をリアルタイムに全てを正確に認識しているわけではないし、将来を完璧に予測できているわけでもない。こちらが期待する抑止の効果は、これらの複合体の中でこちらが進めてきた抑止のデモンストレーションがどのように扱われるかに大きく影響される。ここまで来れば、分析の前提に関するやや迂遠とも思える議論が必要であったことがわかってくるであろう。

ここまでの議論を簡潔にまとめておこう。抑止は静的な状態ではなく、緊張がある範囲内に収まり、拡散しないダイナミックなプロセスの中で定義できる。実際、抑止をめぐるほとんどの議論は静的ではなく動的なプロセスという枠組みで行われてきた。当然、抑止が持つ矛盾の一つである「安全保障のジレンマ」に関する議論も、同じく静的ではなく延々と続く多段階、複数回のプロセスである。そのダイナミックなプロセスでは、パワーの大小がお互いの行動を規定する。

パワーの大小のダイナミックな変化は、リアルタイムに把握することが非常に難しい。パワーの認識は、宇宙や世界に関する認識と同じく、同じ時間のものではなく、すでに述べたように、異なる時期に得られたイメージが混在している状況である。効果的な抑止の前提として、自分のまた相手のこのような混沌とした認識をできるだけ明確に捉えることがある。

ただし、以上のことがパワーの捉え方が難しさの全てではない。認識という言葉が出たように、難しさの根源は、パワーに存在する主観的な側面と客観的な側面の混在である。これにはすでに述べた哲学者ロックの議論がここでも適用できる。パワーには認識にほとんど左右されない客観的な側面と、認識によって大きく異なって見える主観的な側面がある。

このことから簡単に導くことができるのは、ロックによる「第二性質」は、生来の知覚以外に経験に基づいて作られ、そして経験は有限でしかも主体（人や組織）によって異なることが多く、そのため異なる主体の認識は互いに違うことになるということである。

パワーは、軍事技術の革新が急速な時期には、この二つの性質が結びついて、測定がさらに難しくなる。同じ物理的特質も、与えられた技術的な文脈では意味が異なる。古代に重要であった腕力はミサイルの元ではほとんど意味をなさない。しかし、海兵隊のような敵と非常に近い距離で活動する組織のメンバーにとって腕力は大きな助けになる。急速な技術革新のもと、制度や組織を超えてパワーを一義的に表すことは非常に難しい。

国際関係論の理論用語の一つである「経路依存性」（path independence）は、この経験の違いによって認識の違いが生じることを指すものとして定義できる。パワーの捉え方も「第二性質」に影響され、経路依存性がある。

芙蓉書房出版の新刊・売行良好書　2304

習近平の軍事戦略

「強軍の夢」は実現するか　【4月新刊】

浅野亮・土屋貴裕著　本体 2,700円

軍事力を強化し、「強軍目標」を掲げて改革を進める中国をどう捉えるのか。習近平政権2期10年の軍事改革を詳細に分析し、習近平の軍事戦略がこれまでの指導者のものとはどう違うのか明らかにする。

国際政治と進化政治学

太平洋戦争から中台紛争まで　【4月新刊】

伊藤隆太編著　本体 2,800円

社会科学と自然科学を橋渡しする新たな学問「進化政治学」の視点で、国際政治における「紛争と協調」「戦争と平和」を再考する！　気鋭の若手研究者７人が“方法論・理論”と“事例・政策”のさまざまな角度から執筆。

日本を一番愛した外交官

ウィリアム・キャッスルと日米関係

田中秀雄著　本体 2,700円【3月新刊】

「日本とアメリカは戦ってはならない！」

昭和初期、日米間に橋を架けることを終生の志とした米人外交官がいた！　駐日大使､国務次官を歴任したキャッスルの思想と行動、そしてアメリカ側から見た斬新な昭和史。

「経路依存性」に基づく、つまりロックによる「第二性質」の主体ごとに異なる認識に加えて、すでに述べた多段階のプロセスが加わると、プロセスの時期ごとに主体の認識がダイナミックに変動する。通常は複雑さが増すかもしれない。特に相手の「第二性質」に関する知識の不足または先入観や思い込みによって、予測していない行動を相手がとった場合は、当該の主体の認識が大きく動揺する。この場合、パワーの捉え方も同じく揺れ動く。

逆に異なる主体間の相互作用が長期間続くと、相手の認識に関する認識が豊かに、そしてより正確になり、主体間で異なっていた「第二性質」が漸近的に似てくることもあり得る。この結果、パワーに関する捉え方はお互いに似てくる。

ただし、状況認識には、バイアスとも呼ばれる人間の心理的な癖も影響する。バイアスは、主体を取り巻く状況の違いで、持つバイアスも異なる。自分が持つバイアスを相手も同じく持つというミラー・イメージは成り立つとは限らない。圧力をかける側は相手が合理的な計算をすると思っていても、圧力をかけられた相手は無謀な選択をしてしまうかもしれない。

（4）軍事技術

軍事技術が急速に進歩し、パワーの安定した定義づけが難しさを増す中では、主要な政策決定者や政治アクターが持つ信条（先入観との区別は難しい）が大きな役割を果たす。これは上記の要素で言えば、意志と状況認識に当たる。彼らがリアルタイムの変化を十分に理解した状況認識を持っているとは限らない。理解したとしても政策決定のためにはあまりに部分的すぎる可能性は存在する。なお、状況認識という要素は、どうしても相手側の認識に注意が向くが、自国側の状況認識が持つ特異性も分析の必要がある。

クロス・ドメインの場合のパワーの定義はさらに難しくなる。抑止も同じように困難だが、どちらもこれまでの陸・海・空を中心とする場合の多次元ベクトルとそのリンクの拡張形と考えるのが自然であろう。多くの場合、直観的な理解であったかもしれないが、クロス・ドメインの場合は明確な定式化が必要である。宇宙やサイバーなどの各要素間の関係が直観的には捉え難いからである。たとえば、サイバー手段によって人工衛星のコントロールに支障が出た場合、作戦の目標達成に与える影響の度合いは、簡単にはわからない。

したがって、サイバー手段による陸・海・空、宇宙、電磁波などに与える影響を細かく分類して数値化することによって、その手段の効果の大きさを総合的に捉えようとすることになる。もちろん、この数値化は近似的な値にすぎないという批判は成り立つ。しかし、この近似的な数値はある特定の時期に限られている。実際には、ダイナミックな展開を取り入れようとすれば、単一の数値ではなく、次元ベクトルのまま、次以後の段階の状況を表す次元ベクトルを分析することによって、予測可能な範囲内で最適なルートを発見できると期待される。

リスクの発生確率を正規分布で考えることもできる。しかし、発生の確率が少ないはずのことが起こることがあり、どこまでそれを考慮するかが問題となる。いわゆる「テール・リスク」で、安全保障の基本問題の一つである。たとえば、宇宙人が攻めてくる確率はゼロではないが、普通は毎日警戒のために望遠鏡を持って出かける必要はない。しかし、宇宙人はすでにあなたの身近にいるのかもしれない。

抑止の場合も同じような考えに基づいて表現することができる。しかし、抑止とリスク評価の間には、決定的な違いがある。計測が困難ということはリスク評価では望ましくなくともそれが現実であり、現実ではそれが抑止として働く役割がある。つまり、戦略的な計算が複雑になり、それを無視して行動した結果がきわめて大きな損失を招く可能性が十分に排除できないと考えさせれば、リスクが明確にならなくとも、抑止が働く。リスク計算では明確な数値化が求められるが、抑止では曖昧さを残すことにその目的に関わる大きな意味がある。これが一般的なリスク管理と国際関係における抑止の決定的な違いである。

クロス・ドメインにおける抑止は、このようなことを理解する専門家同士では効果が期待できる。ただし、これは専門家たちがお互いに交流があるか、同じような資料を研究して同じ結論に達した場合に限る。しかし、専門家とは状況認識が大きく異なる人々の存在、また極度の緊張下の近視眼的なまたは自暴自棄の決定という不安定要素の果たす役割は、少ないドメインの時代よりも大きい。なお、クロス・ドメインにおける抑止というテーマは、すでにリンゼーとガーツ（Lindsay & Gartzke）が編集した研究書があるが、この補論の執筆には参照していない。

民主主義社会における好戦的となった世論の圧力と、権威主義社会における軍事の分からないリーダーたちとの、どちらが不安定要素として重大かも研究を進めていかないと分からない。また、クロス・ドメインという新たな状況においても、合理的な計算の結果、戦争をしないよりするほうの利得が大きい状況がなくなるという保証もないのである。

＊註

1　蔡翠紅・戴麗婷「人工智能影響複合戦略穏定的作用路径」『国際安全研究』二〇二二年第三期、七九～一〇八。この論文は、状況の評価から決定そして実施に至るプロセスなど、実際の政策決定における人工知能の応用まで論じている。羅易燈・李彬「軍用人口智能競争中的先行者優勢」『国際政治科学』二〇二一年第三期、一～三三頁。この論文は、人工知能の軍事応用では先行者が全てを手にするわけではないとの議論を展開している。李彬は核戦略・核不拡散などの研究で知られる清華大学教授で、筆頭執筆者の羅易燈は清華大学の修士課程の大学院生である。

第2部

習近平政権下の党軍関係

軍が党から離反しないのは何故か

人民解放軍が中国共産党から離反しないのはなぜだろうか。サミュエル・ハンチントン（Samuel Huntington）の『軍人と国家』（The Soldier and the State）に代表される政軍関係の理論では、軍の近代化や専門化が進むと軍は政治的に中立的な立場をとり、党の利益や目標よりも国益を優先するようになると言われている。それでは、習近平の軍事改革に対する軍内の抵抗は存在するのか。党はどのように軍を統制しているのだろうか。第2部では、目標に向けた体制、すなわち習近平政権下の党軍関係の頑強性を検証すべく、鍵を握る人事、政治・思想、資金・財務、および組織の観点から考察する。

第5章では、習近平の軍事改革と党軍関係の変化を、軍組織の再編と「反腐敗闘争」に焦点を当てて論じる。二〇一五年一二月三一日から二〇一六年四月にかけて行われた軍組織の再編を整理し、習近平が軍事制度を再編した狙いが、党軍関係の強化にあることを明らかにするとともに、「反腐敗闘争」によって汚職・腐敗を取り締まり、経済の長期低迷をも視野に入れた構造改革を行おうとしていることを説明する。

第6章では、習近平政権下の軍事制度面における軍事改革、とりわけ政治思想工作と軍事財務工作について分析する。習近平政権下では、政治思想工作の一環として、習近平の指導思想の確立と学習が進められてきた。一方、軍事財務工作強化策として、軍事審計工作や全軍財務工作大精査による汚職・腐敗の取り締まりの強化とともに、軍が提供する有償サービスの禁止など、予算外経費を予算化することによって「党の軍に対する絶対領導」の強化が進められてきた。さらに、軍事改革の財源確保のために、軍民融合発展戦略が掲げられるなど、中国の軍事費が不透明性を増してきていることを指摘したい。

第7章では、政治思想工作を軍中党組織制度の強化から考察することで、「共産党の軍隊」としての側面が強化されてきたことを明らかにする。中国の党と政府と軍の関係について、組織論的アプローチから先行研究を分類・整理し、「ラインアンドスタッフ」組織として中国人民解放軍を捉えなおし、海軍を事例に党代表大会と軍中党組織制度について考察する。

第5章 ❖ 軍組織再編と「反腐敗闘争」
習近平の軍事改革と党軍関係の変化

1. 習近平政権下の軍事改革と党軍関係

習近平は、中国共産党総書記、中華人民共和国国家主席、中央軍事委員会主席という党・政府（国家）・軍の長である。二〇一六年四月二〇日の中国中央テレビは、これらの肩書きに加えて、「聯合（作戦）指揮（センター）総指揮」という肩書きを付与して報じた*1。また、新華網英語版は、この「総指揮」を「コマンダーインチーフ」（Commander in Chief）と訳して報じており、米国大統領の「コマンダーインチーフ」、すなわち最高指揮権者に類似する呼称でこれを紹介した。

元々、軍の統帥権は「中央軍事委員会」にあり、同委員会は主席が責任を負う「主席責任制」である。今次の習近平政権下の軍事改革でも、中央軍事委員会の「主席責任制」の堅持が繰り返し強調されている。今回新たに設けられた聯合作戦指揮センターの「総指揮」は、中央軍事委員会の「主席」と何が異なるのであろうか。習近平に新たに「総指揮」という肩書きを付した理由は、軍事制度上の変更があったためであると考えられる。

従来、総参謀部が「最高司令部」としての機能を有しており、七大軍区、海軍、空軍への指揮命令を担っていた。しかし、後に述べる通り、今次の改革で軍令権を司っていた総参謀部は中央軍事委員会「聯合参謀部」に改編され、軍区および軍種も再編された。その結果、軍の作戦指揮・命令系統は、「中央軍事委員会（主席責任制）―総参謀部―軍区・軍種（―部隊）」から「中央軍事委員会（聯合指揮総指揮）―戦区―部隊」へと改められた。

この軍事制度上の変更の背景には、中国人民解放軍の軍事専門職業化が進むことにより、総参謀部をはじめとする四総部の持つ権限が肥大化し、主席が有する統帥権が名目化しつつあったことが指摘できよう。本来は党中央軍事委員会や政治委員が有する全軍の指揮命令すなわち「軍令」権が、本来は「助言と承認」を行う軍の司令員、参謀らの「専売特許」となっていた*2。これを改めるために、指揮命令系統を変更したのだと説明できよう*3。

そのため、習近平自らが迷彩服を身に纏い、統合作戦指揮センターを訪問したのだとみられる。同様に、「軍政」面でも谷俊山・元総後勤部副部長や政治将校である徐才厚・元中央軍事委員会副主席をはじめとして、軍内に汚職・腐敗が蔓延していた*4。こうした状況を改めるべく、四総部を中央軍事委員会の一五部門へと再編し、中央軍事委員会の「主席責任制」を改めて強調したのだとみることができる。

このように、現在、習近平政権下において、二〇一五年一一月二四日から二六日にかけて中央軍事委員会改革工作会議を開催し、翌二七日に具体的な改革の全体目標が示され、大規模な改革が進められてきた。とりわけ、同改革の全体目標において作戦指揮系統と指導管理系統という二つが示されたが、これは「軍政」面のみならず「軍令」面でも、習近平の軍に対する統制、すなわち「党の軍に対する絶対領導」を強化することが狙いである。

以下、本章では、第一に、二〇一五年一二月三一日から二〇一六年四月にかけて行われた軍組織の再編を整理し、習近平が軍事制度を再編した狙いが、党軍関係の強化にあることを明らかにする。第二に、党軍関係と軍高官人事および反腐敗闘争との関係を中心に、習近平政権下の軍事改革の背景を分析していきたい。

2．軍組織の再編：動き始めた習近平政権下の軍改革

（1）軍政系統：軍種指導管理体系の再編

二〇一五年一二月三一日から翌二〇一六年四月にかけて、軍組織の再編が相次いで公表された（図5-1参照）。具体的な組織改編の先駆けは、二〇一五年一二月三一日に創設された陸軍指導機構、火箭軍（ロケット軍）、戦略支援部隊であった。これは、従来「大陸軍主義」と揶揄されていた七大軍区を見直すべく、陸軍指導機構を新設するとともに、指導管理系統を「中央軍事委員会―総部―軍区―軍種―部隊」から「中央軍事委員会―軍種―部隊」へと改めるものである。

習近平は、「陸軍は中国共産党が最も早く創設し指導している武装力で、国家主権、安全と発展利益を守る上でかけがえのない役割を果たしてきた」と述べた上で、「今後、指導層の管理を強化し、力量の構造や部隊の編成をより優れたものに改良し、これまでのやり方から一体的防衛型に転換させ、強大で現代化した新しい陸軍の建設に努めていくべきだ」と強調した*5。

第二砲兵部隊は、ロケット（火箭）軍へと改称された。この戦略ミサイルを扱う軍

図5-1　習近平政権下の軍組織改編

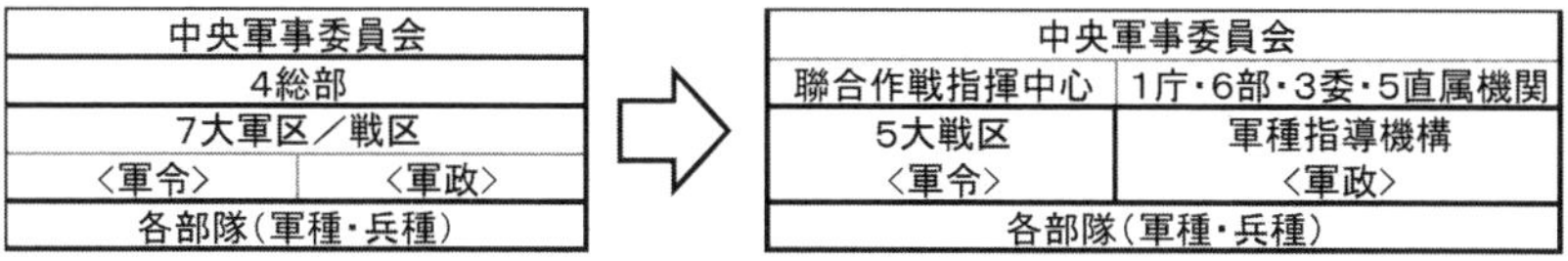

（出典）筆者作成。

種は、一九六六年に周恩来によって第二砲兵と命名され、一九八七年に独立軍種と位置づけられた。今次の軍改革で名称が改められたが、組織面および人事面で特に大きな変化はみられない*6。習は、「ロケット軍は国家の安全を維持する重要な基礎である」とした上で、「信頼できる核抑止力と核反撃力を増強させ、中遠距離の正確な打撃力の建設を強化していくよう」指示した。

また、第五の独立軍種として戦略支援部隊が新設された。中国国防部の楊宇軍報道官によれば、「戦略支援部隊は国家の安全を守る新型の戦闘部隊であり、中国軍の新たな戦闘能力の重要な成長源であり、戦略性、基礎性、支援性の強い各種支援部隊の機能を整理統合して創設するもの」であるという。また、楊報道官は「システム融合、軍民融合を堅持」し、「新型戦闘部隊の建設を強化し、強大な近代化戦略支援部隊を建設すると述べた。

このように、陸軍指導機構は海軍・空軍などと並ぶ一軍種として位置づけられた。それに伴い、各軍種の指導機構は、部隊の建設に専念することとなった*7。他方、戦略支援部隊の創設で、各軍種間のシステム融合が今後進められてきた。

(2) 幕僚機関：総部体制から軍委多部門制への再編

二〇一六年一月一一日には、軍種の再編に続き、中国共産党中央軍事委員会を、事務局である「辦公庁」を筆頭に、多部門制へと再編することが公表された（図5-2参照）。四総部制から中央軍事委員会の他部門制への再編は、中央軍事委員会および同委員会主席への権限集中であり、これまで総部間で縦割りとなっていた、あるいは役割が肥大化していた総部内の部局の機能を整理統合するものでもある。

特筆すべきは、組織改編によって、中央軍事委員会辦公庁の位置づけが強化され、任務が拡大したことである。再編後の中央軍事委員会の組織の序列第一位には、旧四総部を抑えて中央軍事委員会辦公庁が位

図5-2　４総部から中央軍事委員会機関への組織再編

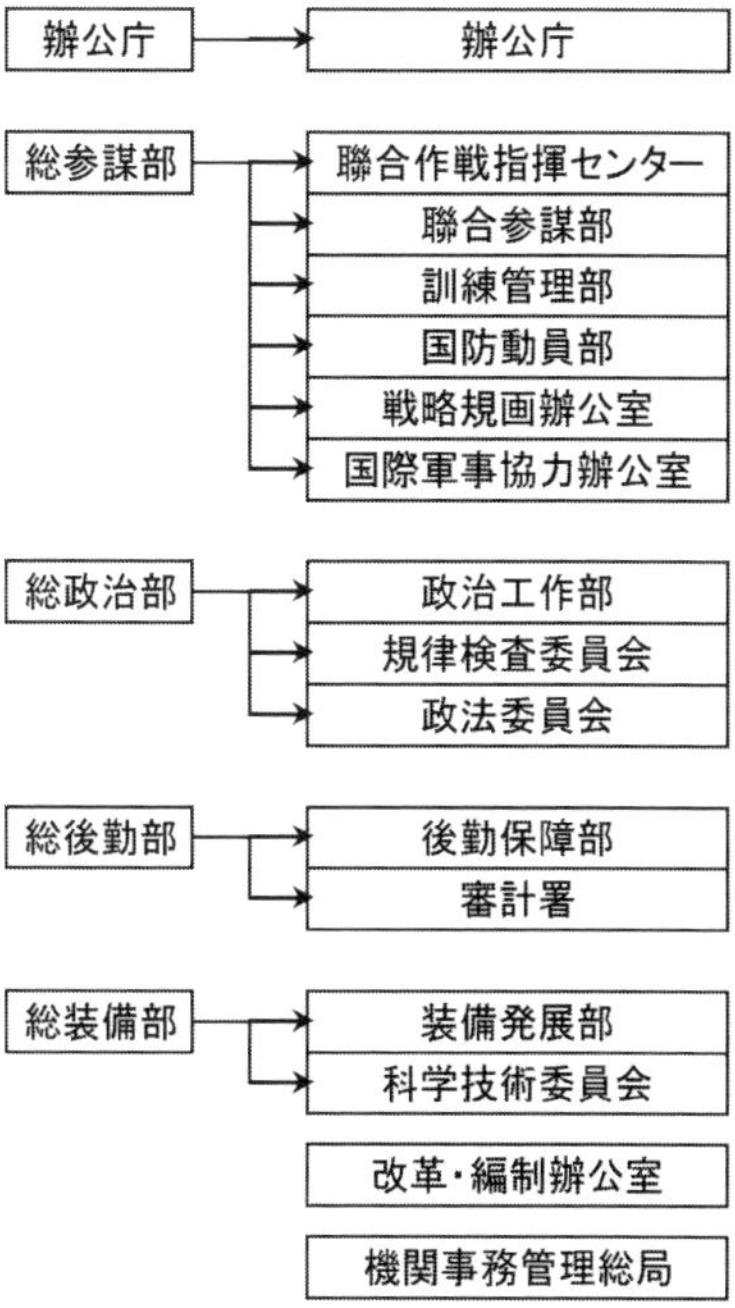

（出典）筆者作成。

置づけられた。また、同年一月一三日、新華社は「辦公庁の任務はさらに拡大し」、「中央軍事委員会の主席責任制を断固として実行し、習主席と中央軍事委員会が与えた各職能を全面的に履行する」と報じた*8。このことは、辦公庁に新たな職責が加わったことを意味している*9。

それは、中央軍事委員会の主席責任制を強化する役割である。組織改編後の全軍高級幹部の検討会において、田義祥・中央軍事委員会辦公庁副主任は、「中央軍事委員会の主席責任制を維持し貫徹することを中央軍事委員会辦公室の第一の政治任務、第一の業務職責として、軍事委員会の主席責任制の制度化、規範化、プロセス化をしっかりと推進、貫徹して、中央軍事委員会の主席責任制をさらに強力かつ効率的、全面的に実行しなければならない」と述べている*10。

実際、辦公庁は、二〇一六年一〇月の「工農紅軍の長征勝利八〇周年大会」における習近平中央軍事委員会主席の重要講話を学習、貫徹するよう要求する通知を全軍に発出したり、二〇一七年三月の第一二期全国人民代表大会第五回会議の精神、とりわけ人民解放軍代表団全体会議における習近平中央軍事委員会主席の重要講話の精神を学習することを要求する通知を全軍に発出したりしている*11。

一方、総政治部が行っていた全軍への政治学習、宣伝、教育の機能は、中央軍事委員会政治工作部が引き継いでいる*12。このことから、中央軍事委員会辦公庁は、習近平中央軍事委員会主席の講話を学習することを要求する通知を全軍に発出することで、中央軍事委員会の主席責任制、延いては「党の軍に対する絶対領導」を強化する役割を担うようになったと見ることができる。

総参謀部は、本来の参謀機能を残した「聯合参謀部」となり、五つの機能が分離・独立した。冒頭で述べたとおり、軍令機能は「聯合作戦指揮センター」が担うこととなった。また、全軍の軍事演習・訓練の計画・管理は「訓練管理部」、省軍区の予備役・民兵管理は「国防動員部」、全軍の戦略・作戦計画の策定等は「戦略規画辦公室」、さらに総参謀部内の対外軍事交流・協力、全軍の外事工作の管理・調整は「国際軍事協力辦公室」として独立した。

総政治部は、「政治工作部」へと名称を変えた。また同部内に設置されていた、軍内の汚職・腐敗を取り締まる「紀律検査委員会」と、軍事法規を司り、検察機能を担う「政法委員会」が中央軍事委員会直属となった。両委員会が中央軍事委員会の直属となったことによって、軍内の政治工作、腐敗・汚職の取締りは強化されることとなった。

総後勤部は、「後勤保障部」と名称を変えた。また、今回の組織改編に先立ち、二〇一四年一一月には総後勤部内に置かれていた軍内の会計検査を司る「審計署」が中央軍事委員会直属となっている。

総装備部は、「装備発展部」と名称を変え、同部内に置かれていた「科学技術委員会」が中央軍事直属の委員会となった。この科学技術委員会は、二〇〇八年に国務院の工業情報化部に設置された国家国防科技工業局に対応するものと考えられる。

また、今次の改革や組織再編に関する部署として「改革・編制辦公室」、元四総部の事務管理機構を統合・再編した管理保障業務に関する部署として「機関事務管理総局」が設置された。

他方、二〇一六年三月の全国人民代表大会では、中央軍事委員会の委員に変更は見られなかった。中央軍事委員会は、主席と数名の副主席に加え、国防部長、各総部部長、海軍・空軍・第二砲兵の司令員で構成されてきたが、第一九回党大会において、この構成にも手が加えられた（詳しくは第11章を参照）。

（3）軍令系統：作戦指揮体系の再編

さらに、二〇一六年二月一日、中国人民解放軍戦区成立大会を挙行、七大軍区（戦区）を五大戦区に再編することが公表された*13。七大軍区のうち、北京は中部戦区、瀋陽は北部戦区、南京は東部戦区、広州は南部戦区、成都は西部戦区の司令部所在地へと改められた。また、蘭州は西部戦区、済南は北部戦区の陸軍指導機関の所在地となり、戦区（聯合作戦指揮）機能を失う形となった*14。

組織面の改革で、最大の鍵を握るのはこの五大戦区である。これまで七大軍区を管轄してきた陸軍から戦区機能を分離した一方、「戦区はヒトもカネも管理せず、部隊は指揮を受け入れるのか」と不安視する声が戦区の参謀から挙がった*15。また、この改革により、軍区と軍種の二重指揮を解消するために戦区機能を分離し、指揮結節点を少なくすることが企図されているにもかかわらず、むしろ「姑が増えた」との指摘もみられた*16。

他方、陸軍の側にも不満や抵抗があるとの指摘がなされることが多い。ただし、陸軍は戦区機能を失ったが、ポストは決して減ってはいない。司令員の数だけ見ると、七大軍区司令員から陸軍指導機構の司令員と、五つの戦区司令員および五つの陸軍司令員となり、一一ポストに増加した。その後の人事異動で、戦区の一部の司令員ポストを海軍や空軍が担うケースが生じているが、それを受け入れる余地は十分にあると言えよう。

五大戦区の戦略的方向性は、基本的には七大軍区（戦区）が有していた戦略的方向性と同様である。東部戦区は、南京軍区の管轄区域を継承し、「台湾海峡、東シナ海、および西太平洋」を戦略的方向性としている。東海艦隊は東部戦区の指揮下に置かれる*17。

西部戦区は、成都軍区と蘭州軍区が管轄していた「国家の領土・主権を防衛する最前方の地域、係争地の安定を擁護する地域、『一帯一路』の結節となる地域、および貧困者を扶助する上で重要な地域」を管轄し、新疆ウイグル自治区やチベット自治区、中印国境が主たる対象となる*18。

南部戦区は、「祖国の南の大門を守り、安全保障上の脅威に対処し、平和を維持し、戦争を抑止し、戦争に勝利する」ことを使命・任務としており、とりわけ、「南シナ海の権利擁護は戦区の双肩にかかっている最重要使命」であるという*19。南海艦隊は同戦区の指揮下に置かれる。

北部戦区は、「北東アジアの内陸」にあり、アヘン戦争以来の「歴史的に見て外敵を防ぐ主要な方面」にあるという*20。朝鮮半島、モンゴルおよび極東ロシアと国境を接している。北海艦隊は同戦区の指揮下に置かれた。

中部戦区は、他国と国境を接していないため、戦略的方向性は明示されない。しかし、首都・北京の防衛はもちろん、最多の五つの集団軍を有することから、他戦区へのバックアップ機能を有する機動戦力を担うものとみられる。こうした特徴は、副司令員に空挺部隊出身の張義瑚・元蘭州軍区空軍司令員および李鳳彪・元成都軍区副司令員が任命されたことからも伺える。なお、中部戦区にも海軍の指揮機関や海軍飛行部隊、地上レーダー部隊、艦船基地、後勤保障部隊をはじめ、海軍部隊が存在するというが詳細は不明である*21。

以上の通り、習近平政権下の軍事改革の一環として行われた組織再編により、中央軍事委員会が統括して管理し、戦区が戦闘を主導し、軍種が建設を主導する体制（軍委管総、戦区主戦、軍種主建）へと改められた。これは、第一に、中央軍事委員会および同委員会主席である習近平に権限を集中するものである。第二に、軍令と軍政とを分け、党の指揮命令を貫徹しようとする試みでもある。

３．軍事改革の背景と反腐敗闘争との関係

（１）習近平の軍事改革か、習近平が断行した軍事改革か

こうした改革は、第４章で論じたように、習近平が押し切ったことによって断行できたという側面があるが、軍事改革の具体策の多くは習近平の発案ではなく、以前から軍内で検討されてきたものである。また、習近平政権下の軍事改革は、二〇一五年一一月の中央軍事委員会改革工作会議で決定したと見る向きもあるが、同会議で大規模な軍事改革を決めたわけではない＊22。

たとえば、前述の七大軍区から五大戦区への再編構想は、習近平政権以前から軍内で提起されてきた。二〇〇九年七月当時、既に七大軍区を四つの戦略区と中部地区の五つに再編することが掲げられていた＊23。こうした戦略区構想を軍内で提唱・推進したのは、軍きっての戦略家と称された退役上将の章沁生であると言われており、二〇一六年に入ってから、習近平の軍改革の背後に章沁生をはじめとする「軍師」がいるとの指摘がみられるようになった＊24。

章沁生は、西部戦区司令員に趙宋岐・元済南軍区司令員を推薦するなど、中央軍事委員会の総部や戦区の再編に伴う軍高官人事のリストを習近平に提供したとも報じられている＊25。また、章沁生は二〇一六年三月に中国人民代表大会財政経済委員会副主任委員として出席し、メディアの取材にも応じるなど、再び表舞台で脚光を浴びた。なお、軍の反腐敗の立役者である劉源も引退し、同じく中国人民代表大会財政経済委員会副主任委員となった。彼らが習近平一期目の軍事改革を縁の下から支える役割を担ってきたことは疑い得ない。

なお、二〇〇七年五月一四日付の中央党校の機関紙『学習時報』で、章は「大国の台頭には開放が必須であり、閉鎖的であれば衰退するだけだ。現代化された軍とは閉鎖的な軍ではなく、時代とともに開放・

開拓していける軍である」など、軍の現代化や軍事外交の重要性を説いている*26。こうした主張は「党の軍に対する絶対領導」と矛盾するものではない。

(2) 表裏一体の軍事改革と反腐敗闘争

しかし、二〇一二年二月二九日、当時、副総参謀長であった章沁生が、突然停職したと報じられた。停職の理由は、「軍隊の国軍化」に積極的であったためと報じられたが、党軍関係を否定することは原則として有り得ず、章の従来の言説とも相容れないものであった。その一方で、前年に開かれた中央軍事委員会の席上、職権を乱用し私利を貪る軍高官の腐敗を非難したためとも指摘された。

これと時を同じくして、二〇一一年一二月二五日から二八日にかけて開催された中央軍事委員会拡大会議において、劉源・総後勤部政治委員が、谷俊山・総後勤部副部長による不正蓄財と「将軍府」と称される御殿について公表したと報じられた。さらに、二〇一二年二月一〇日には、谷俊山の失脚が報じられた。そうした中、同月二七日に開かれた総参謀部の「政治を語り、大局を顧みて、紀律を守る」勉強会の出席を最後に章が停職したとの「怪情報」が報じられたのであった。

これに先だつ二〇一一年六月には、総参謀部内の通信部が情報化部に改編された。この時、章沁生・常務副総参謀長が改編行事を主宰、陳炳徳・総参謀長が主賓として訓示を述べた。また、同年一一月二二日には、総参謀部内に戦略規画部が新設された。この時の設立行事は、同年七月に副総参謀長に就任したばかりの蔡英挺が主宰し、陳炳徳・総参謀長が参加、郭伯雄・中央軍事委員会副主席が主賓として出席し訓示を述べている。

蔡英挺と郭伯雄の関係は定かではないが、少なくとも、同列にあるはずの総参謀部内の部局再編で、主賓に差が生じているのは不自然であると言わざるを得ないだろう。なお、郭伯雄は、二〇一五年三月に息子の郭正鋼・元浙江省軍区政治部主任が汚職の容疑で身柄を拘束され、翌四月には本人も中央紀律検査委員会によって身柄を拘束され、一年の調査を経て、二〇一六年四月に軍事検察院に起訴され、七月二五日に軍事裁判所が収賄の罪で無期懲役を言い渡し、上将の階級も剥奪された*27。

他方、軍改革における高官人事で、蔡英挺（上将）は、二〇一六年から軍の研究機関である軍事科学院の院長に就任し、二〇一七年まで務めた。前任の高津（中将）が戦略支援部隊司令員に「栄転」したことに鑑みれば、決して冷遇ポストではないとの見方がある一方で、少なくとも他の六大軍区の司令員が各戦区等の参謀ポストに転じていることや、前任との軍の階級（軍銜）に差があることから、冷遇されているのではないかとの見方もあり、議論が分かれている。なお、高津は二〇一七年七月に上将に昇格、二〇一九年には中央軍事委員会後勤保障部部長に就任した。

こうした憶測の背景には、蔡英挺が、元南京軍区司令員であり、習近平が福建省勤務時代から知己の関係にあることとみられていたことが挙げられる。蔡はかつて、張万年・元中央軍事委員会副主席の秘書を務めていた。張万年は、二〇〇二年一一月の中国共産党第一六期全国代表大会の主席団常務委員会第四回会議の席上、胡錦濤が就任するはずであった中央軍事委員会主席に江沢民が続投すべきとの「特別動議」を建議したと報じられている*28。

また、張は、軍に対する反腐敗の嚆矢となった谷俊山・元総後勤部副部長の「恩師」あるいは「後見人」とも報じられていた。これらのことから、張の秘書を務めていた蔡英挺も、江沢民によって抜擢された徐才厚や郭伯雄と近い人物とみるのが自然であろう。

（3）「反腐敗闘争」をどのように捉えるべきか

このように、章沁生をはじめとして、陸軍司令員に昇進した李作成や西部戦区司令員に就任した趙宋岐等、江沢民の影響を受けた徐才厚・郭伯雄両副主席の下で冷遇されていた軍人が習近平政権下の軍改革を支えていることが指摘できよう。ただし、こうした人事面から、習近平政権下での軍事改革を単なる「反腐敗闘争」として結論づけるのは早計である。

習近平による個人的な権力闘争や権力基盤を強化するための手段、あるいは民衆からの支持を調達するための手段として捉えるならば、政敵を追い落とし続け、民衆からの支持を獲得し続けるために反腐敗闘争を永続的に続けていかざるを得ないとの結論に至る。しかし、反腐敗闘争は、恩顧主義（クライエンテリズム：clientelism）とそれに伴う派閥間競争としての側面があることは否定しないが、それ自体が目的ではない。

習近平は、中国共産党内部の権力基盤を確立した上で、共産党による統治の「正統性」をあらゆる面で強調し、維持しようとする。その「正統性」とは、「抗日戦争」勝利という「伝統的支配」であり、党の指導者（習近平）に権威を付与することによる「カリスマ支配」であり、支配を制度化し、経済の発展と安定を維持することによって党外部から「正当性」を再調達する「合法的支配」である*29。

したがって、反腐敗闘争は、党内部の権力基盤を確立した後も、永続的に続けられる可能性があるが、それ自体が目的ではなく、その先にある「強軍の夢」の実現、そして中国共産党による統治の「正統性」の維持を目的としている。言うまでもなく、統治の「正統性」の問題は体制を揺るがす。その意味で、反腐敗闘争や軍事改革は、統治を維持するための手段である。

たとえば、コロンビア大学のアンドリュー・ネーサン（Andrew J. Nathan）は、アジアの権威主義政府は、教育やプロパガンダを通じて体制を支えてきたが、次第にそれが困難となったように、中国もまた「政治的正統性の危機を回避するには政治腐敗を隠し、経済成長を維持するしか道はなくなって」おり、「今後、経済が失速し、社会保障制度が崩壊してゆけば、権威主義国家の市民たちも、近隣諸国のように自国も民主体制をとるべきだと考えだす可能性が高い」と指摘している*30。

習近平政権下で進められてきている軍事改革は、汚職・腐敗を取り締まり、経済の長期低迷をも視野に入れた構造改革を行おうとしている。中国共産党にとって、これは諸刃の剣であるが、体制の生き残りのためにはこの道しかないということなのかもしれない。それはあくまでも権威主義体制の中国においては、「総体国家安全観」が政治安全を基礎としているように、党が国家を領導する「党国体制」の堅持のためであると言えよう。

（４）組織再編後の軍事改革の方向性

かつて、鄧小平は、国家主席（一九五四年憲法）や党中央委員会主席（一九七五年、一九七八年憲法）に軍の統帥権が集中する体制を改め、文官主席と多数の軍幹部によって構成される中央軍事委員会へと統帥権を改めた。冒頭で述べたように、習近平が統帥権のみならず軍令をも担うことは、「党の軍に対する絶対領導」を強化する反面、個人への過度な権限集中が招くさまざまなリスクを内包するものである。

習近平政権下の軍事改革は、組織面では、枠組みは完成したものの、実際の整備・運用はまだ途上にある。そのため、政権二期目以降、関連法規の整備や聯合作戦指揮体系の整備が進められている。習近平の掲げる「強軍目標」の要である聯合作戦を担う戦区が機能するかどうかが改革の焦点と言えよう。戦区の機能不全は各軍種間の対立を生み、中国軍の予測不可能性を高めることに繋がる。

他方、人事面では、改革が進展していることに鑑みれば、反腐敗闘争により抵抗を排し、軍を掌握することに一定程度成功しているように思われる。陸軍中心からの脱却や中央軍事委員会委員の構成変更、三〇万人の兵員削減など、二〇一七年秋の第一九回党大会以降に更なる調整が進展してきたが依然として陸軍が多数を占める指導体制であることに変わりはない。

一般的には、軍事改革をしている間は対外的な摩擦をできるだけ避け、再編に注力しようとすると考えがちである。しかし、対外的な摩擦や緊張が「軍事闘争準備」を加速させる要因となる。軍事改革が不十分なまま戦争を起こすつもりはないだろうが、改革が一服するまで対外的な軍事行動に出ないとみると判断を誤る可能性がある。とりわけ、海空域をはじめとするクロス・ドメインでの戦争を想定した場合、陸軍中心主義からの脱却が不可欠となる。

中国の対外的な軍事拡張・強硬路線は伸張の一途を辿っており、これまでも実際の運用の中で問題点を見出し、改善がなされている。また、国内の不満を外に向けるという側面もあり、党の「正統性」維持のために、また軍事改革の促進のために、対外的な摩擦や緊張を作り出す可能性、とりわけ日本にとっては台湾有事の可能性のみならず、東シナ海での緊張や「抗日」をはじめとする対日強硬姿勢を持ち出す可能性にも常に留意しなければならない。

＊註

1 中国語の「聯合」については、先行研究の間で「統合」と訳すか、「共同」もしくは「合同」と訳すか表記が分かれている。作戦指揮の実態は未だ判然としない。

2 権威主義体制、とりわけ共産主義体制下の軍隊は、軍事行動に関する軍令面、「司令部」工作も「党の軍に対する領導」が前提であり、政治委員が副署権を有するとともに、党委員会の承認を経ること等が規定されており、「党の軍に対する絶対領導」が貫徹されている。詳しくは、本書第4章参照。

3 なお、軍令に関する工作を規定している軍事法規は「中国人民解放軍司令部条例」であるが、今次改革に伴い、同条例の条文は大きく書き改められるものと推察される。

4 「総指揮」の肩書きを付与した背景の一つとして、軍における反腐敗闘争を指摘しているものとしては、Jeremy Page, "Xi Adds New Military Role To Resume," Wall Street Journal, 22 April, 2016.

5 「陸軍領導機構火箭軍戦略支援部隊成立大会在京挙行　習近平向中国人民解放軍陸軍火箭軍戦略支援部隊授予軍旗併致訓詞」『解放軍報』二〇一六年一月二日。
6 なお、防衛研究所（２０１６）では、「核戦力のみを扱う軍種から、核戦力と通常戦力の双方を兼ね備える（核常兼備）軍種へと変化した」とされているが、同部隊は元々核弾頭と通常弾頭双方を兼備する戦略ミサイル部隊である。防衛省防衛研究所『中国安全保障レポート２０１６』（防衛省防衛研究所、二〇一六年）、ⅳ頁。
7 また、同指導機構内の編制および人員の削減も発表されている。たとえば、「海軍機関内設機構和編制員額大幅精簡」『解放軍報』二〇一六年三月二二日。
8 辦公庁の主任は、かつての「秘書長」のような役割を果たす可能性もある。「軍委機関各部門表示　堅決用習主席重要講話精神引領建設〝四鉄〟軍委機関　為実現中国夢強軍夢作出更大貢献」新華網、二〇一六年一月一三日、http://news.xinhuanet.com/mil/2016-01/13/c_1117767483.htm。
9 「軍委機関各部門表示　堅決用習主席重要講話精神引領建設〝四鉄〟軍委機関　為実現中国夢強軍夢作出更大貢献」新華網、二〇一六年一月一四日、http://news.xinhuanet.com/mil/2016-01/14/c_128626462.htm?jid=1。
10 「深入学習貫徹習主席改革強軍戦略思想　為建設世界一流軍隊而努力奮斗—全軍高級干部深化国防和軍隊改革専題研討班発言摘登」『解放軍報』二〇一六年四月二七日。
11 「軍委辦公庁発出通知要求全軍認真学習貫徹習主席重要講話」『解放軍報』二〇一六年一〇月二五日、および「中央軍委辦公庁発出通知要求全軍和武警部隊　認真伝達学習十二届全国人大五次会議精神」新華網、二〇一七年三月一七日、http://news.xinhuanet.com/politics/2017lh/2017-03/17/c_1120649788.htm。
12 たとえば、「中央軍委政治工作部発出通知要求認真組織学習《習主席国防和軍隊建設重要論述読本（二〇一六年版）》」『解放軍報』二〇一六年五月一九日、張心陽「強軍興軍的理論指導和行動指南—就深入学習《習近平論強軍興軍》訪国防大学副校長畢京京教授」『解放軍報』二〇一七年六月五日、および「中央軍委辦公庁発出通知要求全軍和武警部隊　認真学習貫徹習主席在慶祝建軍九〇周年大会上重要講話和閲兵時重要講話」『解放軍報』二〇一七年八月八日。

13　中国における「軍区」は陸上の地理的境界線に基づく区分であるが、「戦区」は戦時における戦略的計画の実現、戦略任務の実行のための区域概念である。従来は、「軍区」と「戦区」は同一区域に設定されており、「軍区」の指揮機構は「戦区」の指揮機構でもあった。ただし、中部戦区の韓衛国司令員によれば、今次の軍事改革による「戦区」と従来の「軍区」は、体制・職能・任務・権限・要求・指揮・訓練の点で相違があるという。楊清剛、覃照平、趙国涛「中部戦区司令員韓衛国訪談録：詳解戦区與大軍区的七箇不同」中国軍網、二〇一六年三月七日、http://www.81.cn/zbzq/2016-03/07/content_6945985.htm。

14　その他の戦区陸軍の所在地は、石家荘（中部戦区）、福州（東部戦区）、南寧（南部戦区）。

15　王玉璽、周遠、王会甫「譲戦区和軍種快速実現耦合」『解放軍報』二〇一六年四月六日。

16　張雲飛「建是基礎 戦是准縄」『解放軍報』二〇一六年四月一三日。

17　なお、東部戦区の劉粤軍司令員は、戦区の指揮する武装力にロケット軍が含まれると述べている。しかし、これまで核ミサイルを有する第二砲兵部隊は中央軍事委員会の直接指揮とされており、戦区が指揮することになったとすれば大きな転換である。代烽、王余根、羅広毅「東部戦区司令員劉粤軍訪談録」中国軍網、二〇一六年三月三日、http://www.81.cn/qjzsn/2016-03/03/content_6938509.htm。

18　楊彪、張放「西部戦区司令員趙宗岐訪談録」中国軍網、二〇一六年三月一六日、http://www.81.cn/2016xbzq/2016-03/16/content_6961096.htm。

19　馮春梅、倪光輝「南部戦区司令員談戦区怎麼建設」『人民日报』二〇一六年二月二八日。

20　劉建偉、王軍、王慶厚「北部戦区司令員宋普選訪談録」中国軍網、二〇一六年三月一五日、http://www.81.cn/bbzq/2016-03/15/content_6958970.htm。

21　「中部戦区起歩開局大力提升聯合作戦指揮能力」新華網、二〇一六年四月一日、http://news.xinhuanet.com/mil/2016-04/01/c_128856074.htm。なお、同記事は既に削除されているが、同記事を転載して報じた記事の幾つかはまだインターネット上に存在している。「五大戦区除西部戦区外其余明確已経建立海軍」観察者網、二〇一六年四月二日、https://www.guancha.cn/military-affairs/2016_04_02_355834.shtml。

22　詳しくは、本書第4章、および浅野亮「習近平の軍事改革」『東亜』五八四（霞山会、二〇一六年二月）、二〜三頁、および浅野亮「中国の党軍関係」『国際安全保障』第三〇巻第四号（二〇〇三年三月）、五六〜七二頁参照。

23　梁天仞「中国軍事世紀大改革」『鏡報月刊』（香港：鏡報文化企業有限公司、二〇〇九年八月）、五〜七頁。また、平松茂雄も同論文に基づき、二〇一一年から繰り返し中国人民解放軍内に戦略区構想が存在していることを指摘している。平松茂雄「特別インタビュー『現代版中華世界』をめざす『戦略区』構想」『明日への選択』第三〇五号、日本政策研究センター、二〇一一年六月、二二〜二七頁、および平松茂雄『中国はいかに国境を書き換えてきたか』草思社、二〇一一年、一五四〜一六二頁など。

24　たとえば、林中宇「習近平軍改幕後有高人？伝與江澤民有仇」看中国網、二〇一六年一月一三日、http://b5.secretchina.com/news/16/01/13/597420.html、張頓「習近平軍改幕後「高参」身分曝光」大紀元網、二〇一六年一月一四日、http://www.epochtimes.com/b5/16/1/14/n4615949.htm など。

25　晏清流「習近平幕後〝軍師〟都有誰？已有四人曝光」看中国網、二〇一六年四月四日、http://www.secretchina.com/news/16/04/04/604440.html。同記事では、章沁生のほか、楊得志・元総参謀長の子で中央軍事委員会国防・軍隊改革深化領導小組専門家諮詢小組組長に就任した楊志琦・元参謀長助理や、同小組のメンバーである章伝家・元国防大学マルクス主義教研部副主任、劉源・元総後勤部政治委員の名前が「軍師」挙がっている。王雪青、于祥明「中国国防軍工産融年会今日召開　熱議軍工資産証券化」中国証券網、二〇一六年三月二五日、http://news.cnstock.com/news/sns_bwkx/197001/3746918.htm、および章伝家「新的偉大闘争在軍事領域的激越華章―論深化国防和軍隊改革的政治考量及意蘊」『光明日報』二〇一六年五月一七日参照。

26　章沁生「中国的軍事外交」『学習時報』第三八五期、二〇〇七年五月一四日。http://news.xinhuanet.com/mil/2016-02/18/c_128729392.htm。

27　「郭伯雄一審被判処無期徒刑　剥奪上将軍銜」央視網、二〇一六年七月二六日、http://m.news.cctv.com/2016/07/25/ARTIWd3FSmo2TybB85sFmUSd160725.shtml。

28　羅冰「江続任軍委主席内幕」『争鳴』二〇〇二年一二月号、香港：百家出版社、二〇〇二年一二月。

29 マルクス・レーニン主義に基づく党国体制下の中国では、選挙によって選ばれた合法的な政治権力ではないため、外部すなわち国民から「正当性」を「再調達」している。この「正当性」(justification) は、マックス・ウェーバーの政治的「正統性」(legitimacy) の分類のうち、政治権力の「合法的支配」(Rational-legal legitimacy) を指す。なお、中国における「正統性」と「正当性」とをめぐる議論については、渡辺直土「現代中国政治体制における正統性原理の再構成」『大阪大学中国文化フォーラム・ディスカッションペーパー』No.2011-5、大阪大学、二〇一一年五月、http://www.law.osaka-u.ac.jp/c-forum/box2/dp2011-5watanabe.pdf などを参照。

30 アンドリュー・ネーサン「儒教とアジアの政治：中国が「民主主義」という表現を使う理由」『Foreign Affairs report』2012 (12)、フォーリン・アフェアーズ・ジャパン、二〇一二年一二月、五六～六二頁。

第６章 ❖ 軍事制度面における軍事改革

政治思想工作と軍事財務工作

1. 政治思想工作と軍事財務工作

第４章および第５章で見てきたように、二〇一五年一一月二四日から二六日に、中央軍事委員会改革工作会議が開催され、翌二七日に習近平政権下の具体的な軍事改革の全体目標が示され、とりわけ、同改革の全体目標において作戦指揮系統と指導管理系統という二つの分離が示された*1。これは両者を分けることで、軍令面における習近平の軍に対する統制、すなわち作戦指揮系統における「党の軍に対する絶対領導」を強化することが狙いである。

これに基づき、習近平政権下における大規模な軍の組織改編が行われた。二〇一五年末から二〇一六年前半にかけて公表された一連の軍事改革は、軍の機構改革が中心であり、軍の作戦指揮系統の再編が主たる目的とされている。この作戦指揮系統、すなわち軍令面における改革によって、専門職業化（プロフェッショナリズム：professionalism）、非戦闘部門の削減などが進むことにより、軍の「非党化」、「国軍化」

が進み、党および政治将校の影響が低下するとの見方がある。しかし、これは一面的な見方に過ぎない。

中国では、建国以来、軍の統帥権および軍令について、一貫して制度やイデオロギーによって「党の軍に対する絶対領導」という「主体的文民統制」が堅持されている*2。政軍関係の理論では、軍が政治に介入しないようにするために文民による統制を強化するという文民統制（シビリアン・コントロール：civilian control）の概念が存在するが、中国のような「党指揮槍」（党が鉄砲を指揮する）の原則下では、政治的に忠誠であるために統制を強化することとなる。

そのため、軍隊を統制する手段としては、軍事行動に関する軍令はもちろん、軍政、とりわけ政治・思想面、および予算・資金面（財務面）が決定的に重要となる*3。軍政における政治・思想面の統制は、直接的に党の権力を強化するものである。他方、予算・資金面の統制も「富への軍の関与は、直接的に、政軍関係に影響する」ものである*4。両者は、統制の手段として、まるで車の両輪のように互いに密接な関係にある。

それでは、習近平政権下の党軍関係について、政治思想工作および軍事財務工作という軍政面ではどのような特徴や変化がみられるのだろうか。以下、本性では習近平政権下の軍事改革について軍政面に焦点を当てて説明していきたい。

2．習近平政権下の政治思想工作

（1）新古田会議と政治工作の強化

習近平政権下では、軍事改革を進めるにあたり、中国の軍系メディアが「古田からの再出発」を繰り返し強調してきた。

「古田」とは、二〇一四年一〇月三〇日、福建省古田鎮において全軍政治工作会議が開催されたことを指す。習三一日の会議の席上で習近平・中央軍事委員会主席は、「軍隊建設、特に思想政治建設において存在する突出した問題を正視しなければならない。特に、徐才厚（元中央軍事委員会副主席の）事件を高度に重視し、厳粛に対応し、深刻に教訓を再認識し、徹底的に影響を一掃しなければならない」と述べた＊5。

さらに、習近平は、「軍魂工作の形成」、「中・高級幹部の管理」、「優良な作風建設と反腐敗闘争」、「戦闘精神の育成」、「政治工作の刷新、発展」の五つをしっかり掴むことに力を入れなければならないと強調した。同会議は、毛沢東によって党が軍を指揮する原則を確立したとされる古田会議にちなみ、新「古田会議」と称された＊6。つまり、同会議によって、政治工作の重要性、「党の軍に対する絶対領導」の不変性が改めて強調されたと言えよう。

これに先立ち、同月二六日には、政治工作強化のため、中央軍事委員会の批准を経て、総政治部が「重大任務執行中の政治工作規定」を発布した＊7。この規定は、緊急災害援助、反テロ、権益保護、安全保障警戒、国際平和維持、国際救援、重大な科学研究試験、国防施工などの任務時において、政治工作、すなわち軍中党組織（党委員会、政治機関、政治幹部）による領導を貫徹することを目的としている＊8。

また、同月には、海軍の早期警戒機に「政治工作戦闘部署」を設立し、政治委員も同乗して、「思想政治工作の業務保障領域を積極的に開拓し、訓練において政治工作の的確性と有効性を強化する」ことも規定された＊9。実際、この規定の直後、海軍の三大艦隊航空兵が戦闘攻撃機による対抗型の航空戦闘研究訓練を実施した。これは「海軍史上最大規模」の訓練で、初めて早期警戒機上の空中指揮所で攻撃を指揮したことが明らかにされている＊10。

二〇一五年末から二〇一六年初にかけて行われた軍組織改革によって陸軍や戦略支援部隊などを新設し、「軍事闘争準備」を進める中で、「新型作戦力と戦時における政治工作体系の融合」も検討され始めている*11。また、後述の通り、軍内で「習近平中央軍事委員会主席の軍隊政治工作に関する重要論述を深く学習し、強軍興軍の実戦において政治工作の革新的発展を推進する」ことが掲げられている*12。

加えて、軍内での政治学習を徹底すべく、二〇一六年八月八日には、全軍の古田政治工作会議の精神を貫徹、実行する領導小組（指導グループ）が創設され、会議が実施されている*13。このように、習近平政権下では、軍令面の改革に先駆けて政治思想工作の強化が進められてきている。これには二つの側面がある。冒頭の新「古田会議」に示されているように、一つは、党による軍に対する統制強化、いま一つは軍内における紀律の強化および「反腐敗闘争」の側面である。

（2）「党委領導」制と党代表大会

習近平ら中国共産党中央は、軍に限らず、あらゆる組織に対して、これまで以上に「党委（員会による）領導」、すなわち党委員会、政治委員が組織を領導することを強調している*14。それは、二〇一六年二月、中国共産党中央政治局の組織部が、習近平・中国共産党総書記の重要指示の精神を学習、貫徹し、全面的に党委員会（党組織）の領導小組建設を強化することを要求する「通知」を発出したことにもみてとれる*15。

無論、軍内においても、党委員会制は「定海神針」（海の深さをはかる神の針）のように揺るがないものであることが繰り返し強調されている*16。人民解放軍内には、この党委員会をはじめとして、党支部といった軍中党組織、政治部や政治処といった政治機関、および政治委員や教導員・指導員といった人員が軍内の各階層・各職能に設置されており、これらは『中国共産党軍隊委員会条例』や『政治工作条例』によって規定されている*17。

「党の軍に対する絶対領導」は、こうした党委員会、政治委員が末端まで存在することによって担保されている。それでは、どのように党の意思が軍に伝達され、軍隊建設を進めているのであろうか。それは、軍種毎に行われる党代表大会を通じて行われている。また、党委員会の委員は、中国共産党の軍党代表大会によって選出される*18。

このことから、今後五年間の軍種の建設について、軍事組織改革後も、党の意志を貫徹するために党代表大会および党委員会制が重要視されていることがみてとれよう。もちろん、実際に党代表大会をはじめとする党委員会制が機能するかは別の問題である。実際、「解放軍報」紙上では、議事決定が党委員会の指導活動の「核心的内容」であり、党委員会の議事決定の質量を確保すべきであり、会議中における「不作為」すなわちサボタージュの問題があることや、毛沢東の「党委員会の工作方法」に示されている「準備してないなら会議開催を急ぐべきでない」との考えに基づき、会議開催前には十分な準備が重要であることが指摘されている*19。

（3）進む習近平の思想化と権威化

政治面における党への忠誠は、その最高指導者である習近平への忠誠を意味する。習近平政権下では、軍事改革を推進するために、習近平の歴代指導者との同格化、権威化が行われている*20。二〇一五年一一月に開催された中央軍事委員会改革工作会議以降、習近平の国防と軍改革に関する一連の論述は、一一月二八日に開かれた総部の師団級以上の幹部大会で「改革強軍戦略思想」と呼ばれるようになった*21。

これに先立ち、二〇一三年三月に行われた第一二期全国人民代表大会第一次会議の解放軍代表団全体会議では、習近平が「胡錦濤の国防と軍隊建設思想」という呼称を初めて用いた*22。これは、胡錦濤のこれまでの「重要論述」を「思想」として位置づけ、習近平の「国防と軍隊建設に関する重要論述」を歴代指導者と並べたことで、習近平の軍に対する思想的正統性を担保したものと考えられる。

なお、思想化の前段階として、在任中に重要論述の一部について、「重大戦略思想」と位置付けられることもある。胡錦濤の場合、「国防と軍隊建設の主題と主線に関する戦略思想」がそれに該当する。「主題」は、「国防と軍隊建設の科学的発展の推進」、「主線」は「戦闘力形成モデルの転換の加速」を指す。二〇一三年七月二五日に、許其亮中央軍事委員会副主席が、習近平の「強軍目標」を「重要戦略思想」と初めて呼び、「習主席の重要戦略思想を意識的に用いて理論武装せよ」と述べていることは、習近平の「重要論述」を思想化する動きの先駆けと考えられる。

その上で、二〇一五年一一月の中央軍事委員会の改革工作会議において、習近平は、「党の第一八期代表大会以来、時代と戦略的高度に立脚し、国防と軍隊改革の深化について一連の重要な論述を作り出し、改革強軍戦略思想を形成した」とされた*23。これは、習近平の一連の論述が「党の軍事指導理論」として位置づけられようとしていることを意味するものである。こうした歴代指導者の在任期間中の思想化は、毛沢東以来となる。

二〇一六年四月に行われた全軍高級幹部の国防と軍隊改革の深化をテーマとしたシンポジウムでは、田義祥・中央軍事委員会辦公庁副主任が、「習主席の改革強軍戦略思想を深く学習し、世界一流の軍隊建設のために努力、奮闘しよう」と強調した*24。また、五月一九日には、中央軍事委員会政治工作部が、中央軍事委員会の批准を経て、『習主席の国防と軍隊建設に関する重要論述読本（二〇一六年版）』を編纂、印刷し、全軍に配布したことが報じられた*25。

同書には、「軍事弁証法」に関する項目があり、同項目では習近平が「軍事は政治に服従すべし」と論じていることが示されている*26。この記述は、単に習近平が「党の軍に対する絶対領導」を強調したことを意味するものではない。「軍事弁証法」は、クラウゼヴィッツの考えを発展させたとされている毛沢東の軍事思想の核となる部分である。つまり、習近平は、自らの「改革強軍戦略思想」を権威化するために、毛沢東の「軍事弁証法」を踏襲していることを意味している。

こうした習近平の軍事思想を軍内に展開すべく、五月二〇日には、国防大学の「中国の特色ある社会主義理論体系研究センター」が、軍事に関する党中央の国家ガバナンスの新理念、新思想、新戦略を深く学習し貫徹することを掲げた*27。また、同月二五日には、国防大学に「習近平戦略思想研究センター」が新設された*28。

さらに今日、殉職した軍や武装警察部隊の兵士に対して、「習主席の良い戦士」との称号を付与し、兵士らに対して「習主席の良い戦士」になることが強調されるようになっている*29。プロレタリア文化大革命期には、「毛主席の良い戦士」であると位置づけられた殉職した兵士である「雷鋒に学べ」運動が行われたが、これも軍内における政治思想工作において習近平が毛沢東との同格化を図っていることを示す好例と言えよう。

その後、二〇一七年一〇月の第一九回中国共産党全国代表大会（一九大）において、「習近平強軍思想」は「国防と軍隊建設における指導的地位を確立」したとされている*30。二期目に入って、この「習近平強軍思想」の学習が軍内で進められてきた。

（4）軍に対する紀律検査と反腐敗

政治思想工作のいま一つの側面は、第4章でも論じたように、党紀律の遵守と監督強化である。軍内における党紀律の順守と監督強化を進めるべく、前述の二〇一五年一一月に行われた中央軍事委員会改革工作会議では、「軍の特色ある軍事法治システムの構築」として、「法に基づいて軍を管理し、厳しく軍を治めることの深化に着目し、管理する権限をその鍵として把握し、権限の厳密な制約、監督体系を構築すべき」であることが掲げられている。

その具体策としては、軍内の汚職・腐敗を取り締まる「紀律検査委員会」と、軍事法規を司り、検察機能を担う「政法委員会」を中央軍事委員会の直属とし、中央軍事委員会の機関部署と戦区に対して紀律検査組を派遣あるいは駐在させ、中央軍事委員会の審計署（会計検査部門）を再構築し、軍事法院と軍事検察院を各地域に設置することなどが掲げられている。実際、二〇一六年七月には、「各級党政法委員会設置法案」が中央軍事委員会辦公庁から発出された＊31。

とりわけ、紀律巡視組による紀律検査は、中央軍事委員会領導の下で既に実施されている。二〇一六年三月二日、許其亮・中央軍事委員会副主席は、中央軍事委員会の紀律検査委員会拡大会議に出席した際、「習主席の戦略的意図を深く理解し、新たな体制で、同意図に立脚した軍の党風廉政建設（党風を整え、清廉な政治を打ち立てること）と反腐敗闘争の新たな局面のスタート」を切ることを強調した＊32。

実際、五月四日には、陸軍の党委員会が初めて巡視工作を全面的に展開したことが報じられた＊33。これを皮切りに、同月一〇日には、中央軍事委員会の訓練監察組が戦区および軍種の巡視、監査を開始した。また一七日には、中央軍事委員会の巡視組が七単位（海軍、空軍、ロケット軍、軍事科学院、国防大学、国防科技大学、人民武装警察部隊）の党委員会と同メンバーに対して紀律検査の訪問巡視を開始した＊34。

さらに、九月一九日から二五日にかけては、全軍の副戦区級以上の単位の紀律検査委員会の書記に対して訓練が行われた。これは、新体制下で初の全軍の紀律検査委員会書記に対する訓練であり、「習主席の重大戦略思想」を学習し、「軍の党風廉政建設と反腐敗闘争を推し進める重要な措置」として位置づけられている＊35。このように、習近平政権下では、軍事改革の推進と表裏一体で、政治思想工作が強化されてきていることがみてとれる。

3．習近平政権下の軍事財務工作

（1）習近平による「財務大清査」

中国人民解放軍は、一九四七年に毛沢東が起草した「三大紀律八項注意」に基づき、清廉潔白（高潔）を美徳とするという伝統があることが度々強調されてきた＊36。しかし、その実態は一貫して潔白ではなく、軍の特権に対する国民の不満が存在している。実際に、近年でも谷俊山・元総後勤部副部長や、徐才厚および郭伯雄・元中央軍事委員会副主席をはじめとして多数の将官級が汚職・腐敗により失脚している。

国防費について、これまで中国政府は、国家と軍隊の審計機構が、予算および執行状況に対して会計監査・監督を行っており、予算および執行状況の妥当性が担保されていると繰り返し主張してきた。それでは、なぜ監査・監督が行われているにもかかわらず、軍内の汚職や腐敗が横行しているのであろうか。その理由のひとつは、予算外経費を含む軍事経費の会計（軍事会計）とその会計検査（軍事審計）制度に問題がある＊37。

軍事経費は、「各軍区・軍種・兵種および所属部隊の経費決算、総後勤部による取りまとめ、会計監査を経て、中央軍事委員会が批准し、国家財政部へ報告」される＊38。この軍事会計も、軍事経費同様に、「軍隊会計」と「中国人民武装警察部隊会計」、および「国防科研試験会計」などから成り、総後勤部財務部および総後勤部直下の人民解放軍の審計署（中央軍事員会審計署）がその業務について「統一領導」してきた。

建国初期には、軍の会計検査は基本的に財務監督と結合して進められ、一九五五年までに総後勤部財務部の下に審計処が設置され、各大軍区の後勤部財務部に検査室あるいは審検科が設置され、下位の軍単位も相当する審計機構あるいは審計人員が設置されていた。しかし、一九五七年以後は審計機構が取り消され、同様に国家財政の会計監査も大幅に削減された。これを鄧小平が復活させ、一九八三年に中華人民共和国審計署を創設するとともに、一九八五年には軍内にも審計局を創設した*39。

特に、軍に対しては、軍事財務工作の一環として出された一九八五年一月一一日の「軍隊財務工作の強化に関する決定」に基づき、「中国人民解放軍審計工作条例（試行）」が一九八七年一月二四日に鄧小平中央軍事委員会主席の批准を経て、同年二月二〇日に頒布・施行された*40。同条例は、全六章二六条で、軍隊審計工作の依拠、性質、任務、および目的、組織機構、職権範囲、プロセスなどに対して、具体的な規定がなされた。

当初、同条例では、中央軍事委員会審計局を配する総後勤部が「統一領導」して行なわれた軍の審計結果は、中央軍事委員会と国家審計署へ報告することとされており、業務上、国家審計署の指導を受けることが規定されていた。しかし、制度化の過程で、軍の審計結果は国家財政部や国家の審計署から独立して行なわれ、中央軍事委員会に報告されることとなった。さらに、同条例は「中国人民解放軍審計条例」として二〇〇七年一月二二日に改訂・頒布、三月一日に施行された。

この改訂によって、国家財政部および国家の審計署から独立した軍事審計の妥当性は、党委員会が領導することが明記された。このことが意味するところは極めて大きな意味を持っている。それは、当初、軍によって自律的に進められてきた軍事審計が、胡錦濤政権以降、党が直接担保する形へと変化し、党の軍に対する統制を強化し、「反腐敗」闘争の手段として用いられるようになったということである。

軍事審計を党が領導し、「反腐敗・清廉潔白の提唱」を促進すべく、二〇一二年四月六日には全軍審計工作領導小組が成立した*41。同小組の第一回会議の席上、廖錫龍総後勤部長は、これは「胡錦濤中央軍事委員会主席と中央軍事委員会が情勢の発展と戦略の大局から下した重要決定である」と述べた*42。さらに、同年六月二二日には、総政治部が軍幹部の収入や資産、投資について申告するよう要求した*43。

このように、軍には他の国家機関とは別に軍内で独自に紀律検査や軍事審計（会計検査）が行われており、軍に自律性が存在している。そのため、軍事審計により腐敗、汚職、売官などを取り締まることに限界がある。そこで、財務面から「党の軍に対する絶対領導」を強化すべく、二〇一四年六月末、瀋陽軍区では一七〇名余りの人事や財務に関する「敏感な職位」にある人員が交代・解任された＊44。また、同年一〇月二七日には、中央軍事委員会審計署が総後勤部から中央軍事委員会の直轄へと改められた＊45。

二〇一五年二月一〇日には、中央軍事委員会は、「全軍財務工作大清査実施方案」を発出するとともに、全軍財務工作大清査領導小組を新たに設け、同日第一回会議を開催した＊46。七月には、全軍財務大清査領導小組の第二回会議が開催され、四総部に対する財務工作大清査の状況検査を完了したことが報告され、同月下旬から各軍区、軍兵種、軍事科学院、国防大学、国防科技大学に対して、財務工作大清査の状況について検査を開始した＊47。

実のところ、この「財務大清査」も、かつて鄧小平が軍事改革を行う中で、軍事財務管理を強化するために行った手法に倣ったものである。鄧小平は、一九八三年三月から一九八四年三月にかけて「全軍財務大検査」を実施しており、一九八六年一月一日には財務工作条例を改訂・頒布、同年二月八日には「全軍財政経済紀律大検査の展開に関する通知」を発出し、一九八七年三月から九月にかけて財政経済紀律大検査を行っている。

しかし、一連の財務管理強化策の一方で、一九八五年から軍の生産経営・対外貿易活動が許可されたため、数年後には財務工作を見直す必要が生じた。軍の予算外経費のうち、「禁令」後も残された「保障性」、「福利性」企業の有償サービスについては、二〇〇九年一一月に四総部が「軍隊単位の有償サービス管理強化に関する若干の問題についての意見」を発出し、通信、人材育成、文化、備蓄、科学技術、接待、医療、兵舎の基本建設、エンジニアリング、余剰不動産の賃貸といった一〇分野に制限された＊48。

この意見では、依然として「内部接待所」や「予算外経費」の管理状況に、経費を虚偽の報告をして経費を流用したり、架空の領収書を用いたり、移転支出することによって蓄財された「小金庫」が存在するなどの問題があることが指摘されている。裏を返せば、これらの範囲内で依然として多くの予算外経費が存在し、同時に「小金庫」を作る動きがあったということである＊49。そうしたことを受け、二〇一〇年には、全軍対外有償サービス管理工作領導小組が創設された＊50。

なかでも、軍の不動産の管理については、元々一九九〇年四月二〇日に中央軍事委員会が頒布した「中国人民解放軍不動産管理条例」に規定されており、部隊の余剰不動産の賃貸管理についても、総政治部・総後勤部が頒布した「軍隊余剰不動産賃貸管理規定」が一九九二年一二月一日から施行されていた。しかし、部隊の余剰不動産の賃貸管理をめぐっては、横領や「小金庫」の財源となる可能性があることから、軍内でも議論となっていた＊51。

実際、谷俊山元総後勤部副部長が弟の谷献軍に三〇〇〇ムー（二〇〇ヘクタール）もの軍用地を横流し、「将軍府」を建設していたことが調査により「暴露」されたことは記憶に新しい＊52。また、二〇一五年一月二九日付の『解放軍報』では、二年で四〇二四名の審計を行い、二一名の幹部を免職、七七名を処分、一四四名を配置転換・職位調整したと報じられた＊53。翌三〇日には、全軍審計工作会議が開催され、範長竜中央軍事委員会副主席が軍隊審計工作の重要性を改めて強調した＊54。

このように、習近平政権下では、軍事審計工作や全軍財務工作大精査による汚職・腐敗の取り締まりの強化とともに、予算外経費の予算化による「党の軍に対する絶対領導」の強化が進められてきた。しかし、予算外経費の予算化は、統制の強化につながる反面、「国軍化」を招く可能性、あるいは逆に軍が対外政策への「新たな関与者」となり、増額要求のために示威行動や対外強硬姿勢をとる可能性もある。

（２）兵員削減と軍事予算への影響

一方、習近平政権下の軍事改革では、兵制についても見直しや削減が進められた。前述の中央軍事委員会改革工作会議では、「組織規模と部隊編成を最適化し、軍を『量・規模型』から『質・機能型』へと転換すべき」と掲げられた。その具体策は、三〇万人の人員削減や、機関と非戦闘組織の要員の簡素化、軍種の比率の調整と改善による戦力構成の最適化を行い、部隊編成を充実させ、統合的で多機能かつ柔軟性のあるものへ変革しようというものである。

兵制の見直しや兵員の削減は、今次の改革に先立って軍内で検討されていたものである。二〇一一年四月二二日に中央軍事委員会が発表した「二〇二〇年以前の軍隊人材発展計画綱要」では、二〇二〇年までに人民解放軍の兵員を二三〇万人から一五〇万人へ削減することが掲げられていた＊55。また、二〇一三年版の国防白書『中国の武装力の多様な運用』では、陸軍の総人員数が約一六〇万人であるのに対して、「陸軍機動作戦部隊八五万人」との表現がみられた＊56。

実際には、二〇一五年九月三日の「中国人民抗日戦争

表6-1　中国人民解放軍の大規模な兵員削減

指導者	実施時期	削減数	備考（削減対象・移管先等）
鄧小平	1985－1987年	100万人	・人民解放軍兵員を削減、人民武装警察部隊を創設。 ・機械化・ハイテク化・情報化に不可欠な兵員圧縮。
江沢民	1997－1999年	50万人	・解放軍ビジネスの禁令による軍工企業統合・再編。 ・多くは地方政府へ移管。
胡錦濤	2003－2005年	20万人	・後勤部隊、医院、軍校、文工団、訓練部隊、軍工廠等の軍人を削減。 ・一部を地方政府に移管、一部を軍工企業やその他企業へ転業・復員。
習近平	2015－2017年	30万人	・機関と非戦闘組織の要員を簡素化、削減。 ・地方政府や軍工企業、その他企業へ転業・復員か。

（出所）各種資料を基に筆者作成。

ならびに世界反ファシズム戦争勝利七〇周年記念大会」で、二〇一七年末までに三〇万人の兵員削減を行うことが公表された。削減される約三〇万人の兵員の受け皿は明らかにはされていないが、過去の大規模な兵員削減時と同様、多くは地方政府や軍工企業、民間に配置転換されているものと思われる。こうした兵員削減もまた、鄧小平の一〇〇万人削減以来の流れを汲むものである（表6-1参照）。

軍の近代化、ハイテク化を進めるべく、鄧小平期には、一九八五年から一九八七年にかけて一〇〇万人の兵員を削減するとともに、人民武装警察部隊を創設し、多くの兵員を同部隊へと転属させた。江沢民期には、一九九七年から一九九九年にかけて五〇万人を削減するとともに、軍による営利性商業活動の「禁令」を出して企業の統廃合や再編を行い、その多くを地方政府へと移管した。胡錦濤期にも二〇〇三年から二〇〇五年にかけて二〇万人が削減されている。

こうした兵員削減は、公表国防費の主な構成要素である兵員給与等の人件費の圧縮につながる。他方で、圧縮した人件費分の軍事予算は、海軍、空軍、ロケット軍、戦略支援部隊を中心とした軍隊建設・装備の近代化に充てられるものと考えられる。

その内訳を見てみると、胡錦濤政権下では人員生活費、訓練維持費、装備費がそれぞれ三分の一を占めてきたが、習近平政権下では装備費が占める割合が増加し、四割を上回るようになってきている。これは、習近平が推し進めている軍の現代化と合致するものと言えよう。

（3）対外有償サービス活動の停止

江沢民が一九九八年に「営利性」の商業活動に対する「禁令」を出して以降も、軍の商業活動は完全にはなくなっておらず、軍が管理する予算外経費が依然存在していた。そうした中、二〇一五年一一月に行われた中央軍事委員会改革工作会議において習近平が打ち出した軍事改革の一つとして、軍の「有償サービス」の全面的な停止が掲げられた＊57。

二〇一六年二月、中央軍事委員会は、「軍と武装警察部隊の有償サービス活動の全面停止に関する通達」を下達し、軍と武装警察部隊の有償サービス全面停止工作について全体的な任務配分を行った＊58。姜魯鳴国防大学教授は、新華社の取材に対して、「この工作は〝容易な部分は最初に、難しい部分は後で取り組む〟という原則に従い、さまざまな状況を区分し、二段階に分けて実施することになっている」と明らかにしている＊59。

実際、二〇一七年三月三一日付の『解放軍報』は、人民解放軍および人民武装警察部隊の「有償サービス全面停止工作領導小組辦公室」が、二〇一六年下半期に業種主管部門と共同で、一〇業種（幼児教育、新聞・出版、文化・体育、通信、人材育成、建築エンジニアリング技術、貯蔵・運輸施設、民兵装備の修理、メンテナンス技術、ドライバーの訓練）について、八〇組織の有償サービスの全面停止を試行したことを明らかにしている。

さらに、同領導小組は、「政策指導意見」書を部隊に印刷、配布し、二〇一七年六月末までに、これら一〇の業種について業務を完全停止することを掲げた＊60。姜魯鳴国防大学教授によれば、「これらの業種の規模・範囲は比較的小さく、債権・債務への関わりが深くなく、利益をめぐるもめ事が相対的に単純で、一部のプロジェクトは軍民融合発展体系に組み込むことができ、任務は相対的に比較的軽い」ため、第一段階として停止されたという。

姜によれば、第二段階は、不動産リース、農産物・副産物の生産、招待・接待、医療、科学研究の五業種のプロジェクトにおよび、「かなりの部分の契約は、期限が長く、プロジェクトを終了するのが難しく、投資金額が大きくて経済的賠償を行うのが難しく、利益をめぐるいざこざが深くて糸口を整理するのが難しく、波及する民生の範囲が広くて大衆をなだめるのが難しく、問題・積年の弊害が重くて解決・処理するのが難しい。パイロットケースを通じて経験を模索し、さらに実行可能な政策を出さなければならない」と述べ、これら五業種の全面的な停止は二〇一八年六月末までに完了する予定であると明らかにした。

こうした軍の有償サービスは、これまで軍の予算外経費として扱われ、軍が自ら管理する費用であり、軍事経費総額に含まれてきた。しかし、軍が自ら管理する費用であるが故に、軍の腐敗・汚職と密接に関連していた。軍のこれらを全面的に停止するということは、そうした軍の腐敗・汚職の温床や土壌を一掃する狙いがあるが、それは同時に、公表国防費に現れない予算外経費を含む軍事経費総額が減少することを意味する。また、江沢民が「禁令」を発出した時と同様、代わりに公表国防費を増額しようとする動きとなる可能性がある＊61。

具体的には、利益が上がっている有償サービスはそのまま地方・民間へスライドする可能性があるだろう。たとえば、軍の有償サービスに従事している部門・人員を国有企業や地方政府、軍民融合関連企業などに移管するものとみられる。また、二〇二〇年三月三一日、軍改革によって停止された営利性サービス産業とその不動産および人員の受け皿として、資産を管理、運用する国有企業「中国融通資産管理集団有限公司」が創設されるなど、新たな動きもみられる。

他方で、このことは、地方の国防費負担割合が増加する可能性を示唆している。公表国防費は九割が中央、一割が地方の負担であるが、過去にも兵員削減で地方に部門・人員を移管したものの、この負担比率に大きな変化はない。

一方、公共安全費は、中央よりも地方の負担割合の方が高い。今後は、予備役や民兵の「国防動員」建設、テロ対策、サイバー・セキュリティ等、地方政府の「国家安全」に対する負担増加が見込まれる。実際に、国防における権限の区分も改革することが公表された。これは、国防動員法に基づき行われている予備役や民兵の維持・訓練に関わる地方政府の権限を委譲する可能性を示唆している。

二〇一五年一二月三一日の国防部定例記者会見で、楊宇軍・国防部新聞事務局局長は、財政部が「来年、他に先駆けて国防分野において中央と地方の権限と支出責任を区分する改革をスタートさせる」と表明したことを受け、「権限と支出責任が互いに見合った制度の確立に関する党の第一八回大会ならびに第一八期三中、四中、五中全会の精神に基づき、国の関係部門は現在、中央と地方の権限と支出責任を区分する改革の推進を検討中である」と述べた＊62。

楊報道官によれば、「国防分野における権限の区分は相対的には明確であり、規範化されているが、一部の権限と支出責任の区分が情勢の推移に適合していない点が今なお存在している」という＊63。そのため、「国の関係部門は、国防における権限と支出責任の区分改革を二〇一六年にスタートさせることにしている」と述べた＊64。そのため、国防分野における地方政府の権限と支出責任の割合を増加させていくことが推察される。

4．経済と国防の両立を模索する中国

（1）低下する公表国防費の伸び率

これまで、中国の公表国防費は一九八九年以降、二〇一〇年を除いて二桁の対前年伸び率が続いていた。しかし、目下の経済成長率は減速基調であり、公表国防費の名目値も対前年比二桁の伸び率を維持することは困難であるとみられる。それは、公表されている国防費は「経済成長に合わせて増加させてきた」という論理があるからである。実際、二〇一七年には初めて予算額が一兆人民元を突破したが、その後も増加の一途を辿っている。

中国は、公表国防費の二桁の成長率について、一九九〇年代前半は高いインフレーション（通貨膨張）

に合わせて増加させてきたと説明してきたが、二〇〇〇年代は公表国防費を「経済成長に合わせて増加させてきた」と説明するようになっている。四半世紀の間、経済成長率に対して公表国防費が突出して伸びるケースは、台湾海峡危機などの情勢の変化がある場合を除いてみられない。

米国防総省の『中華人民共和国に関わる軍事・安全保障上の展開：二〇〇〇年会計年度国防権限法に基づく議会報告書』（二〇二一年版）では、中国の公表国防費に関して、次のような見方が紹介されている。

「中華人民共和国の公式国防予算が年平均七パーセントで増大し、二〇二三年に二七〇〇億ドルに到達した場合、人民解放軍による三〇万人の人員削減を考慮すると、人民解放軍は、ますます多くの予算を、訓練、作戦、および近代化のために捧げることが可能となる。経済の予測者は、中華人民共和国の経済成長が今後一〇年間に減速し、これにより、将来の国防支出の成長が減速する可能性があると予測している」*65。

実質値でみても、中国の経済成長率と国防費の対前年伸び率の関係は、インフレの影響による減少や台湾海峡危機、江沢民政権下の一九九八年に打ち出された「利益性」の生産経営活動に対する「禁令」による増加などがみられるが、概ね経済成長率に合わせて増加させてきたという中国の論理が当てはまる形となっている。この論理からすると、経済成長率が鈍化する以上、公表国防費が突出して伸び続ける可能性は低い。

同報告書では、こうした見方に対して、「しかし、これは中華人民共和国中国が現在の利益を維持し、国家の発展と国防支出を均衡させることを前提としている。経済予測が正確で、国防負担が一定であると仮定すると、中華人民共和国は、依然として、インド太平洋地域で米国に次ぐ二番目の支出国であり続けるであろう」と述べられている*66。

ただし、その増加幅は、前述のように「財務大清査」を進め、対外有償サービスを停止して予算外経費の圧縮を進める習近平の下で進められている軍事改革によって短期的には突出することがあるかもしれない。あるいは、将来的に、経済の後退局面においてＧＤＰがマイナス成長になれば、当然公表国防費もマイナス成長、すなわち減額に転じることもあり得るだろう。

その場合は、党の統治の正当性が揺らぐこととなり、軍が党から離反する可能性もあり得る。そうした局面で国防費・軍事費を維持した場合には、国民の反発を招くこととなる。いずれにしても、体制移行の可能性が生じる。そのため、経済成長の逓減下、公表国防費の伸び率を突出させないための「仕掛け」として、「軍が自ら稼ぐ」形式から「民間による投資・研究開発」への転換が図られようとしている。

（2）軍民融合と経済と国防の両立

経済成長の減速期にあっても、当面の間は公表国防費が減額となることは想定しづらい。二〇二七年の「建軍百年奮闘目標」、さらには二〇四九年の「強軍目標」を達成するためにも、「国防と軍隊の現代化建設」は継続されるものと見られる。とりわけ、二〇二〇年一一月の中国共産党第一九期中央委員会第五回全体会議（五中全会）において初めて言及された二〇二七年の「建軍百年奮闘目標」は、そうした軍拡路線の中期的な目標として位置づけられていると見られている。

ただし、公表国防費のみで軍事経費を賄うことには遅かれ早かれ限界が生じることは中国内でも認識されている。そのため、国防費の負担は地方政府のみならず、「軍民融合」による民間企業や国有企業（軍工企業）等による装備の研究・開発を促進するとともに、軍工企業の株式化を進めるなど、民間から不足する資金を調達する仕組みづくりが進められている*67。つまり、「軍民融合」とは、経済と国防の現代化を両立させる一種の知恵であると言える。

経済と国防の現代化を両立させる発想は、鄧小平が推し進めた「四つ（工業・農業・国防・科学技術）の現代化」の延長線上にある。ただし、今次の改革では、中央軍事委員会改革工作会議において「軍民融合による発展戦略の貫徹に着目し、軍と地方に跨がる重大な改革任務を推進し、経済建設と国防建設の融合した発展を図る」と掲げられたように、「軍が自ら稼ぐ」形式から「民間が投資・研究開発を行う」形式への転換を図ろうとしている。

習政権下では、国防科学技術工業の研究開発や更なる発展のため、「軍民融合」が一段と加速するものと考えられる。それは、中国が「中華民族の偉大な復興」を掲げて軍事力を強化する一方で、経済成長に陰りがみえ、公表国防費の対前年比二桁増を続けることが困難になってきたことが大きな要因の一つであろう。それを打開する策が、国防・軍事における民間の活用である＊68。

国防・軍事における民間の活用の一例が、軍工企業の株式化である。二〇〇七年六月二三日、国務院が同意し、国防科学工業委員会、国家発展改革委員会と国有資産監督管理委員会の三委員会が「軍工企業の株式制改造に関する指導的意見」を合同発布した＊69。これに基づき、現在、有限な経済成長と財政的制約から、軍工企業を株式化して市場から資金を調達することが進められている。

このことは、軍工企業の資産株式化という「見える化」や軍民融合の進展により、民間資金が流入し、軍事経費の総額がより「不透明」になっていくことをも意味している。

軍工企業の株式化や民間との融合促進は、二〇一三年以降、一段と加速している。二〇一五年九月一三日には、政府は「国有企業改革の深化に関する指導的意見」を打ち出した。二〇一五年九月一九日、劉鶴・国家発展改革委員会副主任によれば、電力、石油・天然ガス、鉄道、航空、通信、軍事関連といった分野で「混合所有制改革」を試験的に実施していくということである。現在、一一大軍工集団の従業員数は合計約一七〇万人であるが、軍の兵員削減とは対照的に、軍工企業や軍民融合にかかわる企業の人員数は今後増えていくかもしれない。

これに関連する直近の動向としては、党および政府は市場主体の開発活力を刺激することで、装備品の調達コストを低減させようと試みている。二〇二一年六月三日には、国務院は市場主体の開発活力をさらに刺激するために、「ライセンスの分離」改革を深化することに関する通知を公布した*70。同通知は、政府のあらゆる部門において認証制度を簡素化することで、民間による研究開発、生産を促進するものである。同通知において、国防科学工業局が所管する兵器・装備の科学研究・生産免許に関するライセンスの条件も緩和されており、民間企業が国防建設に参加することを奨励し、市場における研究開発の活性化が期待されている。

ただし、「軍民融合」による成果や、医療、保険、住宅保障、給与・福利などの制度改革はまだこれからであり、軍が改革の恩恵に預かるには今少し時間がかかるものとみられる。

5. 軍政面における連続性と非連続性

本章では、習近平政権下の党軍関係について、政治面および財務面における軍事改革を中心に論じた。あらゆる改革には抵抗が伴う。習近平政権下の軍事改革もその例外ではない。そのため、中国共産党および習近平は、軍令面での改革を進めるとともに、軍政面において、習近平と歴代指導者との連続性を強調し、党の軍に対する統制を強化していることが明らかとなったと言えよう。

政治思想面工作については、「党の軍に対する絶対領導」を貫徹すべく、「古田からの再出発」を掲げ、軍中党委員会や党代表大会を通じた政治工作の徹底や、毛沢東の政治思想工作を踏襲した習近平の「改革軍事戦略思想」化、中央軍事委員会主導による全軍に対する紀律検査が進められている。

他方、軍事財務工作については、金銭面での紀律を正し、経済と国防の現代化を両立すべく、兵員を削減するとともに軍民融合によって軍の近代化を進めるなど、鄧小平の軍事財務工作を踏襲している。このように、習近平の軍政面での改革は、多分に連続性を重視して進められていることがみてとれる。

習近平の軍政改革の特徴は、歴代指導者を否定することなく連続性を強調している点と、現在生じている「矛盾」を解決するために改革を行うという非連続性を強調している点にある。無論、これは共産党の無謬性に基づくレトリックであり、実際に習近平の軍事改革が成功するか否かは、中国の経済成長が逓減する中で、党の執政能力を維持し、さらに強化できるか否か、また軍が財務面での恩恵を享受できるか否かにかかっていると言えよう。

＊註

1 なお、第1部で論じた通り、習近平政権下の軍事改革は、二〇一五年一一月の中央軍事委員会改革工作会議で決定したと見る向きもあるが、同会議で大規模な軍事改革を決めたわけではない点に留意されたい。

2 「主体的文民統制（subjective civilian control）」、とは、軍隊を統制する主体である政治（文民）の力を、客体である軍隊に対して相対的に増大することで、軍隊の政治介入を阻止しようとすることを指す概念である。詳しくは、S・P・ハンチントン『軍人と国家』上・下巻、市川良一訳、原書房、一九七八年、村井友秀「政軍関係―シビリアン・コントロール」防衛大学校安全保障学研究会編『安全保障学入門』第七章、亜紀書房、一九九八年、一七四〜一九〇頁、および河野仁「政軍関係論――シビリアン・コントロール」防衛大学校安全保障学研究会編著『安全保障学入門（新訂第四版）』亜紀書房、二〇〇九年、一六一〜一七九頁などを参照。

3 二つの軍政面について、詳しくは、土屋貴裕『現代中国の軍事制度：国防費・軍事費をめぐる党・政・軍関係』（勁草書房、二〇一五年）、第三章を参照。

4 カロライナ・G・ヘルナンデス「アジアにおける軍のコントロール」L・ダイアモンド、M・F・プラットナー編著、中道寿一監訳『シビリアン・コントロールとデモクラシー』刀水書房、二〇〇三年、一三四頁。

5 「習近平在古田出席全軍政治工作会議併発表重要講話強調　発揮政治工作対強軍興軍的生命線作用　為実現党在新形勢下的強軍目標而奮闘」『解放軍報』二〇一四年一一月二日。
6 「古田会議」とは、一九二九年一二月二八～二九日に同地で開かれた第九回全軍党代表大会を指す。
7 「総政印発《執行重大任務中政治工作規定》」『解放軍報』二〇一四年一〇月二六日。
8 これらは、政治工作条例で既に規定されているが、重要任務執行時における党組織や軍幹部の役割、新聞宣伝、世論コントロール、大衆工作などについて、より具体的に規定がなされた。
9 「万米高空、預警机上設政工戦位」『解放軍報』二〇一四年一〇月一八日。
10 「海軍三艦隊空戦対抗実打実」『解放軍報』二〇一四年一〇月二八日。
11 「第一集団軍某旅着力強化政治工作作戦功能　新型作戦力量融入戦時政治工作体系」『解放軍報』二〇一六年八月八日。
12 顔暁東「在強軍興軍実践中推動政治工作創新発展―深入学習貫徹習主席関於軍隊政治工作重要論述」『解放軍報』二〇一六年八月九日。
13 尹航、黄超「全軍貫徹落実古田政工会精神領導小組会議召開」『解放軍報』二〇一六年八月二七日。
14 党の軍に対する絶対領導と軍事委員会主席責任制の形成と発展について、中国共産党の視点からまとめたものとしては、袁新濤「党対軍隊的絶対領導與軍委主席負責制的形成和発展」『党的文献』二〇一六年第四期、北京：『党的文献』雑誌社、二〇一六年、一〇四～一一三頁などを参照。
15 「中組部印発《通知》要求　学習貫徹習総書記重要批示精神　全面加強党委（党組）領導班子建設」『解放軍報』二〇一六年二月二六日。
16 たとえば、「党委制：鋳牢軍魂的〝定海神針〟」『光明日報』二〇一五年一月二一日、鄒維栄、宗兆盾、陳春暁「鍛造新型作戦力量的〝定海神針〟―戦略支援部隊強化各級党委領導核心作用見聞」『解放軍報』二〇一六年六月一五日など。
17 なお、防衛研究所（二〇一二）でも示されているように、点在する軍中党組織・人員は各単位の党委員会の領導を受け、その各単位の党委員会は軍隊党委員会の領導を受け、軍隊党委員会はさらに上級の軍隊党委員会の領導を受ける。防衛省防衛研究所『中国安全保障レポート２０１２』防衛省防衛研究所、二〇一二年、七～八頁。

18 党代表大会について、詳しくは第7章を参照。

19 王志明「切実提高党委議事決策質量」『解放軍報』二〇一六年六月六日。

20 詳しくは、土屋貴裕「中国流の戦争方法――習近平政権下の軍事戦略」川上高司編『「新しい戦争」とは何か：方法と戦略』第一〇章、ミネルヴァ書房、二〇一六年一月、一七二～一八九頁参照。

21 梁蓬飛、呉旭「四総部深入学習貫徹中央軍委改革工作会議精神　房峰輝張陽趙克石張又俠分別講話」『解放軍報』二〇一五年一二月三日。

22 「総政治部発出通知要求全軍和武警部隊　認真学習貫徹習主席在解放軍代表団全体会議上的重要講話」『解放軍報』二〇一三年三月一四日。

23 李秀宝「改革強軍的戦略擘画」『解放軍報』二〇一五年一二月一八日、および張仕波「設計和塑造軍隊未来的戦略擘画―学習貫徹習主席改革強軍戦略思想」『解放軍報』二〇一六年三月八日。

24 田義祥「深入学習貫徹習主席改革強軍戦略思想為建設世界一流軍隊而努力奮闘―全軍高級幹部深化国防和軍隊改革専題研討班発言摘登」『解放軍報』二〇一六年四月二七日。

25 「経中央軍委批准《習主席国防和軍隊建設重要論述読本（二〇一六年版）》印発全軍」『人民日报』二〇一六年五月一九日。

26 「《習主席国防和軍隊建設重要論述読本（二〇一六年版）》印発全軍」中華人民共和国国防部ネット、二〇一六年六月七日、http://www.mod.gov.cn/regulatory/2016-06/07/content_4671373.htm。

27 国防大学中国特色社会主義理論体系研究中心「深入学習貫徹党中央治国理政新理念新思想新戦略〝軍事編〟」『解放軍報』二〇一六年五月二〇日。

28 同日開催された座談会には、中央党校や国家行政学院、中央軍事委員会政治工作部などから、一三〇名余りの高官や専門家が参加した。

29「做習主席的好戦士」中国軍視網、二〇一六年七月二六日、http://www.js7tv.cn/news/201607_54525.html。
30 中共中央宣伝部、中央軍委政治工作部『習近平政権強軍思想学習問答』解放軍出版社・人民出版社、二〇二一年、七頁。
31 なお、その際も習近平の「改革強軍の重大戦略思想」を確実に貫徹、実行することが強調されている。王凌、賈波、張良「建立健全軍隊政法工作新体系―軍委政法委員会負責人就《各級党委政法委員会設置方案》答記者問」『解放軍報』二〇一六年七月二五日。
32 尹航「許其亮在出席中央軍委紀委拡大会議時強調深刻領会習主席戦略意図 立足新体制新起点開創軍隊党風廉政建設和反腐敗闘争新局面」『解放軍報』二〇一六年三月三日。
33 陶剛、邵敏「巡視利剣常出鞘 初始即厳粛軍威 陸軍党委首輪首次巡視工作全面展開 戦略支援部隊党委首輪巡視工作正式啓動」『解放軍報』二〇一六年五月四日。
34 樊尊偉、譚暁林「巡視全覆蓋 進行〝回頭看〟中央軍委巡視組対七箇大単位開展回訪巡視」『解放軍報』二〇一六年五月一八日。
35 白錦峰、曹新建、張良「新体制下全軍紀委書記首次培訓講了啥？」『解放軍報』二〇一六年九月二七日。
36 中国人民解放軍総部「中国人民解放軍総部関于重新頒布三大紀律八項注意的訓令（一九四七年一〇月一〇日）」毛沢東『毛沢東選集』第四巻、北京：人民出版社・解放軍出版社、一九九一年、一二四一～一二四二頁。
37 詳しくは、土屋、前掲書、第八章を参照。
38 徐、前掲書、一一五頁。
39 軍の審計局は、一九九二年八月二六日、中央軍事員会の批准を経て、中国人民解放軍審計局は中国人民解放軍審計署と改称し、辦公室、事業審計局、装備審計局、工程事業審計局が設置された。
40「中華人民共和国中央軍事員会（命令）」［一九八七］軍字第三号（一九八七年一月二四日、および「我軍第一部審計法規即将頒布試行」『解放軍報』一八八七年二月一四日。
41 佟力、範炬煒「中央軍委批准成立全軍審計領導小組 促進反腐倡廉」中国軍網、二〇一二年四月六日、

http://chn.chinamil.com.cn/jwjj/2012-04/06/content_4828223.htm。

42 「全軍審計工作領導小組成立　廖錫竜出席領導小組第一次会議併講話」中国軍網、二〇一二年四月六日、http://jz.chinamil.com.cn/newscenter/zongbu/content/2012-04/06/content_4827991.htm。

43 「総政治部軍委紀委印発《関于軍隊領導干部報告箇人有関事項的規定》」『解放軍報』二〇一二年六月二一日。

44 「瀋陽軍区一七〇余名管人管銭敏感崗位人員被換崗」『解放軍報』二〇一四年七月一三日。

45 「習近平主席簽署命令　解放軍審計署画帰中央軍委建制」『人民日報』二〇一四年一一月七日、および楊祖栄、張暁祺「解放軍審計署審計長李清和答記者問」中国軍網、二〇一五年三月六日、http://www.81.cn/jmywyl/2015-03/06/content_6383943.htm。

46 「経中央軍委主席習近平批准　全軍財務工作大清査実施方案印発　中央軍委要求全軍各級務必清査見底整治見効」『解放軍報』二〇一五年二月一一日。

47 楊小慶、張暁祺「趙克石在全軍財務工作大清査領導小組第二次会議上強調　堅決実現習主席和中央軍委決心意図　持続深入抓好全軍財務工作大清査」中国軍網、二〇一五年七月一五日、http://jz.chinamil.com.cn/n2014/tp/content_6587506.htm。

48 「解放軍四総部下発意見加強軍隊対外有償服務管理」『解放軍報』二〇〇九年一一月一三日。

49 「部隊一些単位在有償服務中与民争利　軍方出手清理整治　軍方整治一〇行業対外有償服務」『北京青年報』二〇一五年四月二〇日。

50 「廖錫竜要求：確保対外有償服務健康開展」『解放軍報』二〇一〇年七月二二日。

51 たとえば、趙鳳忠、姜輔臘、李先橋「談部隊空余房地産租賃管理」『軍事経済研究』二〇〇二年第八期、軍事経済学院、二〇〇二年、二九～三〇頁。

52 「穀俊山渉貪腐獲証実　其弟遭網上追逃」財新網、二〇一三年八月二日、http://china.caixin.com/2013-08-02/100564704.html。

53 解審綜、賽宗宝「在新起点上推動軍隊審計工作創新発展—全軍和武警部隊聚焦強軍目標加強審計工作綜述」『解放軍報』二〇一五年一月二九日。

54 「範長竜在出席全軍審計工作会議時強調 深入学習貫徹習主席重要決策指示 充分発揮新形勢下軍隊審計工作職能作用」『解放軍報』二〇一五年一月三一日。

55 "PLA eyes talent pool to expand capability," South China Moring Post, April 20, 2011.

56 中華人民共和国国務院新聞辦公室編『中国武装力量的多様化運用』中華人民共和国国務院新聞辦公室、二〇一三年、http://www.gov.cn/jrzg/2013-04/16/content_2379013.htm。

57 「習近平出席中央軍委改革工作会議」中国軍網、二〇一五年一一月二六日、http://www.81.cn/sydbt/2015-11/26/content_6787613.htm。

58 徐国华、徐叶青「中央军委部署军队和武警部队全面停止有偿服务工作」『解放軍報』二〇一七年三月二八日。

59 「军队和武警部队全面停止有偿服务工作计划于二〇一八年完成」新華網、二〇一七年五月三一日。

60 「军队和武警部队全面停止有偿服务工作深入推进　今年六月底前、一〇个行业必须全面彻底完成停止有偿服务任务」『解放軍報』二〇一七年三月三一日。

61 土屋貴裕『現代中国の軍事制度：国防費・軍事費をめぐる党・政・軍関係』勁草書房、二〇一五年、一四八～一五〇頁参照。

62 「一二月国防部例行記者会文字実録」国防部網、二〇一五年一二月三一日、http://www.mod.gov.cn/affair/2015-12/31/content_4634786.htm。

63 同上。

64 同上。楊報道官は「この改革は国防分野における各級政府の権限と支出責任を一層明確にするものであり、国防・軍の現代化建設の良好かつ急速な発展の促進に役立ち、軍民融合の深い発展の促進に役立つ」とも述べている。

65 Office of the Secretary of Defense, "Annual Report to Congress: Military and Security Developments Involving the People's Republic of China 2021," Arlington, VA: United States Department of Defense, 3 November 2021, pp. 142-143.

66 同上。

67 経済発展と国防建設の一体化および軍民融合発展戦略について、詳しくは、村山裕三編著、鈴木一人、小野純子、中野雅之、土屋貴裕著『米中の経済安全保障戦略：新興技術をめぐる新たな競争』芙蓉書房出版、二〇二一年七月、第四章および第五章を参照されたい。

68 詳しくは、本書第3部を参照。

69 「関於推進軍工企業股份制改造的指導意見」科工法〔二〇〇七〕五四六号、国防科学技術工業委員会、二〇〇七年六月二三日、http://www.miit.gov.cn/n11293472/n11293847/n13919762/n14041975/n14042151/n14043163/n14044571/14053775.html。

70 「国务院关于深化〝证照分离〟改革进一步激发市场主体发展活力的通知」国发〔二〇二一〕七号、中華人民共和国中央人民政府ホームページ、二〇二一年六月三日。http://www.gov.cn/zhengce/content/2021-06/03/content_5615031.htm

第7章 強化される「共産党の軍隊」

軍中党組織制度の強化

1.「党の軍に対する領導」を担保する軍中党組織

中国軍拡とそれに伴う人民解放軍の海洋進出や周辺地域における軍事的威嚇や衝突、海軍の言行などを理由として、中国共産党の軍に対する「絶対領導」に疑念がもたれている。これは、中国の海洋進出や海軍の現役将校や退役軍人の発言が、しばしば「党の軍に対する絶対領導」から逸脱しているようにみえることに起因する。

中国では、建軍以来、たびたび党および軍における政治工作と近代化とをめぐる路線対立が生じ、海軍内でも同様の路線対立が存在していた。この「革命軍」か「近代軍」かをめぐる路線対立がなくなった時期、すなわち鄧小平期以降、党の方針の下で軍の近代化が進められてきた。しかし、軍の近代化は職業軍人の発言力の増大をもたらし、他方で政治委員の地位や党の影響力の低下をもたらしたとみられている。同様に、政治委員は、マルクス・レーニン主義、毛沢東思想、鄧小平理論など政治思想を教えるに過ぎず、軍事専門職業化に伴い、相対的に武器装備に関わる専門知識に精通しておらず、不要な存在として認識されてきた。それでは、なぜ専門職業化が進む人民解放軍において、政治委員の地位が低下しているとみられているにもかかわらず、政治委員制度は今日もなくならないのか。党はどのように軍隊組織を領導しているのだろうか。

権威主義体制、とりわけ共産主義体制下の軍隊は、軍事行動に関する軍令面はもちろん、軍政面を政治・思想による統制に依るところが大きい。そのため、軍令（司令部工作）と軍政（政治工作）とを分けて考える必要があるが、専門職業化や組織に着目した分析では、両者が未分化、もしくは前者に重点が置かれてきた。また、党が海軍に対してどのように政治工作を行ってきたかは、ほとんど触れられてこなかった。

中国では、参謀機能である「司令部」も党の軍に対する領導を前提としている。そこで、本章では、軍中党組織と党代表大会、および政治委員の役割に着目し、海軍を事例に、軍事専門職業化が進むと政治将校の影響が減少し「党の軍に対する領導」を逸脱しうるという理解を見直したい。

以下、第一に、中国の党と政府と軍の関係について、組織論的アプローチから先行研究を分類・整理するとともに、本章の分析視角として人民解放軍組織に対して「ラインアンドスタッフ」組織モデルを提示したい。第二に、海軍の最高領導機関である海軍党代表大会に着目して、海軍において党の海軍戦略が共有・貫徹されてきていること、また「党の軍に対する領導」が担保されていることを示す。第三に、近代化・専門化が進む海軍における政治工作の特徴と軍事任務上の実施事例、および統制上の問題について論及する。

2．軍中党組織制度をめぐる考察

（1）中国の軍事専門職業化と軍政

まず、中国の党と国家（政府）と軍の関係について、通説や先行研究を整理した上で、本章の視角を提示したい。中国の党と国家（政府）と軍の関係については、これまで大きく分けて三つの点から説明がなされてきた。

第一に、外交部や国防部などの政府・国務院と軍とを対置させる見方がある。しかし、中国の軍隊は米中経済安全保障調査委員会（The U.S.-China Economic and Security Review Commission）などでも強調されているように党の軍隊（党軍）であり、政府の軍隊（国軍）ではない[*1]。中国では国家よりも党（とその指導者）の方が常に上位概念として規定されており、一九八二年以降は個人への権力集中回避と国家による党軍関係の承認を企図し、国家中央軍事委員会が創設されたが、国軍化や軍の影響力向上は否定され、建国以来、「党の軍に対する絶対領導」が規定されてきている[*2]。

第二に、そうした党と軍とを対置させる見方がある。中国共産党指導部と軍部との間において齟齬があるのではないかとするものである。これは、「ライン」組織としての軍隊（図7-1参照）による党の指揮・統制逸脱を意味している[*3]。党と軍を対置させる見方は、「紅」か「専」かをめぐる議論として知られている。「紅」は共産党のイデオロギーや政治、「専」は専門的な知識や技術、装備を指す。毛沢東時代には「紅」が優先するこ

図7-1　ライン組織としての軍の指揮系統

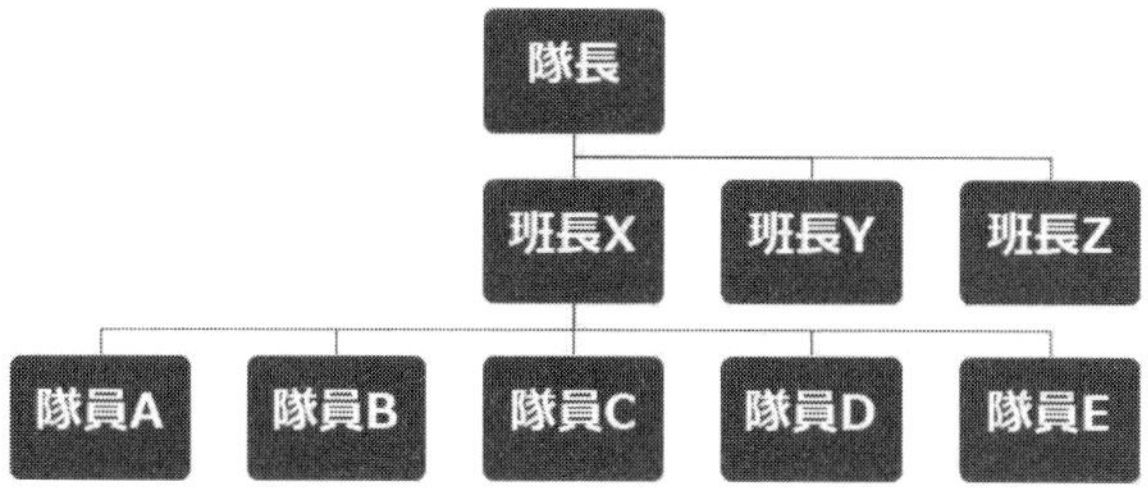

（出所）筆者作成。

とが強調されたが、鄧小平時代には、「専は紅と等しくはないが、紅は必ず専でなければならない」(中国語では「専併不等于紅、但是紅一定要専」)と位置づけられ、両者は二者択一の概念ではないとされた*4。

もし軍が海洋進出やそれに伴う言動や行動を行っているのだとすれば、それは党や政府の軍に対する統制がとれていないことを意味しており、中国のみならず日本を含む近隣諸国や国際社会にとって深刻な問題であると言える。

こうした見方に対して、中国共産党のみならず人民解放軍の高官らも「党の軍に対する絶対領導」が貫徹されていると否定している。実際、少なくとも一九二九年一二月の古田会議から今日にいたるまで軍によるクーデターや独立は起きてはおらず、防衛研究所(二〇一二)などでも「党の軍に対する領導」が揺らいでいないことが指摘されている*5。

(2) 中国人民解放軍の軍中党組織

第三に、軍内政治に着目する見方である。これは、さらに二つに分類することができる。

一つ目は、軍内における「紅」か「専」か、すなわち革命化か専門化・近代化かという路線対立の軸を強調するものであり、政治委員と職業軍人とを対置させる見方である。これは、ライン組織としての軍内に、職能(ファンクショナル)別の対立軸が存在し、二元統制の問題が生じているとみなす考え方である*6。

「職能別(ファンクショナル)組織」(図7-2参照)においては、管理者相互の機能分割を適切に行いにくく、権限争いが生じることがある。また、担当者が二人以上の管理者から命令を受けるため、混乱しやすいという特徴がある。

中国では、建軍以来、たびたび党および軍における政治工作と近代化とをめぐる路線対立が生じ、海軍内でも同様の路線対立が存在していた。この「革命軍」か「近代軍」かをめぐる路線対立がなくなった時

図7-2　職能別（ファンクショナル）組織としての軍の指揮系統

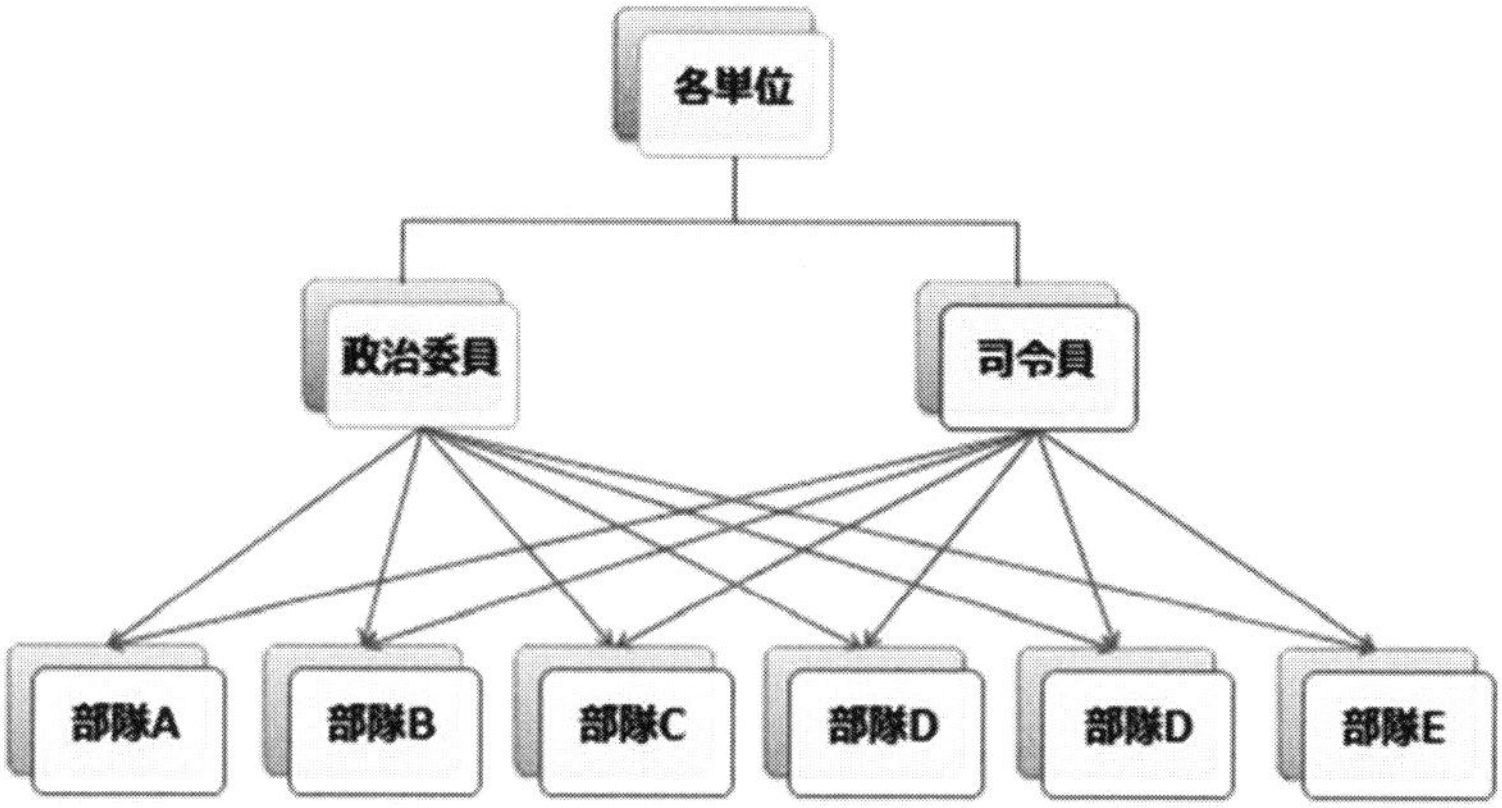

（出所）筆者作成。

図7-3　事業部制組織としての中国人民解放軍海軍組織

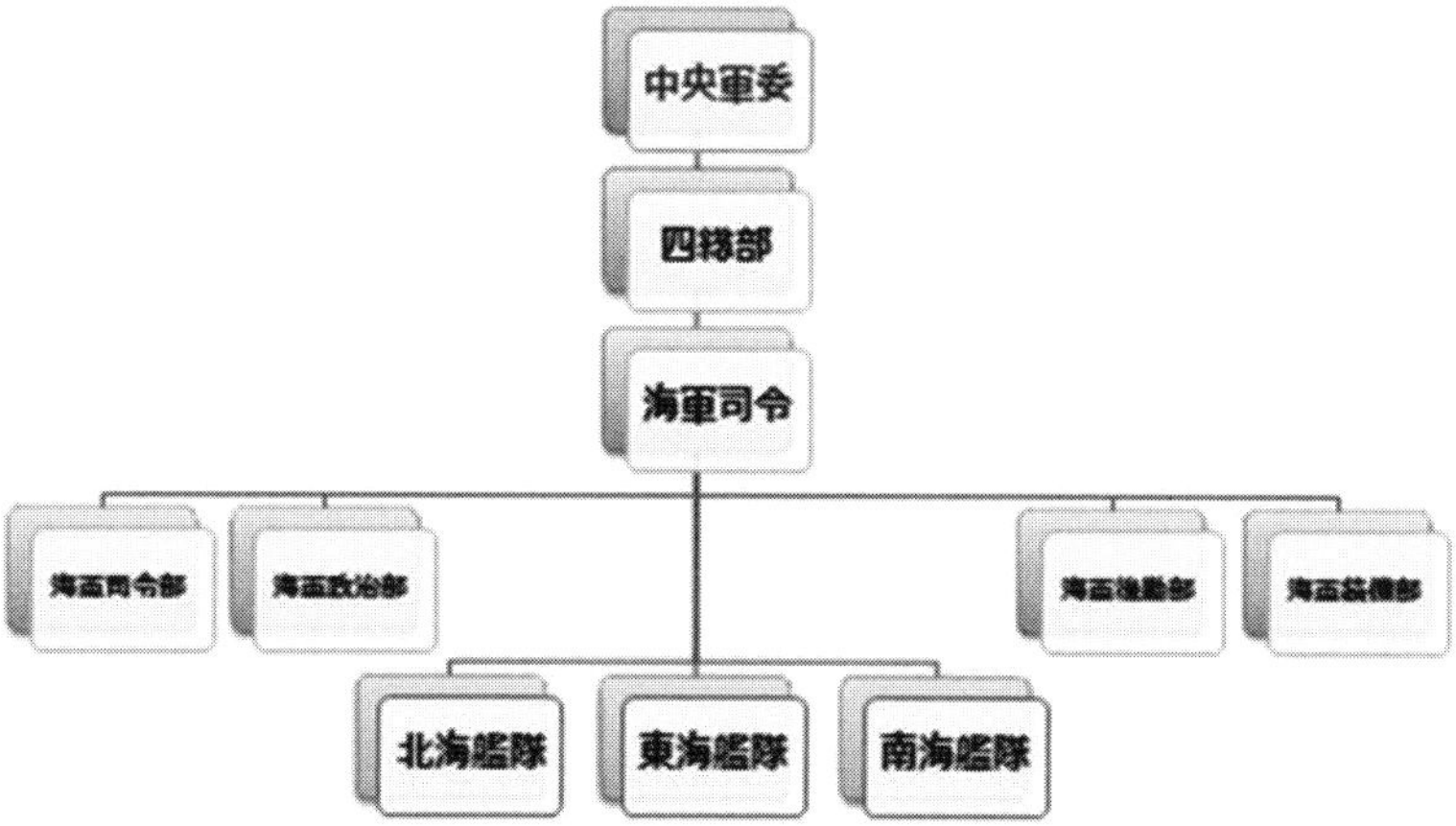

（出所）Office of Naval Intelligence（2009），p.12を基に筆者作成。

期、すなわち鄧小平期以降、党の方針の下で軍の近代化が進められてきた。しかし、軍の近代化は職業軍人の発言力の増大をもたらし、他方で政治委員の地位や党の影響力の低下をもたらしたと考えられている。

この政治委員と司令員（指揮官）について、これまでに先行研究では、両者が同格であることや、党委員会では政治委員が優位とすることで党の領導が保障されていることなどが指摘されてきた*7。しかし、近年、海軍の党委員会内では原則として政治委員の方が司令員より上位であるが、歴史的には司令員が上の場合もあり、こうした説明だけでは不十分である。そこで、両者の関係を見直す必要があるものと考える。

二つ目は、軍内の一部、たとえば軍区や海軍、空軍などの独立した兵種が党の指示を無視するか、先んじた行動にでるなど一部の統制に問題があるとする見方である。これは、米海軍情報部（Office of Naval Intelligence、2009）など欧米の軍隊に対する一般的な捉え方に基づくものである*8。司令部などをスタッフの参謀機能と捉える一方で、軍区や独立兵種を「事業部制組織」（図7-3参照）とみなす考え方である*9。しかし、この説明では、軍内の党組織および政治委員と職業軍人との関係について説明されていない。また、米海軍情報部（二〇〇七）では、第3章で政治工作制度について分析されているが、こうした政治工作と司令部および軍事専門職能との関係は必ずしも明確ではない*10。そのため、党組織領導のメカニズムを分析する必要があるものと考える。

（3）ラインアンドスタッフモデル

以上の見方に対して、本章では、中国人民解放軍を「ラインアンドスタッフ」組織とみなした上で、「スペシャルスタッフ」である司令員や司令部といった参謀職能のみならず、「ゼネラルスタッフ」である政治委員や軍中党組織といった管理・サービス職能を「スタッフ」、職業軍人や軍事専門職能を「ライン」として捉えなおし、軍事専門職業化が進むと政治将校の影響が減少し「党の軍に対する領導」を逸脱しうるという理解を再考したい。

そもそも、軍隊が「ラインアンドスタッフ」組織であることは言うまでもない。この場合、「ライン」は部隊や下士官を指し、「スタッフ」は司令部および指揮官を指す。中国でも、軍自身が「司令部は参謀部とも呼ばれ、英文名称はスタッフ（staff）である」と定義している*11。参謀機能としての「スタッフ」は、ラインの意見を汲み、専門的見地から郡の戦術を策定し、戦略を提言する。当然、党はこうした意見や情勢判断を踏まえて戦略を決定している。

しかし、一般的に、スタッフ組織は二つの機能を持つ。一つは参謀機能であるが、もう一つが管理・サービス機能である。中国では、政治委員（教導員、指導員）制度が存在している。彼らは軍令系統の「スタッフ」ではない。無論、「ライン」にも属していない。いわゆる「直接部門」ではないが、だからといって超組織的存在というではなく、「間接部門」として、「ライン」に対して管理・サービス機能を担っている。そこで、彼らは軍政系統の「スタッフ」として位置づけるべきである。

司令員と政治委員、両者の関係は、軍令については司令員が行うため、ラインへの指揮は一元的である。しかし、権威主義体制、とりわけ共産主義体制下の軍隊は、軍事行動に関する軍令面、「司令部」工作も「党の軍に対する領導」が前提であり、政治委員が副署権を有するとともに、党委員会の承認を経るなどが『司令部工作条例』によって規定されており、「党の軍に対する絶対領導」が貫徹されている*12。また、それは軍政面でも貫徹されており、党は政治・思想面と予算・財務面から軍を統制している*13。

そのため、欧米の軍隊と同様に、「スタッフ」を司令部もしくは司令員としてのみ理解することには限界がある。司令員と政治委員は、ともに党委員会（党委）委員であるが、この党委委員は軍内の党代表大会で選出され、かつ党および中央軍事委員会の領導を受ける。そのため、党内の路線対立が軍に反映されることはあるにせよ、政治委員と司令員はともに党委員会の委員（党員）であり、対立軸ではない。

なお、党代表大会とは、五年に一度開催され、団級以上の単位や部隊に所属する代表が出席する人民解放軍内における中国共産党の領導機関である。習近平政権下では、二〇一二年一二月に行われた第二砲兵部隊の党代表大会が、また二〇一四年には空軍党代表大会が行われてきた。さらに、二〇一六年初の軍種再編によって新たに創設された軍種についても党代表大会が開催されている。具体的には、二〇一六年七月二八日に第一回陸軍党代表大会が開催され*[14]、翌月八月二九日には第一回戦略支援部隊党代表大会が*[15]、また、九月二六日には二〇一二年の開催から四年しか経過していないものの、第一回ロケット軍党代表大会が開催された*[16]。さらに、二〇一七年五月二四日には、海軍党代表大会が行われた（表7-1参照）。

また、人民解放軍内には、この党委員会をはじめとして党支部といった軍中党組織、政治部や政治処といった政治機関、および政治委員や教導員・指導員といった人員が軍内の各階層・各職能に設置されており、これらは『中国共産党軍隊委員会条例』、『政治工作条例』によって規定され

表7-1　習近平政権下での軍中党代表大会

時期	回次	軍種	政治委員	司令員
2012年12月	第8回	第二砲兵部隊	張海陽	魏鳳和
2014年5月	第12回	空軍	田修思	馬曉天
2016年7月	第1回	陸軍	劉雷	李作成
2016年8月	第1回	戦略支援部隊	劉福連	高津
2016年9月	第1回	ロケット軍	王家勝	魏鳳和
2017年5月	第12回	海軍	苗華	沈金龍
2018年2月	第3回	人民武装警察部隊	朱生嶺	王宁
2019年6月	第13回	空軍	於忠福	丁来杭
2022年6月	第13回	海軍	袁華智	董軍

（出所）各種資料を基に筆者作成。

ている＊17。このように、「党の軍に対する領導」が末端まで貫徹されている。

3．海軍党代表大会と戦略の共有

（1）海軍党代表大会にみる党領導

前述のように、こうした党委員会の委員は、中国共産党の軍党代表大会によって選出される。党代表大会とは、五年に一度開催され、団以上の単位・部隊に所属する代表が出席する人民解放軍海軍における中国共産党の領導機関である＊18。それでは、この党代表大会は軍内でどのように機能しているのだろうか。以下、海軍党代表大会に焦点をあてて分析していく。

海軍党代表大会の職責は、海軍の党委員会の報告を聴取・審査すること、海軍の党紀律検査委員会の報告を聴取・審査すること、海軍の重要問題を討論、決議すること、海軍の党委員会・党紀律検査委員会の選挙を行うこととなっている＊19。海軍党代表大会の閉会期間は、海軍の党委員会が必要に応じて代表会議を召集し、解決が必要な問題の討論・決定が行われる＊20。

またこの海軍党代表大会に先立ち、中国共産党海軍部隊各級代表大会が行われるが、団以上の単位に所属する代表が出席する艦隊、海軍航空兵部の党代表大会、営級以上の単位に所属する代表が出席する海軍基地、艦隊航空兵等軍級単位の党代表大会、連級以上の単位に所属する代表が出席する艦艇支隊、航空兵師、海軍水警区等師級単位、旅・団級単位の党代表大会と多層的に行われていることがわかる（図7-4参照）。

このように、海軍において、党は、軍中党組織、人員、および政治機関を各単位に設置し、それらを党

図7-4　中国共産党海軍代表大会と各級代表大会の階層

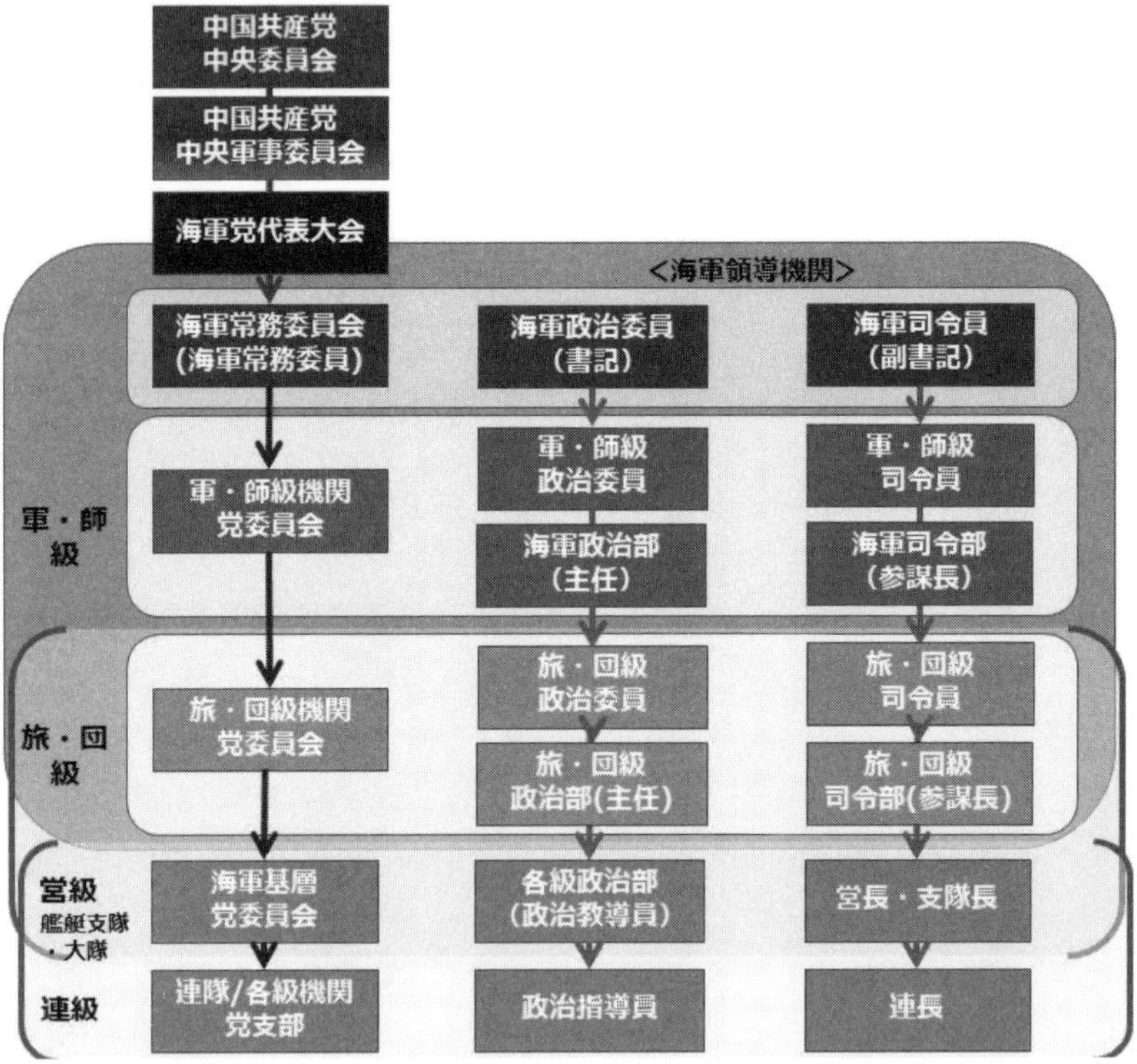

(出所)中国海軍百科全書編審委員会編『中国海軍百科全書』上・下巻(北京:海潮出版社、1998年)等を基に筆者作成。

委員会で結び、さらに党代表大会によって、点から線、線から面へと「党の軍に対する絶対領導」を徹底しているのである。

（２）中国海軍政治工作の史的展開

党および中央軍事委員会による海軍戦略は、海軍党代表大会で政治委員や司令員らが共有し、貫徹すべく海軍建設の目標を確定されている。つまり、党および中央軍事委員会が決定する海軍戦略は党代表大会を通じて軍内で共有され、それに基づき海軍建設の目標が確定しているというメカニズムとなっている。そこで問題となるのが、党代表大会における司令員と政治委員の関係である。

海軍の党代表大会は、建国以来、コロナ下のオンライン開催を含めてこれまでに一三回開催されている（表７-２参照）。第一回から第三回目までは司令員が第一書記であったが、プロレタリア文化大革命期の一九六九年に開催された第四回の党代表大会で、李作鵬が政治委員として初めて第一書記に就任し、司令員が第二書記とされた。これ以降、文革終了後も、党代表大会の書記は政治委員が務めることとなり、党の軍事戦略方針を報告し、党代表大会参加者らの間で共有している。

また、中国共産党中央や中央軍事委員会の指導者が会期中に代表らと会見し、直接重要指示を行うこともある。たとえば、前述の通り、二〇一一年一二月七日には、第一一回海軍党代表大会の会期中、胡錦濤が「海軍のモデル転換を加速し、軍事闘争への備えを拡充・深化し、海軍の近代化を着実に推進し、国家の安全と世界の平和を守るために一層貢献しなければならない」と重要指示を行った＊21。

また、二〇一七年五月二四日には、第一二回海軍党代表大会の開催に際し、習近平が中国共産党中央総書記、国家主席、中央軍事委員会主席の肩書きで海軍機関を視察し、海軍党代表大会の代表および海軍機関の正師職（少将または大校の軍職位）以上の指導幹部に接見した。

習近平は、海軍の活動報告を聴取した後、重要講話を行い、「強大な海軍を建設することは世界一流の軍隊を建設する上での重要なメルクマールであり、海洋強国建設の戦略的な下支えであり、中華民族の偉大な復興という中国の夢の実現の重要な構成要素である」と強調した上で、以下のように指摘した。

「国家の安全保障戦略や軍事戦略の要求を貫徹し、海軍のモデル転換建設を科学的に統括、推進しなければならない」、「作戦のニーズによる導きを強化し、実戦訓練、合同戦闘訓練を堅持し、戦闘力の基準を海軍のモデル転換建設の全過程、各方面にまで貫かなければならない」。「体系建設を堅持し、機械化建

表7-2　中国共産党海軍党代表大会の変遷

	開催時期	代表者数	(第一)書記	第二書記	第三書記	副書記
第1回	1956年6月	307+77人	■蕭勁光	–	–	○蘇振華 □王宏坤
第2回	1960年7月	380+9人	■蕭勁光	●蘇振華	–	□王宏坤 ○杜義徳 □劉道生
第3回	1964年1月	420+21人	■蕭勁光	●蘇振華	–	□王宏坤 □李作鵬 ○杜義徳
第4回	1969年5月	669+125人	●李作鵬	■蕭勁光	◎王宏坤	□呉瑞林 ○張秀川
第5回	1977年12月	918人	●蘇振華	■蕭勁光	◎杜義徳	□劉道生 ○盧仁灿
第6回	1986年12月	764人	●李耀文	–	–	■劉華清
第7回	1991年12月	689人	●魏金山	–	–	■張連忠
第8回	1996年12月	588人	●楊懐慶	–	–	■石雲生
第9回	2001年12月	N.A.	●胡彦林	–	–	■石雲生
第10回	2006年12月	N.A.	●胡彦林	–	–	■呉勝利
第11回	2011年12月	N.A.	●劉曉江	–	–	■呉勝利
第12回	2017年5月	N.A.	●苗華	–	–	■沈金龍
第13回	2022年6月	N.A.	●袁華智	–	–	■董軍

(出所)中国海軍百科全書編審委員会編『中国海軍百科全書』下巻(北京:海潮出版社、1998年)、1931〜1934頁、『人民日報』、および『解放軍報』等を基に筆者作成。
(注)記号は、それぞれ●政治委員、◎第二政治委員、○副政治委員、■司令員、□副司令員を表している。また、代表者数の後方の数字について、第1・3・4回は列席者数、第2回は候補代表者数を表している。

設、情報化建設を統一的に段取りし、近海と遠洋の部隊建設を統一的に段取りし、水上と水中、空中などの部隊建設を統一的に段取りし、作戦部隊と保障部隊の建設を統一的に段取りし、体系的な作戦能力の形成を確保しなければならない」。

習近平は、こうした海軍のモデル転換に加えて、思想、政治面からも『四つの意識』（政治意識、大局意識、核心意識、看斉意識）を強化し、党中央の権威を断固擁護し、党の軍に対する絶対的な指導を少しの揺るぎもなく堅持し、古田全軍政治工作会議の精神を掘り下げて貫徹し、テーマ別の教育活動を着実に繰り広げ、『両学一做』（党の規約・規定を学び、一連の講話を学び、適格な党員になる）学習教育の常態化と制度化を推し進め、イデオロギー活動を適切にしっかり行い、郭伯雄、徐才厚の害毒の影響を全面的かつ徹底的に一掃し、人民海軍が党に忠実で、万里を航行しても迷わないことを確保しなければならない」と強調した。

こうした指導者の重要講話の内容は、党代表大会および同代表を通じて、軍内で研究、学習され、末端まで貫徹されることとなる。

4．海軍に対する政治工作の展開

（1）海軍における政治工作の特徴

以上の通り、党は、軍事専門職業化を進めるとともに、党の領導を末端まで共有・貫徹することで、主体的文民統制を確立している。しかし、軍の専門職業化は、主体的文民統制が確立しにくいという側面を持っている。

とりわけ、海軍は政治工作が困難な軍種である。それは、中国海軍政治部自身が、多兵種の合成軍種であり、装備技術が複雑で、技術幹部が多く、艦艇や航空機が独立活動し、機動性が高く、渉外任務が多いためであると認識している*22。その海軍において、これまでのところ「党の軍に対する絶対領導」の原則が貫徹されてきているのは、政治工作が中央軍事委員会および総政治部を通じて、海軍政治部によって内部実施されており、また制度強化されてきているからである。

具体的には、政治工作は水面船艇部隊、潜水艇部隊、航空兵、岸防兵、陸戦隊など、兵種ごとに設定されており、各兵種の特性に合わせて実施されているという。その政治工作は、組織工作、幹部工作、宣伝教育・文化工作、群衆・連絡工作、政法工作など多様な手法によって複合的に実施されている。

（2）海軍の軍事任務上の政治工作

他方、任務執行時や訓練時の政治工作はどのように行われているのだろうか。海軍では、軍事訓練、後勤保障、装備建設、院校、部隊戦備執勤、接艦修艦、基層、部隊渉外活動、戦時工作など、さまざまな任務執行時において政治工作が展開されている。軍事任務執行時には、マルクス・レーニン主義や毛沢東思想などを学習している場合ではなく、それゆえ政治工作がないがしろになると思われるが、他方で軍隊の士気を鼓舞し続ける必要がある。

そのため、ライン部門の士気を鼓舞し、錬成度を増すなど、海軍のあらゆる行動面において政治工作を展開、党の意思を貫徹しようとしている。これは、ソ連に端を発するコミッサール制本来の役割であると言える。政治委員は「部隊の父、そして魂」であると同時に、「臆病者や（党に対する）裏切り者を射殺する」のが本来の役割であり、政治委員は職業軍人以上に好戦的な側面を持っているものである。

通説では、軍が党よりも好戦的だと思われている。たとえば、予算を獲得するために軍事的緊張を高めているのだという説明は一定の説得力を持つ。そうした側面があることは否定しないが、予算は党が予算計画に基づき総枠管理しているものであり、軍の近代化、戦闘準備自体も党の指示に基づくものである。その多くは、『解放軍報』や中国中央テレビなどの報道に依っている。その報道を担当しているのは軍の総政治部であり、党委員会の領導の下で、宣伝工作を行っている。このことから、党が軍の士気を高めている側面の方が強いであろう。

なお、戦時政治工作の一例として、中国が南沙諸島の全域を実効支配するに至った一九八八年のスプラトリー諸島海戦（赤瓜礁海戦）の事例をみてみたい。一九八八年三月三〇日、「南沙海区の巡廻任務執行中、三月一四日赤瓜礁海域でベトナムによる武装挑発の反撃闘争において、侵入者を厳重に懲罰し、国家主権と領土保全に貢献した」として５５６湘潭艦（０５３Ｈ１型護衛艦）、５３１鷹潭艦（０５３Ｋ型護衛艦）の功三級（三等功）を決定している*23。

同年五月一七日、中央軍事委員会の南沙闘争強化の指示の実行貫徹のため、海軍政治部が軍以上の単位に「南沙闘争における思想政治工作強化に関する指示」が発布されている*24。具体的には、①南沙闘争の性質、任務、および重要意義をさらに認識し、南沙の主権を保衛するために長期戦闘準備を行うこと、②領導スタッフ建設を強化し、党支部・人員の模範的作用を発揮すること、③政策紀律の観念を増強し、部隊の高度な集中統一を保持すること、④経常的な思想工作を強化し、部隊の物質文化生活を改善すること、⑤ベトナム軍に対する政治攻勢を強化し、敵軍の工作を瓦解すること、⑥各級党委・政治機関は適切に政治思想工作に対する領導を強化すべし、といった指示が出されている。

このように、中央軍事委員会の指示に基づき、海軍政治部が展開する思想政治工作は軍内の服務指導や紀律管理にとどまらないことが看て取れる。

近年でも、たとえば二〇一三年六月上旬に北海艦隊の「某」潜水艦支隊（小艦隊）が「敵」の電磁干渉等、二十数種の突発状況を設け、情報条件下の戦時政治工作演習訓練を展開したことが報じられた*25。

また、三艦隊合同の軍事演習「機動五号」でも、遠海作戦下の戦時政治工作に関する士気の高揚や頑強な作風を維持するための小活動などの訓練が行われたことが報じられている*26。

5．軍内監督の限界

以上、本章では、「党の軍に対する領導」はどのように担保されているかという点について、スタッフとしての政治部と政治委員、司令部と司令員、ラインとしての職業軍人の関係を組織面から整理し直した。その上で、党はどのように海軍における政治工作を展開しているかという点について、軍中党組織と政治将校の配置、党代表大会という制度面、および兵種ごとに多様な手法であらゆる行動面に対して行われている政治工作の実態面について検証した。

党は、軍の近代化を進めるとともに、政治工作を強化することで、主体的文民統制を確立しており、党および中央軍事委員会の海軍戦略も海軍党代表大会において共有され、それを貫徹すべく海軍建設の目標が設定されていると言えるだろう。一連の中国の海洋進出が党の決定・方針に基づくものか、軍の独走とみるかは、日本をはじめとする近隣諸国や地域の安全保障政策上、対応を左右する極めて重要な問題であり、それゆえ、中国の党と軍との関係を理解することが肝要である。

ただし、党と軍との関係に問題がないわけではない。第一に、ラインが党の意思やスタッフに背く可能性が挙げられる。具体的には、新兵の希薄な士気や愛党意識、ライン部門である職業軍人の不満、党の領導に対する疑念などがその例である。しかし、こうした問題は、あらゆる「ラインアンドスタッフ」組織に共通するものである。

第二に、スタッフが党の意思に背く可能性が挙げられる。具体的には、腐敗・汚職などである。汚職の例としては、二〇〇六年三月には海軍副司令員であった王守業（中将）が汚職の嫌疑で免職、二〇一七年にも楊世光・海軍政治工作部主任（中将）や蘇支前・海軍副司令（中将）が免職となるなど、スタッフである海軍高官においてもこうした問題が依然として存在していることをうかがわせる＊27。

腐敗の一例としては、一九九五年（一一月二日）に、南海艦隊の沙角訓練基地で手榴弾三発、子弾二〇発が軍内で盗まれる事件や、某連隊の党支部では三二名の党員のうち一一名に出稼ぎの若い女性との往来が発覚、一三名の退役させられた兵士のうち一二名が党員、うち四名が夜に帰営せず、みだらな男女関係があったことが発覚するなど枚挙に暇がない＊28。

もちろん、軍内には紀律検査委員会が存在し、委員会委員も党代表大会で選出されるわけであるが、汚職・腐敗の事例からは軍内監督の限界が垣間見える。それゆえ、党委員会機関もまた作風の改進を迫られている＊29。こうした事例は「党の軍に対する領導」を揺るがしかねない問題であるが、しかし、これらの事例を以て軍の統制がとれていないと結論付けるのは早計であろう。

＊註

1 The U.S.-China Economic and Security Review Commission, *2013 Annual Report to Congress*, November 20, 2013, p.211, http://origin.www.uscc.gov/sites/default/files/Annual_Report/Chapters/Chapter%202%20China%27s%20Impact%20on%20U.S.%20Security%20Interests.pdf.

2 詳しくは、土屋貴裕、前掲書、第一章を参照。

3 単一の指揮命令系統で結ばれている縦型の組織形態。組織が目的とする業務・活動を直接担当する部門。

4 「目前的形勢和任務（一九八〇年一月一六日）」『鄧小平文選』第二巻、北京：人民出版社、一九九四年、二六二頁。

5 防衛省防衛研究所『中国安全保障レポート２０１２』防衛省防衛研究所、二〇一二年、六～八頁。
6 「職能別（ファンクショナル）組織」とは、部下が職能別に専門化した複数の上司から指令を受ける組織形態。
7 たとえば防衛省防衛研究所、前掲、七頁など。
8 Office of Naval Intelligence, *The People's Liberation Army Navy: A Modern Navy with Chinese Characteristics*, November 2009, http://www.fas.org/irp/agency/oni/pla-navy.pdf.
9 「事業部制組織」とは、地域別・事業別に組織された単位としての事業部と全体の戦略的決定を行う本部とを複合した組織形態。
10 Office of Naval Intelligence, *China's Navy 2007*, March 2007, http://www.fas.org/irp/agency/oni/chinanavy2007.pdf, pp.17-22.
11 張異凡主編『司令部工作与建設教程』北京：軍事科学出版社、二〇一三年、一頁。
12 土屋、前掲書、第二章参照。
13 同上、第三章参照。
14 「習近平八一前夕視察陸軍机関時強調 在新的起点上加快推進陸軍転型建設 努力建設一支強大的現代化新型陸軍向人民解放軍指戦員武警部隊官兵民兵預備役人員致以節日祝賀」『解放軍報』二〇一六年七月二八日。
15 「習近平：努力建設一支強大的現代化戦略支援部隊」新華網、二〇一六年八月二九日。http://news.xinhuanet.com/politics/2016-08/29/c_1119474761.htm、および「習近平在視察戦略支援部隊機関時強調 担負曆史重任瞄准世界一流 勇于創新超越 努力建設一支強大的現代化戦略支援部隊」『解放軍報』二〇一六年八月三〇日。
16 「習近平在火箭軍機関視察時強調 牢記曆史使命 提昇戦略能力努力建設一支強大的現代化火箭軍」『解放軍報』二〇一六年九月二七日。
17 なお、防衛研究所（２０１２）でも示されているように、点在する軍中党組織・人員は各単位の党委員会の領導を受け、その各単位の党委員会は軍隊党委員会の領導を受け、軍隊党委員会はさらに上級の軍隊党委員会の領導を受ける。防衛省防衛研究所、前掲、七〜八頁。
18 中国海軍百科全書編審委員会編『中国海軍百科全書』下巻、北京：海潮出版社、一九九八年、一九三一頁。
19 同上。
20 同上。
21 「胡錦涛分別会見海軍党代会和全軍装備工作会議代表」人民網、二〇一一年一二月七日、http://politics.people.com.cn/GB/1024/16519757.html。
22 たとえば、『人民海軍的生命線：海軍政治工作四十年歴史経験』北京：解放軍出版社、一九九二年、一頁、および中国海軍百科全書編審委員会編、前掲書、下巻、一九五六頁参照。
23 「中国人民解放軍紀律条令」［二〇一〇］軍発二二号（中華人民共和国中央軍事委員命令）の第二四条では、「三等功」は作戦達成に対してより大きな貢献をしたものに与えられるものと規定されている。
24 海軍政治部編研室編『中国人民解放軍海軍政治工作大事記』北京：国防大学出版社、一九九三年、六一二頁。
25 武振平、王明生「北海艦隊某潜艇支隊開展戦時政治工作演練」『解放軍報』二〇一三年六月一四日。
26 周遠、高毅「深藍政工、助力戦場打贏」『解放軍報』二〇一三年一〇月二八日。
27 なお、王守業は一九九七年から二〇〇一年まで総後勤部基本建設営房部部長を務めており、その際に汚職に携わり、一・六億人民元を横領したことなどを理由に無期懲役の判決が下されている。詳しくは、禹燕著、女性与廉潔文化研究中心編『腐敗床榻-反権色交易調査報告』群衆出版社、二〇〇九年参照。
28 海軍政治部辨辦公室編『海軍政治工作：一九九六年文選』北京：海潮出版社、一九九七年、一九二頁。
29 「海軍党委機関改進作風先従本級抓起」『解放軍報』二〇一三年四月一二日。

第3部

「兵営国家」化する中国

軍事力の増大は何をもたらすか

中国の経済成長が限界に近づき、逓減していく中で、軍事力を増大し続けることができるのか。ポール・ケネディ（Paul Kennedy）の『大国の興亡』（The Rise and Fall of the Great Powers）では、「大国の後退局面」において軍事力の増大が財政破綻を招くと指摘されている。国防費の伸び率を突出させることが困難な状況で、中国は国防と経済を両立させるために如何なる知恵を持っているのだろうか。

第3部では、目標の実現可能性および体制の持続可能性を考察すべく、習近平政権下で進められている新たな「人民戦争」とも呼ぶべき軍と民間との融合の実態と、軍と社会との関係の変化を説明していく。

第8章では、習政権下の国家安全戦略を、国家安全（ナショナル・セキュリティ）法および網絡安全（サイバー・セキュリティ）法に焦点を当てて分析するとともに、軍民融合と国防科技工業の発展から習近平の新たな「人民戦争」について説明する。

第9章では、中国の軍備管理、軍縮、および不拡散に関する政策と国際レジームへの参加状況を概観した上で、近年の中国の武器輸出入の動向および中国国内の武器輸出入に関する国内体制とその資本について考察し、中国の軍備管理・不拡散をめぐる二面性を指摘する。

第10章では、中国の軍と社会との関係を分析する枠組みとして、「兵営国家」について説明した上で、中国社会における「兵営国家」化を、国防動員・徴用と国防宣伝教育・プロパガンダの二つの側面から分析する。

第11章では、どのような形で「強軍目標」を達成しようとしているのか、「最高統帥」としての習近平が抱く「強軍の夢」は実現するのかについて、二期一〇年の軍改革を振り返り、三期目の軍事改革の焦点について説明し、今後の中国の軍事改革の行方を探りたい。

第8章 ❖ 習近平の新たな「人民戦争」
軍民融合による国家安全

1. 国防白書「中国の軍事戦略」と習近平政権下の国家安全戦略

二〇一五年三月一二日、第一二期全国人民代表大会（全人代）第三回会議の人民解放軍代表団全体会議に出席した習近平国家主席は、人民解放軍の代表団に対する重要講話の中で、「国家の主導作用を発揮させ、市場の作用を発揮させ、全要素、多分野、高効率の軍民融合発展枠組みを構築して（軍民）融合の形式を豊かにし、融合の範囲を拡大し、融合のレベルを高めていく」ことを強調した*1。

全人代から二か月後の五月二六日には、中国の二〇一五年版国防白書「中国の軍事戦略」が公表された*2。これは、一九九八年から数えて九つ目の国防白書であり、二〇一三年版の白書「中国武装力の多様な運用」と同様、以前の網羅的な内容から特定のテーマに絞って説明する形へと変更されたものである。多くのメディアは、白書の内容が従来から言及されていたものであることを指摘した上で、海上の「軍事闘争準備」に重点を置いてこれを報じた。

たしかに、白書で示された中国の軍事戦略については、これまでに軍内資料をはじめとして、さまざまな形で言及されてきたものである*3。しかし、同白書は、中国を取り巻く国際安全情勢を踏まえ、軍隊の使命と戦略任務、「積極防御」の戦略方針、軍事力の建設発展、長期化する海上権益闘争と軍事闘争準備、および軍事安全協力について対外的に説明したものであり、必ずしも海上権益闘争や軍事闘争準備にのみ重点が置かれたものではない。

それでは、白書に示された中国の軍事戦略は、どこに重点が置かれていたのであろうか。公表同日の記事では、中国軍事科学院の専門家数名が白書のポイントを一〇にまとめて解説している*4。特筆すべきは、「情報化局地戦争への勝利を軍事闘争準備の基本とする」こと、海洋・宇宙・サイバー・核などの「重大安全領域の重点発展」が新たに掲げられたことであるという。これらを支えているのが、軍民融合による国家安全戦略であると考えられる。

つまり、習近平政権下では、軍民融合を深化・加速し、「国防」や国家安全戦略を軸に「積極防御」のための軍事力を強化し、「軍事闘争準備」を進めているのではないだろうか。以下、本章では、習政権下の国家安全戦略を、①国家安全（ナショナル・セキュリティ）法および網絡安全（サイバー・セキュリティ）法草案と、②軍民融合と国防科技工業の発展を中心に分析していきたい。

2. ナショナル・セキュリティとサイバー・セキュリティ

（1）国家安全委員会の創設と「国家安全法」の制定

習近平政権下において、国家安全戦略を司るのは第4章でも詳述した国家安全委員会である。同委員会は、二〇一三年一一月一二日に成立、中華人民共和国国家安全委員会と、中国共産党中央委員会の下部機構として設置された中国共産党中央国家安全委員会との「二枚看板」からなる。これは、中央軍事委員会が党と国家の「二枚看板」であるのと同様に、日常工作は党名義、法律法規や規章類は国家名義で行い、党の領導と国家の承認とを分けたものと考えられる*5。

前述の通り、二〇一四年四月一五日、中国共産党中央国家安全委員会の第一回会議で、習近平は「総体国家安全観」に関する戦略思想を初めて打ち出した。「総体国家安全観」の対象範囲は、当初は「政治、国土、軍事、経済、文化、社会、科学技術、核、情報、生態、資源」の安全という一一項目であり、「これらの『安全』を守るのが『総体国家安全観』の要」であると位置づけた。その後、総体国家安全観には海外利益やバイオ・宇宙・極地・深海の安全など新領域も加えられた。

こうした「総体国家安全観」に基づき、二〇一五年七月一日、「中華人民共和国国家安全法」が第一二期全人代常務委員会第一五回会議で採択され、即日公布・施行された*6。同法は、「国家の安全を擁護し、人民民主専制政権と中国の特色ある社会主義制度を守り、人民の根本的利益を保護し、改革・開放と社会主義現代化建設の円滑な推進を保障し、中華民族の偉大な復興を実現するため」（第一条）に制定されたものであることが条文に示されている。

同法では、国家安全を「国家の政権、主権、統一と領土保全、人民の福祉、経済・社会の持続可能な発展と国家のその他の重大な利益が相対的に危険のない状態、ならびに内外からの脅威を受けない状態にあること、および持続的な安全状態を保障する能力を指す」（第二条）と定義し、政権転覆や機密漏洩の防止、国家の主権や領土の保全、経済秩序の擁護、資源の確保、ネットワーク・情報安全保護能力の強化などについて明文化した。

国家安全法についても、新華網が、公布の同日に中国が強調したいポイントについて解説記事を掲載している。同記事では、①総合的、全面的、基礎的な国家安全法である点、②国家の経済安全の維持・保護、

③文化安全の確保、④国家のサイバー主権の維持・保護、⑤宇宙・深海・極地などの新たな領域の国家安全のために法律によるサポートを提供した点、という五つが挙げられている*7。

（2）「サイバー・セキュリティ法」と治安維持

実際、国家安全法の第三二条には、「国は宇宙空間、国際海底区域、極地での活動、資産、およびその他利益の安全を守る」ことが規定されている。また、第二五条には、インターネット情報システムの安全など、サイバー・セキュリティに関する条文が加わった。同法の公布に先立ち、二〇一五年六月二四日、「サイバー・セキュリティ法」（「網絡安全法」）の草案が全人代常務委員会第一五回会議で審議され、二〇一六年一一月七日に可決、翌二〇一七年六月一日に施行された*8。同法は二〇二二年九月一二日付で、改正に向けた意見請求稿が公開された*9。この改正により、関連する違法行為に対する罰則が大幅に引き上げられた。

このように、党はナショナル・セキュリティの中でもサイバー・セキュリティの重要性を強く認識しており、二〇一四年二月二七日には、中国共産党中央インターネット安全・情報化領導小組が新たに創設、初会合が実施された*10。同会議では、「中央インターネット安全・情報化領導小組工作規則」、「中央インターネット安全・情報化領導小組辦公室工作細則」、「中央インターネット安全・情報化領導小組二〇一四年重点工作」が策定された。

同小組は党中央から一〇人、国務院から一一人、人民解放軍から一人の計二二人で構成されており、内一二人が中央全面深化改革領導小組の構成員と重複している。習近平自らがこの領導小組の組長に就任していることからも、党のサイバー・セキュリティに対する関心の高さがみてとれよう。同小組はネット産業の振興やネット上の言論制限、サイバー戦争対策などの政策統括を目的としているが、その詳細は明らかにされていない。

それでは、なぜ党はネット世論とその統制を重視しているのであろうか。それは、国民の直接的な不満や陳情の受け皿が脆弱であり、インターネット世論の動向を注目せざるを得ないからである。また、近年の中国における群体性事件の急増とそれに伴う公共安全費の増額は、サイバー空間においても国外のみならず国内からの攻撃に晒されていることを間接的に示している。そのため、各地方政府レベルでも積極的にネット安全と情報化に取り組んでいる。

国防費は約九割を中央が支出しているが、公共安全費の多くは地方政府が支出している。特に、特定の地方党組織や政府機関、および重要インフラに対するサイバー攻撃は、原則として地方で対処しなければならない。そこで、中央インターネット安全・情報化領導小組の翌日に領導小組が創設された江西省を皮切りに、各省・直轄市・自治区にも同様の領導小組が創設されている。

（3）軍のサイバー・セキュリティとサイバー民兵の活用

それでは、中国は有事に際して海外からのサイバー攻撃に対してどのように安全を確保しようとしているのであろうか。実現可能性が高い方法は、「金盾工程」のグレート・ファイアー・ウォールによる海外からの通信遮断である。また同様に、軍内でも情報化に伴う脆弱性対策が急務であると認識されている。そのため、二〇一四年六月、中国人民解放軍ネット空間戦略情報研究センターが新たに創設された＊11。

また、二〇一四年一〇月には、中央軍事委員会が、習近平主席の批准を経て「軍隊情報セキュリティ工作をさらに強化することに関する意見」（以下「意見」）を印刷・発行した。同意見は、「党の新たな情勢下の強軍目標のために、当面および今後の軍隊情報セキュリティ工作の指導思想、基本原則、重点工作、および保障措施を示し、全軍と人民武装警察部隊が情報セキュリティ工作と建設を展開するために重要な遵守すべき事柄」を示したものであるという＊12。

他方、中国はサイバー空間における軍民融合や民兵の活用を進めている＊13。二〇一五年三月に公表された防衛省防衛研究所の「中国安全保障リポート２０１４」では、中国のサイバー部隊について「国家として産業スパイ行為を行っていることを推測させる」と指摘した上で、人民解放軍だけでなく、「ＩＴ関連企業や大学の工学部なども職場、学部単位で民兵組織に組み込まれ、サイバー民兵として活動していると推測される」とした＊14。

このサイバー民兵については、以前から度々その存在が指摘されており、たとえば二〇一一年一〇月一二日には、「フィナンシャル・タイムズ」(The Financial Times)が南昊科技公司(Nanhao Group)という民間企業の従業員が二〇〇六年からサイバー民兵として活動していることを報じている＊15。それより以前、二〇〇〇年六月二九日には、湖北省鄂州市国防動員局でパソコンを用いてメールに添付されたウイルスを想定したネット上演習が実施された＊16。

同二〇〇〇年八月二一日には、中国の武装力で初めての民兵ネット戦分隊とみられる「民兵ネット戦特殊分隊」(中国語では「民兵網絡戦特殊分隊」)が重慶警備区で成立したことが報じられた＊17。また二〇〇一年には、初の「女性民兵ネット専業分隊」(中国語では「女民兵網絡専業分隊」)が南京市で成立したことが報じられるなど、サイバー空間における非正規軍として、民兵の組織化や軍民融合が二〇〇〇年代初頭から進められてきている＊18。

3．重大安全領域の重点発展と軍民融合

(1)「インターネット・プラス」と軍民融合

中国の国家安全戦略におけるサイバー・セキュリティに対する取り組みは、組織や人だけではない。先端技術の研究開発やその資金面でも資源配分の重点が置かれ始めている。とりわけ、前述の通り二〇一四年に中国共産党中央サイバー安全・情報化領導小組が創設されて以降、中国のサイバー・セキュリティ業界の研究開発に対して予算や資金が大量に注入されているものとみられる。

たとえば、二〇一五年二月には、国家発展改革委員会が、「国家情報セキュリティプロジェクト」および「次世代インターネット技術開発・産業化商業化プロジェクト」に指定した一〇五個の国家プロジェクトの一覧を公表した。このプロジェクトによって、今年も政府予算がセキュリティ業界に分配されていることが示された。指定された企業や組織の多くは有名企業だが、国営ないし国の機関そのものも少なくない。

各プロジェクトの金額は明らかにされていないが、中国セキュリティ業界を奮起させたことは間違いないだろう。これに拍車をかけているのが、二〇一五年三月の全国人民代表大会（全人代）で掲げられた「インターネット・プラス」（互聯網＋）という概念である。これは、中国のインターネット大手会社であるテンセント（騰訊控股）の「ポニー・マー」こと馬化騰が提唱したクラウドやビッグデータの活用を主とした概念である。

この概念が全人代で提起された際、採用されなかったものの、「チャイナ・ブレイン」（中国大脳）という概念を、百度の「ロビン・リー」こと李彦宏が提唱していた＊19。「チャイナ・ブレイン」は馬の概念と非常によく似ているものの、人工知能やビッグデータの活用などに軍が介入・参入し、軍事部門への利用を掲げているのが特徴である。軍内で「インターネット・プラス」を展開する際にも、この概念の影響を受けている可能性がある＊20。

近年のサイバー分野を含むハイテク技術の研究開発は、一一大軍工企業をはじめとして、軍民融合が進められており、非常に裾野が広い。しかも、こうした研究開発は、政府予算からの補助や公表国防費からの拠出のみならず、各軍工企業が自ら拠出している部分が少なくない。さらに、軍工企業は現在株式市場への上場を進め、民間から資金を獲得しようとしている。そこで、最後に軍民融合と国防科学技術工業の発展についてみていきたい。

（2）軍民融合と国防科学技術工業

二〇一二年一一月八日、中国共産党第一八回全国代表大会において、胡錦濤は、軍隊は「国の発展戦略と安全戦略の新しい要請に適応させ、新しい世紀の新段階における軍隊の歴史的使命を全面的に全うすることに目を向け、新しい時期における積極防御の軍事的戦略方針を貫徹し、時代の流れに応じて軍事面の戦略的指導を強化するとともに、海洋、宇宙、サイバー空間の安全保障に大いに注意を払い、平和の時期における軍事力の運営計画を積極的に練り上げ、軍事闘争への備えを絶えずくり広げ、深化させ、情報化の条件下での局地戦争に打ち勝つ能力を柱とする多様な軍事任務を遂行する能力を高めるべきである」と述べた*21。習近平政権下の国家安全戦略も、基本的にこの報告に沿っていると考えてよいだろう。

なお、同報告では、「中国の特色ある軍民融合の発展の道を歩み、国の富強と軍隊の強化を統一させて、軍民融合の発展の戦略計画の策定」することが掲げられている*22。これに先立って打ち出された二〇一一～二〇一六年の中期計画である第一二次五か年規画でも、軍民融合の推進が強調されており、「経済建設において国防ニーズを貫く方針を貫き、重要なインフラと海洋、航空・宇宙、情報（サイバー）など重要分野における軍民の深層レベルでの融合と共有を強化し、政策メカニズムと基準規範を整え、経済づくりと国防づくりの調和の取れた発展と相乗効果を促進する」ことが掲げられている。

改革開放以降、中国では、一九八六年三月、国家科学技術委員会と国防科学技術工業委員会が、国務院

の関連部門と共に、軍民の専門家を組織して「ハイテク研究発展計画要綱」を編成した。この計画は、科学者が建議し、鄧小平が指示した時期をとって「八六三計画」と呼ばれている。国防科学技術工業部門に対する統括は、一九八二年までは党中央軍事委員会に属する中国人民解放軍国防科学技術委員会が行い、それ以降は、同委員会と国務院国防工業辦公室との合併により生まれた国防科学工業委員会により、国務院と中央軍事委員会の下で行われている。

しかし、改革開放政策に伴って、各工業部門の余剰生産力を民需生産に転換する「軍転民」が行われるようになると、国防科学工業委員会の指示に基づき行われてきた研究開発が、各工業部門の意志に任されるようになる。それに伴い、予算についても各工業部門自身が資金を借り入れ、あるいは自身の利益から資金を捻出するようになっていった。そして、旧来の研究開発に関しても軍民融合を行うことが利益につながるとみなされるようになったという経緯がある。この傾向は、習政権下で益々顕著なものとなってきている。

４．国防・軍事における民間の活用

習政権下では、国防安全戦略に基づき、国防科学技術工業の研究開発や更なる発展のため、軍民融合が一段と加速してきている。それは、中国が「中華民族の偉大な復興」を掲げて軍事力を強化する一方で、経済成長に陰りがみえ、公表国防費の対前年比二桁増を続けることが困難になってきたことが大きな要因の一つであろう。それを打開する策が、国防・軍事における民間の活用である。

現在、海上民兵のみならず、サイバー民兵や軍民融合による国防科学技術工業の発展を加速している。こうした習近平が進める軍民融合は、毛沢東による「人民戦争」への郷愁であるように思われる*23。それは、「人民戦争」の核心が正規軍と非正規軍（人民による武装民兵）との有機的結合にあることからも説明できよう。その際、毛沢東の「兵民は勝利のもと」の言葉にある通り、民間の活用と軍民の協力が現代においても重要視されている。

実際、国防科技工業の発展のため、二〇一五年六月には、国防科技工業発展戦略委員会が設立された*24。翌七月には、「国防科技工業軍民融合発展成果展」が北京の全国農業展覧館で開催された。中国の国防科学技術工業分野で軍民融合をテーマとした展覧会が開かれるのは初めてであり、また十一大軍工企業のグループ企業が一堂に会するのも初めてであった。

同展覧会では、これまでの軍需産業の民需転換（軍転民）の成果や、中国製原子炉「華龍1号」、半潜水形掘削プラットフォーム「海洋石油981」など一〇〇〇点あまりが紹介されるとともに、四足歩行の犬型ロボットや保利集団公司が開発したマイクロ波指向性エネルギー兵器「WB-I型暴動鎮圧・ディナイアルシステム」なども初めて登場した。いずれも米国が先行している技術ではあるが、中国が着実に技術力を向上させている証左でもある。

現在、中国は「自主創新」を目標とし、研究開発費の増額、振興産業分野の技術開発などを集中的に進め、独自のイノベーションを目指している。また、二〇一五年には二〇〇〇万件の専利出願を目標としており、中国における研究開発は加速的に進展すると思われる。中国の国防科技工業分野における研究開発が軍民融合で進められていることに鑑みれば、日本や欧米諸国にとって、先端技術能力の向上はもちろん、対中安全保障貿易管理が今後より一層重要であることは論を待たない。

＊註

1「両会授権発布：習近平出席解放軍代表団全体会議」新華網、二〇一五年三月一二日、

http://news.xinhuanet.com/politics/2015-03/12/c_1114622624.htm。

2　中華人民共和国国務院新聞辦公室『中国的軍事戦略』北京：人民出版社、二〇一五年。

3　習近平政権下の軍事戦略について、詳しくは、Joe Mcreynolds, China's Evolving Military Strategy, Jamestown Foundation, 2016、および本書第1部を参照。

4　「軍事専家解読《中国的軍事戦略》十大亮点」新華網、二〇一五年五月二六日、http://news.xinhuanet.com/politics/2015-05/26/c_1115408222.htm。

5　国家中央軍事委員会の創設については、土屋、前掲書、三〇頁を参照。

6　「授権発布：中華人民共和国国家安全法」新華網、二〇一五年七月一日、http://news.xinhuanet.com/legal/2015-07/01/c_1115787801.htm。なお、同法は、一九九三年に定めた「国家安全法」が二〇一四年に「反スパイ法」（中国語では「反間諜法」）に改定されたため、内容を一新して制定されたものである。

7　「聚焦新国家安全法五大亮点」新華網、二〇一五年七月一日、http://news.xinhuanet.com/legal/2015-07/01/c_1115787097.htm。

8　「我国擬制定網絡安全法」新華網、二〇一五年六月二四日、http://news.xinhuanet.com/2015-06/24/c_1115713204.htm。

9　「関於公開征求《関於修改〈中華人民共和国網絡安全法〉的決定（征求意見稿）》意見的通知」中華人民共和国中央人民政府ホームページ、二〇二二年九月一四日、http://www.gov.cn/xinwen/2022-09/14/content_5709805.htm。

10　なお、二〇一五年二月には第二回会合が行われているが、公式報道はなされていない。この中国共産党中央インターネット安全・情報化領導小組の事務機構である中央インターネット安全・情報化領導小組辦公室は、中華人民共和国国家インターネット・情報辦公室との二枚看板となっている。

11　「我軍網絡空間戦略情報研究中心掲牌成立」中華人民共和国国防部ホームページ、二〇一四年六月二六日、http://news.mod.gov.cn/pla/2014-06/26/content_4518762.htm。

12 「中央軍委印発《意見》要求進一歩加強軍隊信息安全工作」『解放軍報』二〇一四年一〇月八日。

13 張航、田鈺葆、趙連発「建好民兵網絡分隊」『中国民兵』二〇〇一年第八期、一九頁。また、サイバー戦における民間能力の活用については、倉持一、平塚三好「人民解放軍のサイバー戦における民間能力活用に関する一考察」『情報処理学会研究報告ＥＩＰ［電子化知的財産・社会基盤］』2013-EIP-62(8)、一般社団法人情報処理学会、二〇一三年一一月、一～七頁参照。

14 防衛省防衛研究所『中国安全保障リポート２０１４』防衛省防衛研究所、二〇一五年、五二～五三頁。

15 Kathrin Hille, "Chinese military mobilises cybermilitias," Financial Times(Web), October 12, 2011, http://www.ft.com/intl/cms/s/0/33dc83e4-c800-11e0-9501-00144feabdc0.html?ftcamp=rss#axzz1aiY8lU91.

16 柯明、徐継武「戦争、在民兵網絡〃炸响〃―湖北省鄂州市国防動員網上演習側記」『中国民兵』二〇〇〇年第一〇期、三〇～三二頁。

17 同分隊では、軍と重慶警備区内の科学研究単位とが合同で研究開発した攻撃・防御など六つの作戦訓練システムを用いて演習が行われている。「〃民兵網絡戦特种分隊〃在渝誕生」東方網、二〇〇〇年八月二八日、http://mil.eastday.com/epublish/gb/paper2/20000828/class000200009/hwz93512.htm。

18 「全国首支女民兵網絡専業分隊在南京成立」『解放軍報』二〇〇一年三月二六日、http://mil.news.sina.com.cn/2001-03-26/16674.html。このほか二〇〇二年には、「重慶郵電学院民兵網絡戦特殊分隊」や「江蘇省常州市天寧区民兵計算機網絡連（隊）」などが全国基層民兵予備役工作先進単位の一つとして表彰されている。「全国基層民兵予備役工作先進単位名単」『解放軍報』二〇〇二年六月二〇日。

19 「李彦宏両会建議設立〃中国大脳〃計画：希望軍方也介入」澎湃新聞網、二〇一五年三月三日、http://www.thepaper.cn/baidu.jsp?contid=1307184。

20 なお、六月二六日付の『解放軍報』には、これを敷衍した「軍網＋（プラス）」という概念について、解説記事が掲載されているが、軍内における情報格差などの理由から実際の展開には多くの課題が残されており、今後進展していくものと考えられる。「〃軍網＋〃、怎麼加？」『解放軍報』二〇一五年六月二六日。

21 「胡錦濤在中国共産党第十八次全国代表大会上的報告」新華網、二〇一二年一一月一七日、http://news.xinhuanet.com/18cpcnc/2012-11/17/c_113711665.htm。

22 同上。

23 孟立聯「習近平新的人民戦争戦略呼之欲出」中国改革論壇、二〇一四年九月一日、http://people.chinareform.org.cn/m/menglilian/Article/201409/t20140901_205783.htm。

24 Jon Grevatt, Chinese firm to establish metamaterial defence R&D centre, IHS Jane's 360(WEB), 24 June, 2015, http://www.janes.com/article/52552/chinese-firm-to-establish-metamaterial-defence-r-d-centre.

第９章 ❖ 軍工企業の再編成と兵器開発

軍備管理・不拡散をめぐる二面性

1．軍備管理・不拡散と輸出入や兵器開発による軍備拡張

冷戦後、国際社会は、安全保障貿易管理の対象を共産主義陣営から兵器の過剰蓄積や兵器および関連技術の流出へと関心を向けてきた。それは、先進国が有する軍事転用可能な高度な機械や技術が、大量破壊兵器や通常兵器を開発、製造、使用、貯蔵、あるいは対外輸出している国家やテロリスト等に渡った場合、国際的な情勢不安定化を招くとともに、脅威の烈度を増すこととなるからである。

大量破壊兵器や通常兵器の軍備管理・不拡散は、不安定化する国際社会に共通する課題である。中国は国際的な軍備管理・不拡散体制に参画しているが、実際は中国が迂回地となり、中東やアフリカ、北朝鮮等に大量破壊兵器や先端通常兵器の移転・拡散が進んでいることが度々指摘されている。また、中国自身が兵器輸入や「軍民融合」によって蓄積した高度な機械や技術が他国に輸出されることも少なくない。

とりわけ、近年中国は兵器輸入と「軍民融合」により高度な機械や技術を獲得し、軍事的台頭が目覚ま

しい。実際、習近平政権下の中国では、二〇一三年六月二〇日には、人民解放軍海軍、工業情報化省、および国家国防科学技術工業局が「軍民融合」戦略的協力枠組み協定に調印する等、民用技術の軍事転用が進められている。中国が推進する軍事産業（軍工企業）と民間企業の「軍民融合」は、二〇一六年三月の政府活動報告などでも掲げられてきた。

二〇一五年三月の全人代で「軍民融合」発展戦略が国家戦略に押し上げられて以降、急速に進められてきた「軍民融合」は、米中対立が深まる中で二〇一八年末を境に表立って語られなくなったため、その実態は「不透明」でになっている。そもそも、中国は軍の近代化計画の進度、範囲、および目的について、限られた情報しか公開しておらず、国防費や武器の輸出入についても詳細な内訳等を明らかにしていない。そのため、中国の軍備の実態について全容を把握することは難しく、脅威に対応した国際的な安全保障貿易管理制度が構築される中、中国に対する輸出管理が新たな課題となっている。

それでは、なぜ中国は国際的な軍備管理・不拡散体制に参画する一方で、率先して軍備管理・軍縮に取り組むことはなく、むしろ武器の輸出入により量的に軍備の拡張を進め、国防費を増額し近代化を促進することで質的にも軍拡を促進しているのであろうか。本章では、中国の軍備管理、軍縮および不拡散に関する中国の政策と実態との乖離を明らかにするとともに、中国の政策が持つ二面性とその理由について検討する。

以下、第一に、中国の軍備管理、軍縮、および不拡散に関する政策と国際レジームへの参加状況を概観する。第二に、近年の中国の武器輸出入の動向について分析を行う。第三に、中国国内の武器輸出入に関する国内体制とその資本について考察する。

2．中国の軍備管理・軍縮、不拡散政策

（1）白書にみる中国の軍備管理・不拡散政策

中国は、一九九五年一一月に政府白書「中国の軍備管理と軍縮」を公表して以降、二〇〇三年、二〇〇五年にも同種の白書を公表し、これに先立つ二〇〇一年八月には「中国軍備管理と軍縮協会」を創設する等、国際的な軍備管理・不拡散に積極的に取り組んでいることを強調している*1。中国は自らの軍備管理・不拡散政策をどのように説明してきたのだろうか*2。以下、二〇〇三年と二〇〇五年に公表された政府白書を基に、中国の軍備管理・不拡散政策について確認してみたい。

二〇〇三年一二月、中華人民共和国国務院報道辦公室は、政府白書「中国の拡散防止の政策と措置」を公表した*3。同白書では、「大量破壊兵器とその運搬手段の拡散は世界の平和と安定にも不利であるだけでなく、中国自身の安全にも不利である」との認識が示され、中国は「大量破壊兵器を全面的に禁止し、徹底的に廃棄することを主張し、その種の兵器とその運搬手段の拡散に断固として反対」するとの立場を表明している。

二〇〇五年九月には、中国は政府白書「中国の軍備管理・軍縮、拡散防止の努力」を公表し、これまでの取組みをまとめている*4。同白書では、「中国は確固として変わることなく防御的な国防政策を実行している。国家の安全と利益を確保する前提の下で、中国は終始軍隊の数量と規模を国家安全擁護の必要最低限度に抑え、何回も自ら進んで一方的な軍縮行動をとって」おり、軍隊の人員総数を削減し、国防費の規模を抑制してきたと示されている。

しかし、実際には中国が「軍縮」（中国語では「裁軍」）として掲げている「兵員削減」は「軍隊の規模縮小」ではなく、「軍人の規模縮小」とそれに伴う近代化であり「軍縮」ではない。中国の公表国防費が右

肩上がりで増額され、高い対前年伸び率を誇っていることはもちろん、近年軍事貿易も目立って行われている。つまり、武器の輸出入により質的に軍備の拡張を進め、国防費を増額して近代化を促進することで質的にも軍拡を促進している。

また、特筆すべきは、同白書では中国が国際的な軍備管理・不拡散体制に積極的に参画し、率先して軍備管理・軍縮に取り組んでいると強調する一方、「国際軍備抑制・軍縮・拡散防止事務を処理する時、中国政府は、あくまで国家の主権と安全の防衛に有利であるかどうか、世界の戦略的安定の維持に有利であるかどうか、各国の普遍的な安全と相互信頼の増進に有利であるかどうかを政策決定の根拠としている」ことが示されている点である*5。

(2) 中国の国際輸出管理枠組みへの参加状況

白書「中国の軍備管理・軍縮、拡散防止の努力」に示されているように、中国は国際的な軍備抑制・軍縮、不拡散レジームへの参加ないしは不参加についても、国家の主権と安全の防衛に有利であるかどうか、世界の戦略的安定の維持に有利であるかどうか、各国の普遍的な安全と相互信頼の増進に有利であるかどうかに照らして決定しているとみてよいだろう。そこで、次に、中国の国際的輸出管理レジームへの参加状況についてみてみたい(表9-1参照)。

まず、核・大量破壊兵器に関する国際レジームへの参加状況について、中国は、前掲の白書でも述べられているように、核兵器不拡散条約(NPT)や原子力供給国グループ(NSG)、生物、化学兵器禁止条約などの国際的な輸出管理レジームに参加している。ただし、大量破壊兵器の拡散防止レジームには参加するも、運搬手段である弾道ミサイルの拡散に立ち向かうためのハーグ行動規範(HCOC)やミサイル技術管理レジームには参加していない。

表9-1　中国の国際的輸出管理レジームへの参加状況

分類／条約・枠組み名称	略称	対象兵器分類	参加状況
◎軍備管理・軍縮・不拡散関連条約等			
核兵器不拡散条約	NPT	核兵器	○
包括的核実験禁止条約	CTBT	核兵器	×※署名のみ
生物兵器禁止条約	BWC	生物兵器	○
化学兵器禁止条約	CWC	化学兵器	○
弾道ミサイルの拡散に立ち向かうためのハーグ行動規範	HCOC	運搬手段	×
特定通常兵器使用禁止・制限条約	CCW	通常兵器	○
対人地雷の使用、貯蔵、生産及び移譲の禁止並びに廃棄に関する条約（オタワ条約）	MBT	通常兵器	×
クラスター弾に関する条約(オスロ条約)	CCM	通常兵器	×
小型武器の非合法取引規制	PoA	通常兵器	○
国連通常兵器移転登録制度	UNROCA	通常兵器	○
◎不拡散のための輸出管理規制			
原子力供給国グループ	NSG	核兵器	○
ザンガー委員会	ZC	核兵器	○
オーストラリア・グループ	AG	生物・化学兵器	×
ミサイル技術管理レジーム	MTCR	運搬手段	×
ワッセナー・アレンジメント	WA	通常兵器	×
◎大量破壊兵器の不拡散のための国際的な取組み			
拡散に対する安全保障構想	PSI	WMD・運搬手段	×
国連安保理決議第1540号	UNSCR1540	WMD・運搬手段	○

(出典)各種資料を基に筆者作成。

二〇〇三年の白書には、一九九四年に中国が「ミサイルとその技術コントロール・レジーム」が主なパラメーターを制限している射程三〇〇km超、搭載重量五〇〇kg超の地対地ミサイルを輸出しないことを承諾したこと、および二〇〇二年八月に「中華人民共和国ミサイルおよび関係品目・技術輸出管制条例」と管制リストを公布し、「いかなる方式でいかなる国の核兵器運搬に用いられる弾道ミサイルの開発を援助する意思がない」ことを示したと記されている。

他方、通常兵器に関するレジームへの参加状況は、国連通常兵器移転登録制度や特定通常兵器使用禁止・制限条約、小型武器の非合法取引に関する条約に加盟しているものの、対人地雷の使用、貯蔵、生産、および移譲の禁止並びに廃棄に関する条約（通称オタワ条約）やクラスター弾に関する条約（通称オスロ条約）、ワッセナー・アレンジメントには参加していない。なぜ中国はミサイルや通常兵器の輸出管理レジームに参加しないのであろうか。

二〇〇五年の白書では、「中国は弾道ミサイルとその技術の拡散に対する関係諸国の安全保障上の関心を理解し、政治・外交手段でこの問題を解決するよう主張している」と述べるに留まり、弾道ミサイルについての国際的な輸出管理レジームに参加しない理由を明示していない。少なくとも、これはロシアから長距離地対空ミサイルシステムを輸入したり、自ら積極的にミサイルの精度や射程距離を向上させていることと無関係ではないだろう*6。

（3）台湾海峡危機後の対中輸出規制への対抗

二〇一三年四月三日、中国は国連本部で行われた「武器貿易条約」（Arms Trade Treaty：ATT）への採択を棄権した。この背景には、冷戦期から続く先進工業設備や技術の封鎖への懸念があるものと考えられる。同条約の採択を棄権した理由として、中国外交部の洪磊報道官は、「通常兵器の国際的な取引に、公的な拘束力を導入するという主旨には賛成するが、国連総会で強引に票決を行い、条約を採択する方法には賛同できない」と説明した*7。

また、洪磊報道官は、「各国と協力を強化し、ルールが整備された合理的な武器貿易秩序の構築に取り組んでいきたい。しかし、条約の承認・調印に関しては、自国の国情および国際情勢に従って随時、決定を行っていく」と述べている*8。すなわち、欧米諸国が技術・装備面で先行する中、中国は「自国の国情および国際情勢」に照らして、国際的な安全保障貿易管理を強化する同条約への参加を見送ったとみられる。

元々、中国は対共産圏輸出統制委員会（Coordinating Committee for Multilateral Export Controls：COCOM、以下「ココム」）による輸出規制対象国であった。ココムによる禁輸は冷戦後解かれたものの、一九九六年、通常兵器および関連汎用品・技術の輸出管理に関して、「ワッセナー・アレンジメント」が制定されており、二〇〇二年四月から導入された「キャッチオール規制」や米国による対中輸出規制など、先進工業設備や技術封鎖が続けられた＊9。

ワッセナー・アレンジメントやキャッチオール規制は中国のみを対象としたものではないが、米国の対中輸出規制は、二〇〇七年六月、中国を規制対象仕向地として先進工業設備や技術の軍事用途を規制するものである＊10。他方、中国では、貿易により軍事力を向上させることが一九八〇年代から掲げられており、後述の通り、主としてロシアやウクライナから旧東側諸国から通常兵器を輸入する等、武器貿易についてはむしろ積極的な姿勢を示している＊11。

このように、中国は、核兵器については拡散を防止し、軍備管理すべきとの政策を掲げるも、自国の武器開発や貿易に関する不利になるようなものには反対の立場を採っており、通常兵器については、国際レジームへの限定的な参加に留まっている。その背景には、ココムや国際的な安全保障貿易管理、米国の対中禁輸への対抗があるとみられる。以下、通常兵器に焦点を絞り、中国の武器輸出入を分析する。

3．近年の中国の武器輸出入傾向と特徴

（1）世界への武器輸出を急速に拡大する中国

習近平政権下の中国の通常兵器の輸出入にはどのような傾向や特徴がみられるのだろうか。本節では、ストックホルム国際平和研究所（Stockholm International Peace Research Institute：SIPRI）のデータベー

スを基に概観してみたい。同統計は、国連の通常兵器移転登録制度に基づく七種類の通常兵器の輸出入状況を基礎としている。

まず、通常兵器の輸出については、直近一〇年間（二〇一二〜二〇二一年）の通常兵器輸出総額上位五か国は、米国（三五％）、ロシア（二一％）、フランス（九％）、中国（六％）、ドイツ（五％）の順で、中国は世界で四番目のシェアを占めている（図9-1参照）。

それでは中国はどこへ輸出しているのか。輸出相手国別に統計をみてみると、南アジアや東アジア、とりわけ二〇〇七年に自由貿易協定を締結したパキスタン、二〇一一年六月の外相会談において中国の援助による経済貿易関係を進展させることで合意したバングラデシュ、二〇一一年に「民政移管」したミャンマーへの武器輸出がそれぞれ急拡大していることがわかる（図9-2参照）。なお、北朝鮮に対しては禁輸リストを公表する等、表立った輸出は控えている*12。

また、中国はアフリカにおいて国連平和維持活動（ＰＫＯ）・政治ミッションによる平和維持や経済援助等のリベラルな政策を展開して安定化に寄与していると喧伝しているが、他方でアフリカ全土に武器を輸出しており、むしろ地域を不安定化させているとの指摘もある*13。ＳＩＰＲＩは、とりわけサブサハラアフリカ地域への中国の武器輸出シェアが近年増加しているとも指摘している*14。

次に、これを輸出武器別にみてみると、航空機、艦船、装甲車が大半を占めており、陸・海・空の通常兵器が幅広く輸出されていることがわかる（図9-3参照）。ただし、これは各武器別総額の割合によって集計されたものであり、実際には、中国は単価の高い航空機や装甲車、艦船のみならず、エジプトやサウジアラビア、アラブ首長国連邦（ＵＡＥ）などに対して比較的安価な無人機（ＵＡＶ）を輸出している他、地対空ミサイルを含む防空システムなども積極的に輸出している。

図9-1　近年の武器輸出総額の国別割合（2012-2021年、単位：%）

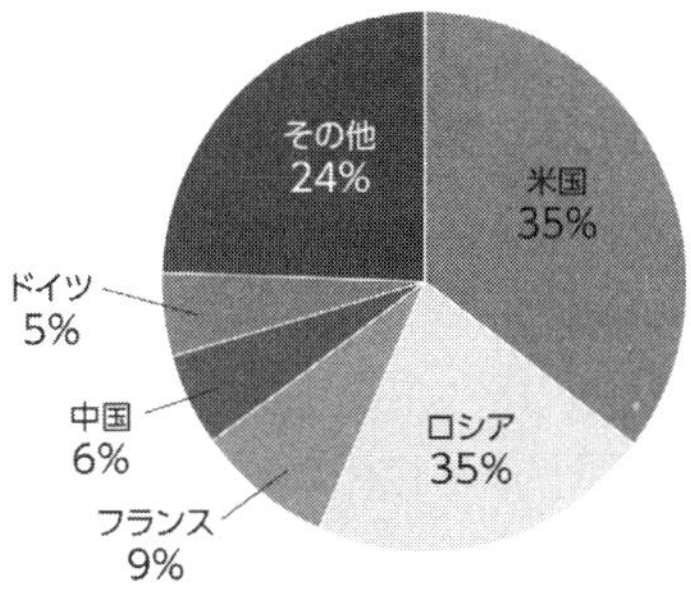

図9-2　近年の中国の通常武器輸出（2012-2021年、国別、単位：100万米ドル）（出典）SIPRI Arms Transfers Database を基に筆者作成。

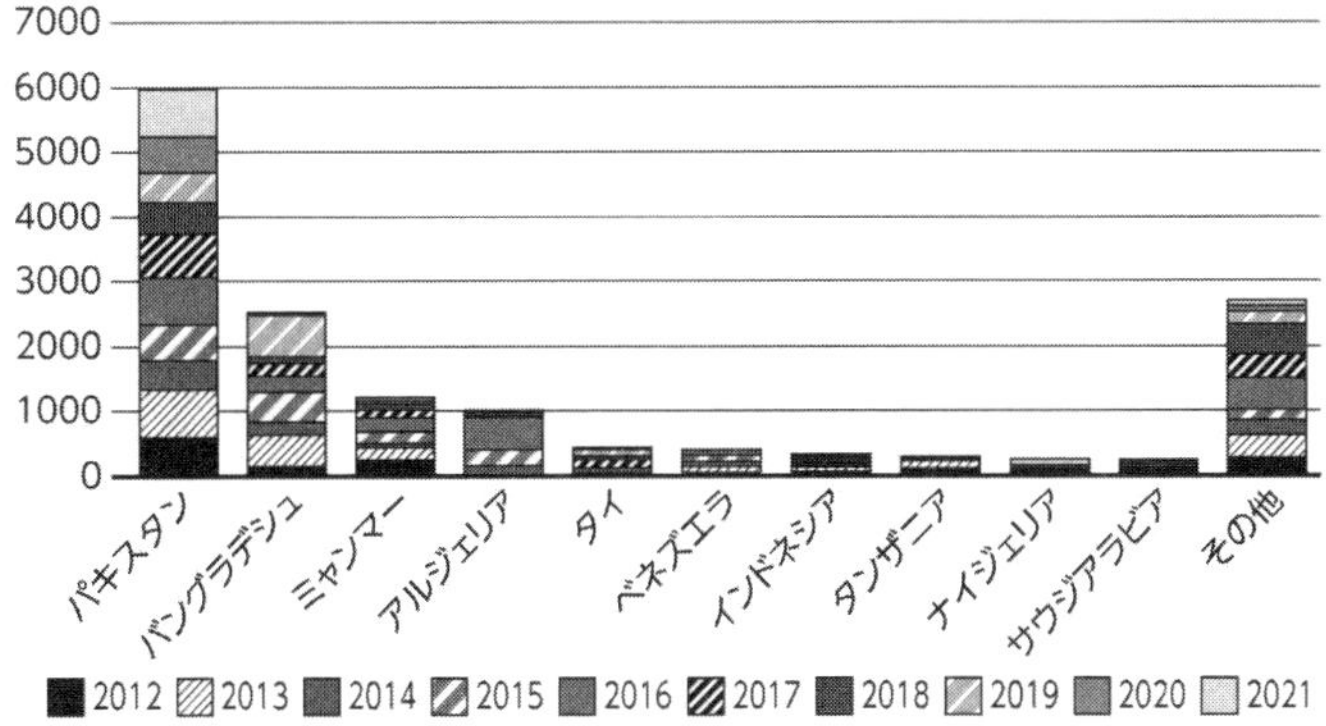

図9-3　近年の中国の通常武器輸出（2012-2021年、種類別、単位：100万米ドル）（出典）SIPRI Arms Transfers Database を基に筆者作成。

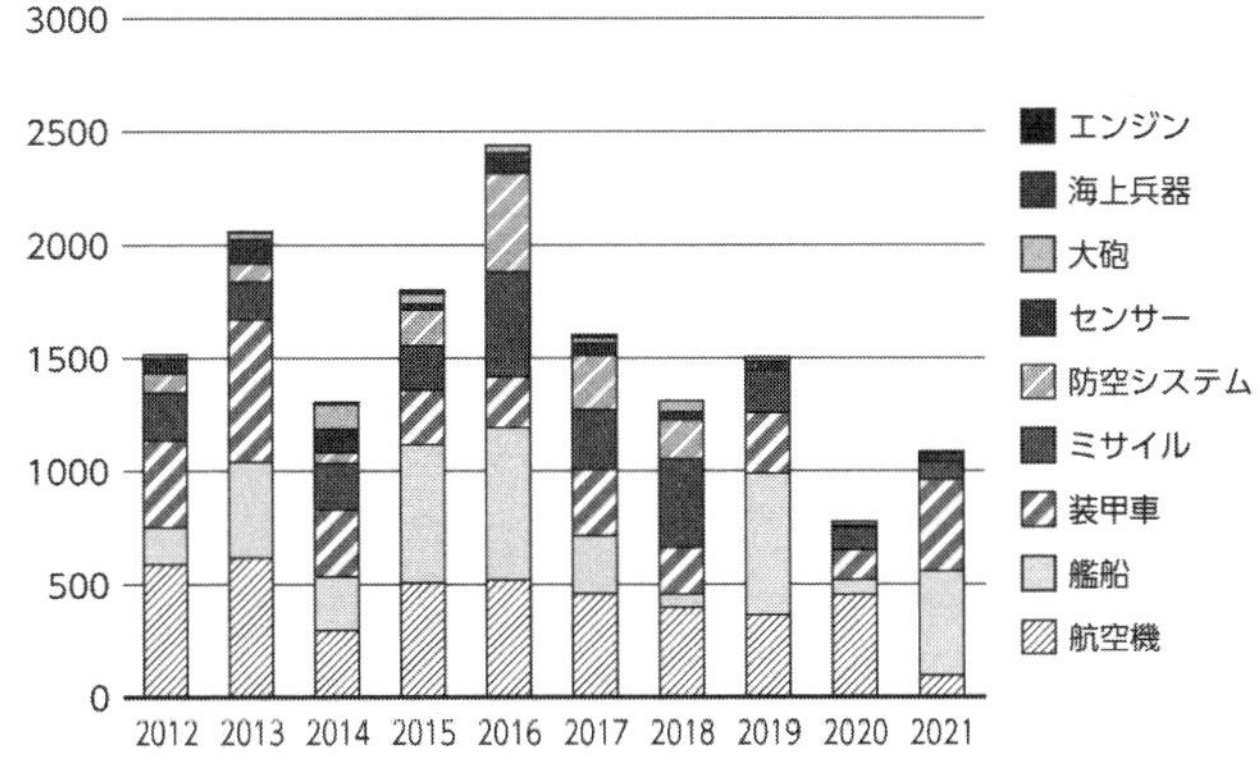

（2）主たる武器の輸入先としての旧東側諸国

次に、近年の中国の通常兵器の輸入についてみてみたい。ＳＩＰＲＩの統計によれば、二〇一二年から二〇二一年の全世界における通常兵器輸入総額の国別シェア上位五か国は、インド（一一％）、サウジアラビア（一〇％）、中国（五％）、エジプト（四％）、オーストラリア（四％）の順であり、近年急速に武器輸入を増やしているサウジアラビアにこそ抜かれたものの、依然として中国は総額ランク・世界三位の武器輸入大国である（図９-４参照）。中国が国内における生産、供給に加えて、これだけ多くの額の通常兵器を他国から輸入する理由は何であろうか。

まず、どこから輸入しているのかについて、輸入相手国別に統計をみてみると、半数以上がロシアからの輸入であり、次いでフランス、ウクライナ、イギリス、スイス、ベラルーシと続いている（図９-５参照）。冷戦後の一九九四年に西側先進諸国による輸出規制の合意であるココムが解散したことで、フランスやイギリスなどからの輸入も行われているが、中国の通常兵器輸入相手国は、依然としてロシアやウクライナ、ベラルーシなど旧東側諸国が中心である*15。

それでは、主たる武器の輸入先としての旧東側諸国、とりわけロシアやウクライナから、何を輸入しているのか。総額でみると、エンジンが半数近くを占め、航空機やミサイル、艦船がそれに続いて大きな割合となっている（図９-６参照）。エンジンや航空機は、ウクライナからのエンジン輸入の他は、ＡＬ-31ターボファンエンジンやSu-35Ｓなど大半がロシアからの輸入であることは言うまでもなく、ロシア製の戦闘機Su-27や35、長距離地対空ミサイルＨＱ-９、ソブレメンヌイ級駆逐艦などは、現在も中国人民解放軍の主力装備の一角を成している。

それに加えて、ロシアから輸入したスホーイ社製戦闘機Su-27ＳＫは、一九九五年から中国でＪ-11としてライセンス生産されている。また、同じくロシアから輸入した長距離地対空ミサイルシステムＳ-３０

図9-4　近年の武器輸入総額の国別割合（2012-2021年、単位：%）（出典）SIPRI Arms Transfers Database を基に筆者作成。

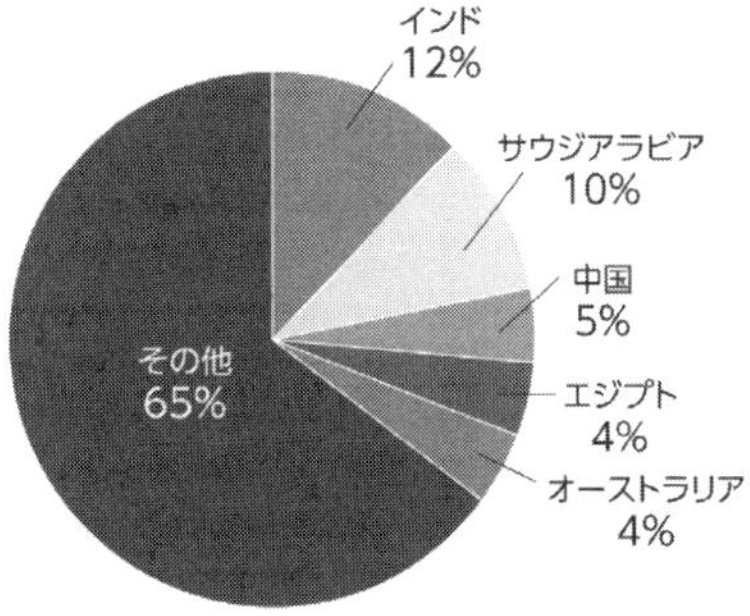

図9-5　近年の中国の通常武器輸入（2012-2021年、国別、単位：100万米ドル）（出典）SIPRI Arms Transfers Database を基に筆者作成。

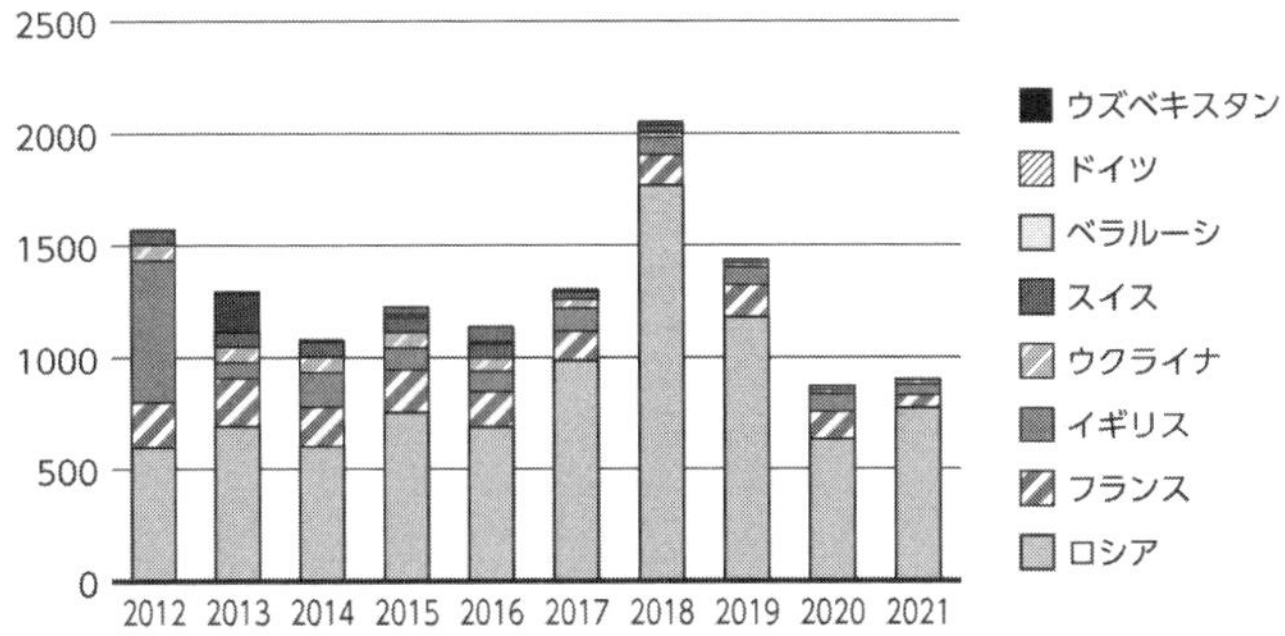

図9-6　近年の中国の通常武器輸入（2012-2021年、種類別、単位：100万米ドル）（出典）SIPRI Arms Transfers Database を基に筆者作成。

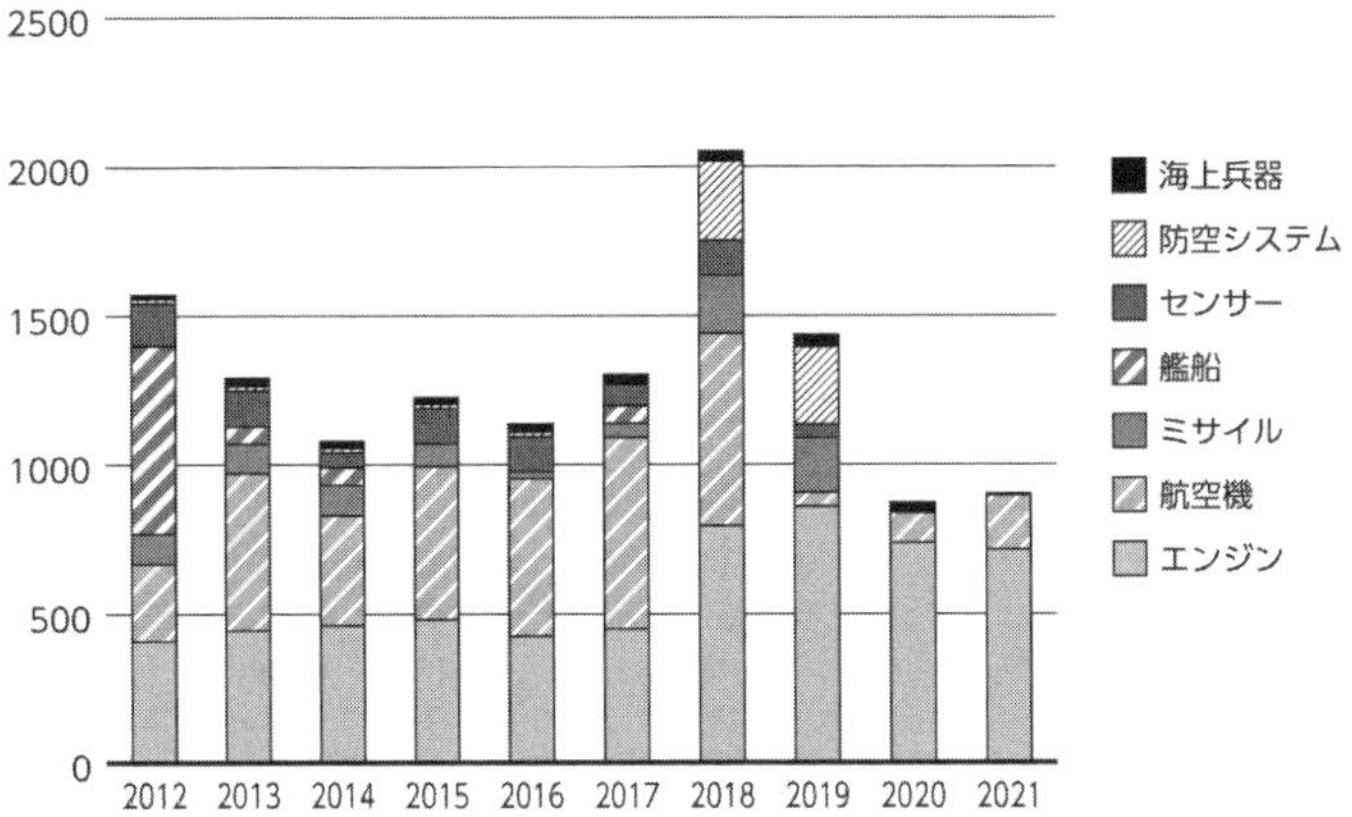

０ＰＳは、ＨＱ-９として同システムを基に中国が「独自開発」、生産している。中国は、こうして輸入した兵器を模倣し、量産することで、自国の技術水準を向上させるとともに、他国へ安価に再輸出することを目的に輸出を拡大しているとみられる。

中国が誇る航空母艦「遼寧」もウクライナ製の「ワリヤーグ」を改修したものであり、「遼寧」を基として、国産空母の建造が立て続けに進められてきている。また、二〇一三年から二〇一七年にかけてウクライナからポルモニク級エアクッション艇を三隻購入し、中国でのライセンス生産も行っている。ロシアから輸入したSu-35戦闘機やＳ-４００地対空ミサイルも、中国がその技術を基に大量生産し、再輸出することが懸念されている。

（3）統計に表れない関連技術や機械の輸出入

以上の通り、中国は冷戦後、フランスやイギリスなど旧西側諸国からも通常兵器の輸入を進めているものの、依然として主たる輸入先はロシアやウクライナなど旧東側諸国であり、輸入した兵器を基にして開発、製造した兵器を、南アジアや東アジア、アフリカに輸出しているという構図が浮かび上がる。他方、ＳＩＰＲＩの通常兵器に関する統計には、軍事転用が可能である機微な技術や新興技術、工作機械などについての輸出入は表れてこない。

たとえば、中国は多様なＵＡＶを研究、開発しており、米国や欧州諸国に比べて安価なＵＡＶを他国に輸出する一方で、最新の技術を輸入し、かつ実際に軍や人民武装警察部隊、法執行機関に配備している。具体的には、スウェーデンのサイバエロ（CybAero）社から中国航空工業集団（ＡＶＩＣ）経由でＵＡＶ「ＡＰＩＤ60」を七〇機輸入した後、中国海警局の塗装を施し実際に配備するなど、中国の軍工企業が軍事転用可能な製品の輸入を担っている*16。

他方、中国大陸の「境外」や「民間企業」を通じた輸出入も少なくないとみられる。広く知られている例としては、ウクライナから購入した空母「ワリヤーグ」を改修した「遼寧」が挙げられる。二〇一二年九月二五日に中国人民解放軍海軍に正式に就役した空母「遼寧」は、一九九八年三月、「民間会社」である「香港創律集団」の子会社である「澳門（マカオ）創律旅遊娯楽公司」が二億人民元で購入し、その後中国政府に引き渡されたものである＊17。

同様に、二〇一六年八月三〇日、香港に拠点を置く「中国空域産業集団」がウクライナの国営企業アントノフ社から輸送機An‐２２５の生産の協力契約に調印した。これにより、中国空域産業集団がAn‐２２５とエンジンを含む全ての技術、図面、知的財産権を獲得することとなった。しかし、なぜ二〇一〇年に設立された設立わずか七年の香港を拠点とする「民間企業」が、アントノフ社からAn‐２２５を買収できたのかについては疑問が残る＊18。

この「中国空域産業集団」の総裁である張友生の経歴は明かされていないが、同社の幹部、西南国際航空物流統一建設指揮部の潘校軍指揮長は、空軍第八空防工程処処長や成都軍区空軍後勤部建設処副処長を務めた後、民間航空西南管理局飛行場処処長等を経て、四川省飛行場集団有限公司総経理（社長）兼党委員会副書記を努めた経歴から、中国の体制アクターすなわち党や政府、軍と極めて密接な関係にある人物であることが指摘できよう。

また、前述のサイバエロ社は、二〇一六年八月、中国の「Jolly」社に対して無人ヘリコプターと着艦機のシステム三セットも輸出している＊19。同無人ヘリコプターおよび着艦システムは、今後中国人民解放軍海軍や海上法執行機関の艦艇に配備される可能性がある。このことから、中国は自国では技術水準が劣っているか生産が困難な武器装備を輸入し、その最新の技術を模倣することで、さらに技術水準を向上させようとしていることも指摘できよう。

このように、中国の通常兵器の輸出入は、統計に表れているものだけでも、近年の輸出入総額は大幅に伸びていることがみてとれる。また、香港やマカオなど大陸の「境外」や「民間企業」を通じた統計に表れない武器や関連する機微な技術や製品の輸出入も少なくないとみられる。こうした事例は少なくなく、私営企業を装った国営資本企業の可能性、あるいは私営企業を用いて国家プロジェクトを推進する「軍民融合」の事例とみられる。

4．中国の武器輸出入に関する国内体制

（1）中国の軍工企業と主たる武器輸出入企業

中国の通常兵器の輸出入に関する主体は、軍工企業のみならず、「民間企業」が行っている場合もあり、一見するとかなり複雑である。ただし、使用者たる軍および軍関係機関は、いずれも体制アクターの「絶対領導」の下にある。それでは、体制アクターである中国共産党・国務院・人民解放軍のどこが管轄、担当しているのであろうか。また、その輸出入に関する資金はどこから来ているのだろうか。以下、中国の武器輸出入会社を整理する。

二〇〇八年一月一六日、国防科学工業委員会国際協力司の職員は、「米中輸出管理における政府と企業の関係シンポジウム」において、軍用品に関しては、保利科技有限公司、新時代科技有限公司、中電科技国際貿易有限公司、中国北方工業公司、中国船舶工業貿易公司、中国京安輸出入公司、中国航空技術輸出入総公司、中国精密機械輸出入総公司、中国電子輸出入総公司、中国新興輸出入総公司の一〇社が授権していることを明らかにしている*20。

また、中国の軍用品は、法律に基づき軍用品の輸出経営権を取得した軍事貿易会社の経営範囲内で輸出

されているという。前述の「境外」の企業や「民間企業」について把握するのは困難であるが、少なくとも、中東・北アフリカ市場で開催される国際防衛産業博覧会（The International Defence Exhibition and Conference: IDEX）や、中国の珠海で毎年開催される国際航空宇宙博覧会等に正式に出展しているのはこれらの中国企業である。

公式に武器の輸出入を行っているこれら一〇社の貿易会社は、主として中国の軍工企業の子会社である[*21]。また、軍工企業を監理・監督しているのは、国務院の国有資産監督管理委員会（国資委）である。このことから、現在、中国の武器輸出入は、国務院すなわち中国政府の監督管理下にあると考えられる。それでは、これら一〇社の軍事貿易会社（武器輸出入企業）と、軍工企業などの国有企業との関係はどのような形になっているのだろうか。

中国の武器輸出入企業一〇社のうち六社は軍工企業の子会社である（図9-7参照）[*22]。残り四社のうち、保利科技有限公司、新時代科技有限公司、中国新興輸出入総公司は、それぞれ元総参謀部、総装備部、総後勤

図9-7　習近平の軍改革以前の中国の軍工企業と武器輸出入企業

	軍工企業	英語略称	輸出入企業	英語略称
国家国防科技工業局	中国核工業集団公司	CNNC	中国原子力エネルギー工業公司	CNEIC
国家国防科技工業局	中国核工業建設集団公司	CNECC		
国家国防科技工業局	中国航天科技集団公司	CASTC	中国航空技術輸出入総公司	CATIC
国家国防科技工業局	中国航天科工集団公司	CASIC	中国精密機械輸出入総公司	CPMIEC
国家国防科技工業局	中国航空工業集団公司	AVIC		
国家国防科技工業局	中国船舶工業集団公司	CSSC	中国船舶工業貿易公司	CSTC
国家国防科技工業局	中国船舶重工集団公司	CSIC		
国家国防科技工業局	中国兵器工業集団公司	COIGC	中国北方工業公司	NORINCO
国家国防科技工業局	中国兵器装備集団公司	COEGC		
国家国防科技工業局	中国電子科技集団公司	CETC	中電科技国際貿易有限公司	CETC
国家国防科技工業局	中国電子情報産業集団有限公司	CEC	中国電子輸出入総公司	CEIEC
公安部			中国京安輸出入公司	CCCME
元総参謀部			保利科技有限公司	POLY
元総装備部			新時代科技有限公司	XINSHIDAI
元総後勤部			中国新興輸出入総公司	XINXING

（出典）各種資料を基に筆者作成。

部系の企業集団が親会社である。ただし、後述の通り新時代科技有限公司は、二〇一〇年に保利科技有限公司の親会社である保利集団公司に移管、合併されている。また、中国京安輸出入公司は、公安部系の独立資本会社となっている。

(2) 武器輸出入企業と軍系企業との資本関係

前項で示したように、中国の武器輸出入企業には、元人民解放軍系や公安部・人民武装警察部隊系の輸出入企業と、軍工(国防科学技術工業)企業系の輸出入企業とが存在する。前者は解放軍ビジネスの禁令とともに独立資本のグループ会社の傘下となり、後者は各軍工企業グループと隷属関係にあるように思われる。しかし、さらに理解を複雑にするのは、これらの輸出入企業とグループ会社との資本関係である。

冷戦期の一九八〇年に経済の改革・開放を進める中国は、対外武器貿易を統一管理すべく、中国新時代ホールディングスグループ(中国語では「中国新時代控股集団公司」)を国務院と中央軍事委員会の批准により立ち上げた*23。同企業は、一九八二年五月一〇日に発足した国防科学技術工業委員会の元に置かれ、一九九八年八月に総装備部が独立した際、総装備部系の企業となり、翌一九九九年一二月一日に発足した中央企業工作委員会に移管された*24。

武器輸出入企業のうち、六社(CNEICを含めると七社)の軍工企業傘下の輸出入会社は、この中国新時代ホールディングスと各軍工企業とに二重隷属していることが指摘されている*25。なぜ、武器輸出入企業は新時代集団と各軍工企業との二重隷属とされたのか。それは国防科学技術工業を束ねる中国新時代グループが、中国省エネルギー・環境保護集団公司(中国語では「中国節能環保集団公司」)の一〇〇%子会社であったことと無関係ではないだろう。

つまり、各軍工企業の武器輸出入は、国防科学技術工業委員会が統一管理するとともに、その資本を省エネルギー・環境保護集団公司から拠出させ、新時代ホールディングスを各輸出入企業の持ち株会社としたために、二重隷属の形態となったのだと考えられる。このことは、武器輸出入に関する資金が公表国防費以外の省エネルギー・環境保護関連から拠出されていたことも示唆している。

なお、新時代グループのほか、元総部である総参謀部、総政治部、総後勤部系の対外貿易会社として、それぞれ保利科技有限公司、中国新興輸出入公司、中国凱利実業有限公司が存在している。一九九七年の江沢民による人民解放軍の営利性企業に対する禁令が出され、解放軍の営利性企業の再編が行われた際、凱利や新興は、他の国有企業と統廃合され、鉄鋼輸入や紡績、服飾、専用設備製造を専門とする企業となった。

他方、二〇一〇年三月には、兵器工業に関する軍事貿易を担当していた保利グループと、国防科学技術工業に関する輸出入を担当していた省エネルギー・環境保護集団公司が保有していた新時代ホールディングスを合併し、一元化した＊26。そのため、現在は、各軍工企業傘下の輸出入企業による軍事貿易に加えて、これらも全て保利グループが株式を取得したとみられるが、いずれにしても国有資本管理監督委員会のもとにある。

図9-8　国防科学工業局成立前の軍民工業管理体制と理想の体制

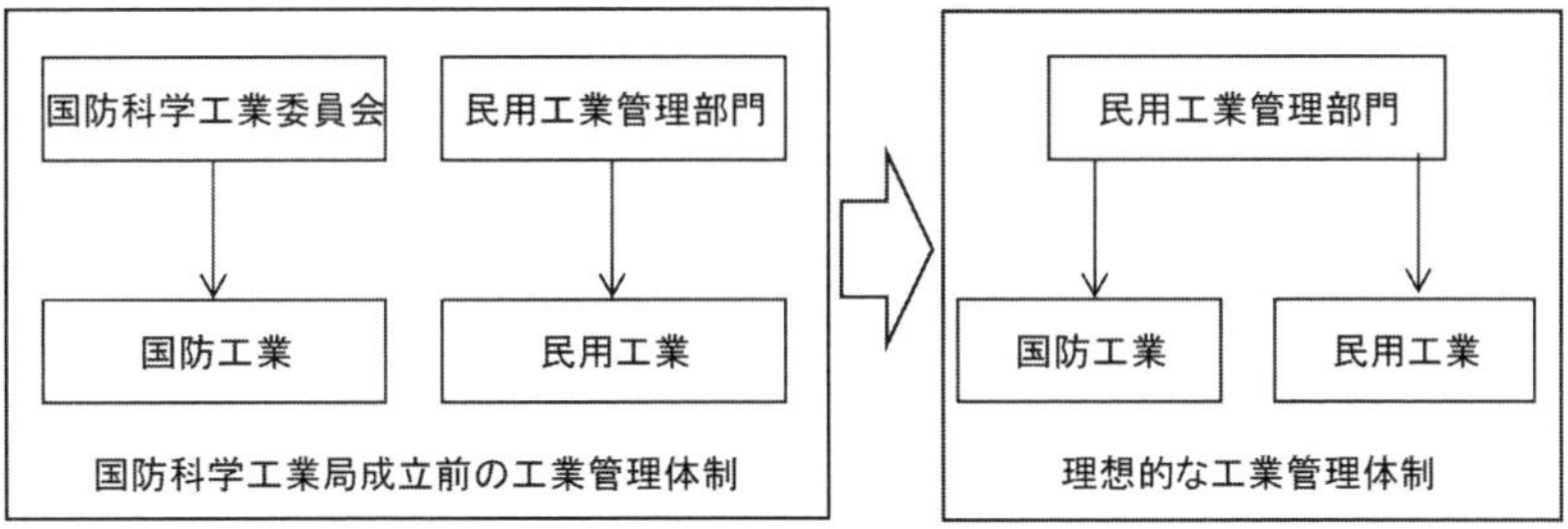

（出典）紀建強『軍工企業委託代理問題研究』（北京：国防工業出版社、2015年）、54頁を基に筆者作成。

（3）中国経済の減速下の資金調達と研究開発

こうした民用工業管理部門が国防工業と民用工業との双方を管理する体制への移行は、二〇〇八年の国家国防科学工業局創設以降、具体的に進められた。郭（二〇一五）は、国家国防科学工業局創設前の工業管理体制は、国防科学工業委員会による国防工業の管理と、民用工業管理部門による民用工業の管理が分離した体制となっており、民用工業管理部門が両者を管理する体制が「軍民融合」を実現する理想的な体制であると述べている（図9-8参照）。

習近平は、国家主席就任以来繰り返し、中国は国防科学技術の「自主創新」能力を大幅に向上させなければならないと強調してきた。たとえば、従来のコピーによる発展の道からイノベーションによる発展の道へと転換しなければならないとの問題意識の下、「科学技術のイノベーション（創新）を必ず国家発展の全局面における核心位置にしなければならず、中国の特色ある自主創新の新たな道を堅持しなければならない」と述べている＊27。

前述の通り、中国の軍事技術や装備は、旧東側諸国からの武器輸入とそれを元にした研究開発、製造に加えて、民間企業の技術を転用することで発展してきた。こうした中、二〇一六年八月二八日、新たな国有企業として、中国航空発動機集団公司（Aviation Industry Corporation of China、AECC）が設立された＊28。この背景には、エンジンが中国の航空機や艦船製造における最大の弱点であり、ロシアやウクライナからの輸入に頼っている現状がある。

そのため、新たに国有企業を創設し、民間の技術も応用する形で国産エンジンの研究開発・製造に取り組むこととなったとみられる。なお中国は、二〇一五年九月一三日、「中共中央、国務院の国有企業改革を深化させることに関する指導意見」を公表した＊29。これは、中国経済が減速する下、国有企業改革を進め、民間の資本や技術を活用する形で「軍民融合」による発展を模索するものであると考えられる＊30。

実際、これに続く形で、同月一九日、劉鶴・国家発展改革委員会副主任は、中国政府が、電力、石油・天然ガス、鉄道、航空、通信、軍事関連といった分野で「混合所有制改革」を試験的に実施していく考えを示した*31。こうした「軍民融合」による国有企業改革と軍隊建設の発展は、「軍隊建設発展に関する『一三次五か年計画』規画綱要」でも掲げられてきており、軍民分離の管理体制から、「軍民融合」の管理体制を模索していることがみてとれる*32。

また、二〇一八年には中国核工業集団（ＣＮＥＣＣ）が中国核工業集団（ＣＮＮＣ）を吸収合併、二〇一九年には中国船舶工業集団（ＣＳＳＣ）と中国船舶重工集団（ＣＳＩＣ）が統合して「中国船舶集団」（China State Shipbuilding Corporation、CSSC）を創設、二〇二一年には中国電子科技集団（ＣＥＣ）が国有企業の中国普天信息産業集団を吸収合併するなど、習近平政権下では軍工企業の再編も着実に進められてきている。

5．まとめ

近年、アジアにおいて軍備管理・軍縮が進んでいないことが指摘されている。その理由は、言うまでもなく、中国や北朝鮮の「軍事的拡張」とその対応にある。とりわけ本章では、「軍事的拡張」の一例として、中国が軍備管理・軍縮、不拡散に積極的に取り組んでいることを強調する一方で、自国の軍事および経済の発展のために、通常兵器の輸出入を拡大させていることを論じた。

第一に、中国が強調する軍備管理・不拡散の公式見解は、少なくとも核については表向き当てはまるかもしれないが、通常兵器については当てはまらず、二〇一三年には国連の武器貿易条約の採択を棄権するなど、国際レジームにも限定的な参加に留まっていることを指摘した。その背景には、冷戦期のココムやそれに代わるワッセナー・アレンジメントなどの国際的な安全保障貿易管理や米国の対中禁輸への対抗があるとみられる。

第二に、中国の通常兵器の輸出入は、統計に表れているものだけでも、近年の輸出入総額は輸出、輸入ともに大幅に伸びている。また、軍事転用が可能である機微な技術や機械については統計に表れてこない。本章で指摘したのは氷山の一角であるが、香港やマカオなど大陸の「境外」や「民間企業」を通じた武器や関連する機微な技術や製品の輸出入も少なくないとみられる。

第三に、対外貿易は軍工企業直属の輸出入会社と元総部系の企業を中心に行われており、その資本は親会社である軍工企業のみならず、別の国有企業からも拠出されていることを指摘した。これは、公表国防費に含まれない軍事貿易費が存在することをも意味している。また、中国の経済成長率が低減する中、公表国防費の伸び率も低下しつつあり、民間技術の軍事転用および資本確保の観点から、「軍民融合」の発展が今後さらに促進されるとみられる。

＊註

1　同協会は、中国初の非政府・非営利の法人資格を有する社会団体であるとされているが、主管は外交部、常設事務機構は外交部直属のシンクタンクである中国国際問題研究院に設置されている。「中国軍控与裁軍協会章程」中国軍控与裁軍協会（China Arms Control and Disarmament Association：CACDA）ホームページ、二〇一一年七月一八日、http://www.cacda.org.cn/a/xiehuigaikuang/20110718/744.html。

2　中国の軍備管理・軍縮、不拡散政策に関する先行研究としては、冷戦期については、平松茂雄「中国と軍縮」『海外事情』三七（一二）（拓殖大学海外事情研究所、一九八九年）、一五〜二九頁、冷戦後については、鈴木祐二「中国」浅田正彦編『兵器の拡散防止と輸出管理：制度と実践』有信堂、二〇〇四年、二二七〜二四四頁、小川伸一

「中国と核軍縮」浅田正彦、戸崎洋史編『核軍縮と不拡散の法と政治：黒澤満先生退職記念』信山社、二〇〇八年、一六三〜一八四頁、および浅野亮「中国の軍備管理・不拡散政策」『中国外交の問題領域別分析研究会報告書』日本国際問題研究所、二〇一一年、四〇〜五〇頁などを参照。

3　中華人民共和国国務院報道辦公室「中国的防拡散政策和措施」中華人民共和国国務院報道辦公室ホームページ、二〇〇三年一二月三日、http://www.scio.gov.cn/zfbps/gfbps/Document/1435326/1435326.htm。

4　中華人民共和国国務院報道辦公室「中国的軍控、裁軍與防拡散努力」中華人民共和国国務院報道辦公室ホームページ、二〇〇五年九月一日、http://www.scio.gov.cn/zfbps/gfbps/Document/1435328/1435328.htm。

5　同上。

6　なお、二〇〇五年の白書では、「一部の国によるミサイル防衛分野の協力が弾道ミサイル技術の新たな拡散を招くこと」を望まないと記されていることから、中国は、米国が先行する弾道ミサイル防衛について、台湾への配備を懸念し、反対の意思を表明していることがみてとれる。

7　「洪磊就中非局勢、聯合国〝武器貿易条約〟等答記者問」新華網、二〇一三年四月一日、http://news.xinhuanet.com/mil/2013-04/01/c_124530096.htm。

8　同上。

9　冷戦後の国際軍事貿易に関する中国側の見方については、熊明峰「冷戦後国際軍火貿易大盤点」『解放軍報』二〇〇一年三月三〇日などを参照。

10　共産圏に対する輸出管理レジームであるココムや米国の対中禁輸については、長谷川直之『ココム・ＷＭＤ・そして中国』現代書館、2008年など。

11　たとえば、中華人民共和国国務院「関與軍隊従事生産経営和対外貿易的暫行規定」一九八五年六九号、一九八五年五月四日。

12　ただし、二〇一六年九月一九日、米国のシンクタンクである国防問題研究センター（Ｃ４ＡＤＳ）と韓国のシンクタンクであるアサン政策研究院が共同報告書を発表し、北朝鮮と貿易のやり取りがある中国企業鴻祥実業集団傘下の「鴻祥実業発展公司」が北朝鮮の核兵器開発を支援したことを指摘した。同社の創業者で経営幹部である馬暁紅は、中国共産党員で、二〇一三年から二〇一六年九月に職務停止処分を受けるまで遼寧省人民代表大会代表を務めており、中国政府との関係も深かったものとみられる。なお、米国司法省は同月二六日、国連安全保障理事会第二二七〇号決議に違反し、朝鮮に核開発関連物資を提供したとして、同社に対する刑事告訴している。C4ADS, The Asan Institute for Policy Studies, *In China's Shadow: Exposing North Korean Overseas Networks*, August, 2016, http://en.asaninst.org/wp-content/themes/twentythirteen/action/dl.php?id=38853, U.S. Department of the Treasury, *Treasury Imposes Sanctions on Supporters of North Korea's Weapons of Mass Destruction Proliferation*, September 26, 2016,
https://www.treasury.gov/press-center/press-releases/Pages/jl5059.aspx.

13 Ashley Cowburn, Two-thirds of African countries now using Chinese military equipment, report reveals, *Independent(WEB)*, March 2, 2016,
http://www.independent.co.uk/news/world/africa/two-thirds-of-african-countries-now-using-chinese-military-equipment-a6905286.html.

14 Pieter D. Wezeman, Siemon T. Wezeman and Lucie Béraud-sudreau, "*Arms Flows to Sub-Saharan Africa*", SIPRI Policy Paper, Stockholm International Peace Research Institute, December, 2011, p.10,
http://books.sipri.org/files/PP/SIPRIPP30.pdf.

15 欧州諸国の中国に対する安全保障管理については、財団法人機械振興協会経済研究所「中国機械産業の発展と欧州等の中国に対する安全保障貿易管理の実態」『機械工業経済研究報告書』H22-2-4A（二〇一一年三月）、
http://www.cistec.or.jp/export/houkokusho/h22_2010/h22_kikai_yoyaku.pdf。

16 「ＡＰＩＤ60」は、全長三・二m、全幅〇・九五m（ローター含まず）。飛行時間六時間、飛行距離六〇〇㎞以上、飛行高度五五〇〇m。同機の輸入は、主として中国航空工業供銷華北有限公司
http://www.avic403.com/h-index.html が担当している。

17「ワリヤーグ」は、二〇〇二年三月三日に大連港に到着したものの、徐増平・香港創律集団董事局主席は「債務を返済することができず手放した」と述べている。なお、徐増平氏は元人民解放軍広州軍区所属のバスケットボール選手であり、その後実業家に転身した経歴を持つ。Minnie Chan, "Mission improbable," *South China Morning Post*, January 20, 2015.

18 同社の資本金は、登記上わずか一万人民元（約一五万円）であるが、公式ウェブサイトでは五億香港ドル（約七五億円）となっている。なお、同社は北京首都空港や上海浦東空港をはじめ、空軍基地を含む中国国内の主要な飛行場の建設に携わっている。また、扱う産品も、通信設備やX線検査装置、気象観測システム、衛星アンテナなど機微な設備を含め、空港施設のあらゆる産品を扱っている。「公司簡介」中国空域産業集団ホームページ、http://chinaairspace.com/about/。

19 CybAero, "CybAero delivers three helicopter systems to China," Press Release, CybAero (WEB), August 31 2016, http://www.cybaero.se/en/media/press-releases/?item=2288565. なお、Jolly 社は、香港に拠点を置く中国の豊楽（香港）有限公司を指しており、同社は無人機のほか、レーダーなどをも扱っている。豊楽（香港）有限公司ホームページ、http://www.jollyhk.com.hk/chi/products.php。

20「国防科工委：一〇家中国公司獲得軍品出口授権」人民網、二〇〇八年一月二二日、http://finance.people.com.cn/GB/6807574.html。

21 中国の軍工企業については、浅野亮「中国人民解放軍の経済活動」『東洋文化研究所紀要』第一三三冊、東京大学東洋文化研究所、一九九七年三月、一〜四二頁、駒形哲哉「軍事工業—軍民転換とその戦略的背景—」『移行期中国の産業政策』日本貿易振興会アジア経済研究所、二〇〇〇年、二九三〜三三四頁、および James C. Mulvenon, *Soldiers of Fortune: The Rise and Fall of the Chinese Military-Business Complex, 1978-1998*, Routledge, 2000, p.111, http://repository.dl.itc.u-tokyo.ac.jp/dspace/bitstream/2261/43810/2/ioc13308.pdf などに詳しい。

22 なお、中国原子力エネルギー工業公司（ＣＮＥＩＣ）は、軍用品輸出入会社として授権していないが、一一大軍工企業の中国核工業集団公司の傘下にある輸出入会社であることから、本図に含めた。

23 「公司簡介」中国新時代控股（集団）公司ホームページ、http://chinanewera.com/g2717.aspx。

24 「中共中央关于成立中共中央企業工作委員会及有関問題的通知（一九九九年一二月一日）」中国共産党新聞網、http://cpc.people.com.cn/GB/64162/71380/71382/71383/4844806.html。

25 John A. Nolan, Ⅲ, "Chinese Security and Economic Interests, American Technologies, and Critical Information," DIANE Publishing Company, *Protecting Critical Information & Technology: Fourth National Operations Security Conference Proceedings*, Diane Publish Cooperation., 1997, p.247.

26 国務院国有資産監督管理委員会国資改革［二〇一〇］一五一号文件「関於中国新時代控股(集団)公司有関業務與中国保利集団公司重組有関問題的批覆」二〇一〇年三月一一日。

27 「習近平指引科技創新路」新華網、二〇一六年二月一六日、http://news.xinhuanet.com/politics/2016-02/16/c_128723260.htm。

28 これに先立ち、二〇一五年九月から一〇月にかけて、中国航空工業集団公司（ＡＶＩＣ）傘下の上場企業である四川成発航空科技株式有限公司、中航動力科技工程有限責任公司、中航動力控制株式有限公司の三社が株式上場を停止しており、新たに設立されたＡＩＣＣは、これら三社の株式を取得する形で、航空機エンジンの開発を行う中国国有企業として分社化したものである。

29 「中共中央、国務院関於深化国有企業改革的指導意見」中発［二〇一五］二二号、二〇一五年八月二四日。

30 なお、現在進められている国有企業改革では、軍工企業とその他国有企業との事業統廃合や持ち株化がさらに進むものとみられる。「央企開啓産業重組合作整合新階段」新華網、二〇一六年九月六日、http://news.xinhuanet.com/fortune/2016-09/06/c_1119521774.htm。

31 「劉鶴同志召開会議部署落実国有企業発展混合所有制経済相関工作」、新華網、二〇一五年九月二〇日、http://news.xinhuanet.com/finance/2015-09/20/c_128247883.htm。

32 「中央軍委頒発《軍隊建設発展〝十三五〟規画綱要》」『人民日報』二〇一六年五月一三日。

第10章
中国の軍と社会との関係変化
動員、教育、プロパガンダ

1. 軍と社会との関係

本章では、どのように中国共産党が軍と社会との関係を変化させてきているのかを論じる。軍隊の役割が対外安全保障へとシフトするに従って、中国人民解放軍は「専門職業」化が進められている。これは二つの問題を引き起こす。一つは軍が党から離反するかもしれないという問題である。これに対して、前章までで論じた通り、中国共産党は、軍に対して軍令面のみならず軍政面、すなわち政治・財務面から党軍関係を強化している。

いま一つは、「専門職業」化の過程で、軍の営利性経済・商業活動のみならず、対外有償サービスの提供を停止することにより、これまで軍が構築してきた社会との結節点が減少し、軍が社会と隔絶することで、社会・大衆側が軍および軍事・国防分野への関心を低下させるかもしれないという問題である。それでは、党はこの問題にどのように対応しているのであろうか。

この問題を解く鍵は、中国が進めている「国防動員」、「国防宣伝教育」、および「国家安全」体制の構築にある。現在、党は国防動員体制の構築や軍民融合、民兵・予備役といった徴用の仕組みづくりを進めている。同時に、空母建設や軍事パレード、などを通じた国防宣伝教育（啓蒙）活動を展開している。こうした動員や徴用、教育、プロパガンダによって、中国共産党は人民解放軍と社会との結節点を増加しようとしているのではないだろうか。

そもそも、冷戦以後、外部からの中国への軍事侵攻の脅威は減少し、差し迫る対外的なリスクが低下している。それにもかかわらず、なぜ中国共産党は米国に並び、凌駕する軍事力を持ち、「世界一流の軍隊」を建設することを掲げて軍拡を続け、国防動員体制の構築を進めているのだろうか。その理由の一つは、社会の多様化により、党および軍が社会を動員する力を弱めていることに起因する。

こうした軍と社会との関係の変化は、ハロルド・ラスウェル（Harold D. Lasswell）の定義する「兵営国家」（garrison state）化として捉えることができるだろう。「兵営国家」とは、ラスウェルが命名した軍国主義と官僚統制が結合して作り出す国家の類型の一つであり、国民全体を一つの「兵営」のような厳格な国家秩序の中に押し込めて管理する体制を指す。

つまり、中国共産党は、社会を「兵営国家」化することにより、党および軍と社会との結節点を増やし、社会への訴求力を強化しようとしているのではないだろうか。そこで本章では、第一に中国の軍と社会との関係を分析する枠組みとして、「兵営国家」について説明する。第二に中国社会における「兵営国家」化を、国防動員・徴用と国防宣伝教育・プロパガンダの二つの側面から分析する。

2.「兵営国家」

（1）「兵営国家」の定義

ラスウェルの定義によれば、「兵営国家」とは「戦争の脅威が恒常的に存在することによって、軍の影響力が拡大（し、文民優位が曖昧になっ）た（民主主義）国家」とされる*1。すなわち「兵営国家」とは、国民を軍事的に編成するとともに、軍を価値体系の上位におき、政治、経済、教育、文化などの全てを軍事目的のために奉仕させる国家をいう。ただし、「兵営国家」の政治体制は、民主主義や権威主義など政治体制に限定されない。

実際、ラスウェルは当初、日中戦争のさなかにある一九三七年当時の日本と中国の「兵営国家」化を指摘した。その後、スターリン時代のソ連、ファシスト期のイタリア、戦時中の日本を典型的な「兵営国家」と位置付けている*2。他方で、ラスウェルは、第二次世界大戦中や冷戦期間中の米国を例に、民主的なシステムや価値観を保持しつつも、「兵営国家」化する可能性についても言及している。

「兵営国家」は、大きく以下の二つの政治体制に分類される。第一に、非共産主義思想、社会主義の「国民国家」型の主権国家において、国家を運営する上で軍を価値体系の上位に置く政治体制である。軍事政権下にあった韓国やビルマなどの軍事政権によって行政が行われている政治体制、戦時下の日本を含む多くの国家や、「軍国主義」、「全体主義」と呼称される国家がこれに該当する。

第二に、党が国家を超越する共産主義、社会主義思想政党が率いる国家において、実質的な国軍である党の「私軍」を価値体系の上位に置く政治体制である。建国以来、党の軍に対する絶対領導の下で「兵営国家」化を進めている中国がこれに該当する。「先軍政治」を敷いた金正日体制下の朝鮮民主主義人民共和国（北朝鮮）もこの分類に含めて考えることができよう。

ルイス・スミス（Louis Smith, 1951）は、軍による政治介入の類型を、①プリートリアニズム（praetorianism）、②シーザリズム（caesarism）、および③兵営国家（garrison state）の三つに分類している*3。

(2)「兵営国家」の特徴

ラスウェルの定義する「兵営国家」とは、軍事にかかる指導者が社会に対する独裁的な権力を持つ国家である。ラスウェルは「兵営国家」の二つの特徴として、①軍国主義的国家秩序、すなわち国家の資源を軍事用途のために動員する体制が構築されていること、および②宣伝、プロパガンダにより「危機を社会化」することにより、国民の支持を獲得する体制が構築されていることを挙げている。

後者について、ルイス・スミス(Louis Smith)は、安全保障上の不安が構造化・永続化し、長期間にわたって国家全体が臨戦態勢の継続を強いられるような状況は、「危険の社会化(socialization of danger)」をもたらす。「兵営国家」における普遍的な価値体系は「軍国主義(militarism)」だが、紛争の不安が昂進することで軍国主義が国民の心をとらえるようになると指摘している*4。

したがって、「兵営国家」は軍による政治・社会の簒奪によってではなく、「むしろ世論の名をかりて」出現し、「人民投票によって」台頭することとなる。行政機関も軍の台頭を抑制するのではなく、むしろ「積極的な援助」を行う。すなわち、政治の側が「危機の社会化」によって国民の支持を獲得し、「軍国主義」化を積極的に援助することが「兵営国家」の特徴であると言えよう。それでは中国にこの二つの特徴は当てはまるのだろうか。

3. 動員、徴用:国防動員体制の構築

第一に、近年中国は、軍と社会との結節点を強化し、党は自らが領導する国家の安全を保障するために、

国家資源を動員、徴用するための法制度や体制を整備、構築してきている。一見すると、江沢民や胡錦濤、習近平が行ってきている軍事闘争準備や国防動員準備は新しい動きではないように思われる。

たとえば、一九六五年のベトナム戦争、一九六九年のソ連との軍事衝突を前に、毛沢東によって打ち出された「祖国防衛戦争」から、スローガンが変化しただけのように思われる。しかし、実際には、文革・天安門以後失われた社会との結節点を取り戻すべく、一九九〇年代以降に進められてきた「国防」の法制度を整え、人民防空体制を構築することにより、国家の枠組みを用いて党および軍が社会を動員・徴用できる体制を構築しようとしている。

この背景には、軍の専門職業化や社会の多様化により、党および軍が社会を動員する力を弱めてきたこと、また地方政府の側も突発事件を処置する能力が不足していることが挙げられる。そのため、二〇〇六年一月には「国家公共突発事態総合緊急対応策」を策定し、同年八月に「人民解放軍司令部条例」を改正した。この改正では、一九九六年版の条例にも記載のあった「突発（性）事件の組織的な対応と処置」（組織指揮処置突発事件）を独立章としたほか、その他の章について加筆修正を行った。また、同年一一月には、中央軍事委員会が「突発（性）事件における軍隊の処置草案」を軍内に公布した。

なお、「突発（性）事件」とは、「国家公共突発事態総合緊急対応策」では「突発的に発生し、深刻な人員の死傷、財産の損失、生態環境の破壊、および深刻な社会的危害をもたらし、またはもたらすおそれがあり、公共の安全に危害が及ぶ緊急の事件」と定義されている*5。これに関連して、新型コロナウイルス感染症の拡大に際しては、二〇二〇年一月二四日、中央軍事委員会が、突発的に発生した公共衛生事件に対処する連携機構として中央軍事委員会應対新型冠状病毒感染肺炎領導小組を設置した。

このように、非伝統的な脅威、あるいは非伝統的・伝統的な脅威の複合事態の増加は、軍に求められる役割および機能を変化・増大させてきた。これは、人民解放軍にとっても、住民と密接に協力して民生支援を行うことは民心の掌握や支持獲得に繋がるものであり、活動上の武器となる。また、そうした脅威に対処するために軍のリソースを用いることで、中国共産党は、国内の治安を維持するとともに政治体制の維持を図っている。

また、国防動員については、一九九七年に制定された国防法で、「国務院と中央軍事委員会は共同で動員準備と動員実施を指導する。すべての国家機関と武装力、各政党と各社会団体、各企業事業単位と公民は、平時において法律の規定に従い動員準備を完了しなければならない。国が動員令を発令した後、規定された動員任務を遂行しなければならない」（第四七条）と規定した。

さらに、二〇〇九年八月二七日に第一一期全国人民代表大会常務委員会第一〇回会議で採択された一部法律の修正に関する決定に基づき、国防動員に関する条文（第四八条）を修正し、「中華人民共和国の主権、統一、領土の完全性が脅かされた時、国家は憲法と法律の規定に従い、全国の総動員又は一部動員を遂行する」と国防動員の要件を規定した。さらに、具体的に規定すべく国防動員法を二〇一〇年七月一日から施行した。

また、二〇二〇年一二月二六日には、改正国防法を制定、公布し、二〇二一年一月一日から施行した。同法では、国防教育および国防動員指導管理体制を整えるため、国防教育（同法第七章）および国防動員制度（同第八章）を拡充・整備し、「発展の利益」が脅かされた時にも動員を行う（第四七条）ことを規定するなど、国防動員を行う国家の危機事態をより広範に定義し直している。

4．プロパガンダ：中国における「危機の社会化」

こうした国防動員体制に関する法制度を整備するとともに、党および軍は軍事・安全保障に対して、社会すなわち大衆の支持を取り付け、関与あるいは積極的に参加させるべく、国防宣伝・教育を行っている。党および軍は国防、国家安全に関する政策を大衆の間に浸透させ、大衆の支持を獲得していくために宣伝、説得などの手段による大衆運動を展開しなくてはならない。しかし、文化大革命における大衆運動の失敗やカリスマ依存からの脱却を同時に図らなければならない。

プロレタリア文化大革命期の中国では、林彪国防部長が毛沢東を全面的に支援し、軍事管制を厳格に実施して「兵営国家」建設に努めたと言われている。一九七一年の林彪死亡（林彪事件）後は、党の軍に対する指導力が強化された。文化大革命以後、中国共産党および人民解放軍は大規模な階級闘争的大衆運動を否定している。そのため、プロレタリア文化大革命を経て、中国共産党および中国人民解放軍は大規模な階級闘争的大衆運動を否定している。

また、一九七九年の中越戦争の軍事的敗北を経て、一九八〇年代以降「四つの近代化」が叫ばれた。この鄧小平期には、人民解放軍は経済の現代化に貢献するとともに軍の財源を確保すべく、人民解放軍が本来任務に加えて経済活動に従事してきた。これにより、軍と民間の接点は増加したものの、軍のリソースを経済に振り向けることとなり、また腐敗や汚職の温床ともなったため、前述のようにこれを廃止するに至った。

しかし他方で、毛沢東期以来の「危機の社会化」、「人民戦争」理論は現在にも生きている。愛党意識や国防意識が低下する中、兵役拒否を厳しく処罰するなど、国防は憲法に規定された義務であると強調しなければならない現状がある。無論、愛党・愛国意識や国防意識は強制によって醸成されるものではない。むしろ、強制されれば反発を招く恐れもある。そのため、「危機の社会化」を図り、「人民戦争」のための体制構築と意識向上を進める必要がある。

そのため、党は前項で示したように国防法により国防宣伝・教育を規定し、「全民国防教育日」を設定し、軍の対外活動を宣伝して国威を発揚することで、愛国主義教育の中で大衆の国防意識を養成している（表10-1参照）。つまり、党は、大衆の愛国意識とそれに伴う国防意識を高め、国防の主体を大衆とし、大衆運動化することで、国防の担い手である軍への信任を獲得し、延いては党による統治の正当性を強化しようとしている。

とりわけ、習近平体制下の軍事改革によって、党の軍に対する指導力が強化され、軍は党の領導を受け入れる一方で、軍事的拡張を志向している。これは、外交に影響を及ぼしているだけでなく、後勤活動の「社会化」や「軍民融合」を進めるなど、経済的にも中国社会に大きな影響を及ぼしつつある。そうした新たな仕組みによって軍と社会との結節点を増やすことと並行して、国防意識を向上させていると言えよう。

このように、習近平は党と軍とが「共生」する外部環境を作り出すべく、「総体国家安全観」を掲げ、あらゆるものを安全保障化することによって「危機の社会化」を行っている。それは、「危機の社会化」により、国内で軍の近代化や「軍事闘争準備」のために多額の予算を割り当てることを正当化できるからである。

5．おわりに

以上の通り、中国は兵営国家の二つの主な特徴である経済・社会の動員・徴用と危機の社会化を行い、「党・プロパガンダ国家（party propaganda state）」ないしは「党・官僚国家（party bureaucratic state）」から「兵営国家」へと変化している。冷戦以後、外部からの中国への軍事侵攻の脅威は減少し、差し迫る対外的なリスクが低下しているにもかかわらず、なぜ党は国防動員体制の構築を進めているのだろうか。

表11-1　国防教育日のスローガン

回	年月日	スローガン
第1回	2001年9月15日	国防に関心を持つことは、自らの故郷に関心を持つこと
第2回	2002年9月21日	国家の安全(保障)は全社会の共同責任
第3回	2003年9月20日	国防に皆で連なり、千万世帯の安寧を繋ぎとめよう
第4回	2004年9月18日	国の受けた恥辱を忘れず、我が国防を強化しよう
第5回	2005年9月20日	歴史をしっかりと心に刻み、平和を大切にして、国防を想い抱こう
第6回	2006年9月16日	長征精神を発揚して、鋼鉄の長城を共に打ち立てよう
第7回	2007年9月15日	軍隊を心から愛し、国防に心を向けよう
第8回	2008年9月20日	国家の安全(保障)を維持して、調和のとれた故郷を築こう
第9回	2009年9月19日	光り輝く業績を称賛して、強大な国防を建設しよう
第10回	2010年9月18日	富国強軍、共に長城を築こう
第11回	2011年9月17日	法律に基づく国防教育を展開して、公民の国防観念を強化しよう
第12回	2012年9月15日	人民の軍隊を心から愛し、共に鋼鉄の長城を築こう
第13回	2013年9月21日	国防の義務と国家の安全(保障)
第14回	2014年9月20日	国家の安全(保障)に関心を持ち、海洋権益を維持・保護しよう
第15回	2015年9月19日	偉大な抗日戦争の精神を発揚し、一心となり共に強大な国防を築こう
第16回	2016年9月17日	赤色(共産党)の遺伝子を継承し、強固な国防を共に打ち立てよう
第17回	2017年9月16日	輝かしい業績を称え、赤色の遺伝子を継承し、改革強軍を支持しよう
第18回	2018年9月15日	赤色の遺伝子を継承し、強軍力を結集しよう
第19回	2019年9月21日	輝かしい成果を讃え、軍民が心を一つにして夢を築こう
第20回	2020年9月19日	新しい時代に奮い立ち、軍隊の夢に力を合わせよう
第21回	2021年9月18日	強国の新たな歩みに踏み出し、軍民が共に強軍の夢を築こう
第22回	2022年9月17日	新時代の愛国強軍の新たな章

(出典)『解放軍報』などを基に筆者作成。

その一因は、社会の多様化により、党および軍が社会を動員する力を弱めていることにある。そのため、中国共産党は軍と社会との関係を変化させていると考えられる。

「兵営国家」は、党による支配の正当性に関わっている。内外の危機の重大性や切迫性を強調し、「兵営国家」体制による一党支配をしなければ、一〇〇年前のように中国は弱まり、屈辱を受けるというロジックである。また、「兵営国家」は経済・社会の動員を大規模に行うことから、「国家総動員」の固定化とも言える側面があり、政治体制を超えて共通する現象であったという仮説も成り立つ。あるトピックを深掘りしていくと政治学の根本問題にたどり着く研究例の一つであるが、この問題については機会があれば別途論じていきたい。

＊註

1　村井友秀「政軍関係―シビリアン・コントロール」防衛大学校安全保障学研究会編著『安全保障学入門　新版』亜紀書房、二〇〇一年、一六〇頁。

2　Marvic, Dwaine (ed.) Harold D. Lasswell on Political Sociology, the University of Chicago Press, 1977.

3　ルイス・スミス著、佐上武弘訳『軍事力と民主主義』法政大学出版局、一九五四年、二八～三二頁。（原書名：Louis Smith, American democracy and military power: a study of civil control of the military power in the United States. 1951.）

4　スミス、同上、三一～三二頁。

5　「国家突発公共事件総体応急預案」『人民日報』、二〇〇六年一月九日。

第11章

「最高統帥」としての習近平

「大元帥」になる日は訪れるか

1．習近平政権三期目の軍改革の焦点

（1）軍改革を推進する四つの要因

本書を通じて、習近平が軍を重要視し、「強軍目標」を掲げて改革を進める理由が、以下の四つの要因にあることが読者は理解できただろう。

一点目は、対外的要因である。中国は自らの主権主張を強化し、利益を確保するために、対外的な国家の威信を奮い立たせるべく、軍事力を強化してきている。また、新たな戦争形態に対応し、「世界一流の軍隊」を建設するために、「総体国家安全観」の下で国家の安全保障体制を整備し、軍改革を推進している。「強軍の夢」が「中国の夢」と並列して語られるのは、まさしくこのためである。

二点目は、政治的要因である。党の軍に対する絶対領導の強化のために、軍中党組織を強化し、腐敗を取締り、党や軍内の改革への抵抗勢力を一掃し、軍に対する紀律検査や財務検査を実施することで、党お

よび習近平への政治的忠誠を強化しようとしている。

三点目は、経済的要因である。習近平政権下では、人民解放軍が提供する対外的な有償サービスを停止し、軍が自ら管理する予算外経費を無くす一方、党が国家予算の枠内で軍の予算を管理しようと試みている。さらに、経済成長率が逓減する中、経済建設と国防建設とを両立させ、双方を持続的に発展すべく、習近平は軍民融合発展戦略を国家戦略に押し上げ、全国的に展開している。

四点目は、国内的要因である。「強軍目標」を実現するためには、社会の軍に対する支持が必要不可欠である。軍民融合を推進するとともに、国防教育・宣伝や国防動員体制を構築、強化することで、国防と軍隊建設を大衆運動化しようとしてきている。それは、改革を通じて形成される忠実かつ強大な軍隊や「兵営国家」化した社会が、習近平の権威を強化し、政権の後ろ盾となることを狙っているからであると考えられる。

これらの複合的な要因に基づいて進められている軍事改革は、三期目を迎えた習近平政権下でどのように進展するのだろうか。二〇一五年一一月二四日から二六日に開催された中央軍事委員会改革工作会議で示されたように、軍事改革の範囲は非常に多岐に亘るが、とりわけ改革の成否を握るとみられるのは、①武器・装備面、②部隊・組織面、③政治・思想面、および④資金・財務面である。今後の改革におけるそれぞれの焦点は以下の通りである。

(2) 軍改革と武器・装備面の更なる発展

中国は現在、遠洋海軍(藍色海軍)建設を急速に進め、海洋進出を深化させている。特に二期目の習近平政権下では、戦略原潜および潜水艦発射弾道ミサイルの改良や建設による第二撃能力の確保が戦略的に重要な意味を持ってきた。また、二〇一七年四月二七日に中国船舶重工業大連造船所で進水した中国初の国産空母「山東」や二〇二二年に進水した「福建」、また075型大型強襲揚陸艦の就役などが象徴的な意味を持ってきた。

さらに、南シナ海で行う活動に電力を供給するための海上フロート型原子力発電所二〇基の建造や、同海域における島礁の更なる軍事化が引き続き進むだろう。これらはいずれも数年内に完成すると見られ、新たな海軍艦艇の建造と相まって、中国が第二列島線を越えた軍事活動を常態化させ、「南（シナ）海防空識別区」を設定する可能性や、新たな海外軍事基地を建設する可能性がある。

この他、習近平が繰り返し強調してきている「科技興軍」（科学技術による興軍）戦略に基づき、宇宙やサイバーを含む国防科学技術の発展や戦略性新興産業の振興、軍民融合が一層進んでいくものと考えられる。また、中国が独自開発を進めている衛星測位システム「北斗衛星導航系統」の全世界における運用体制も二〇二〇年末に整えられた。

このほか、弾道ミサイルや地対空ミサイル、戦闘機をはじめとした多種の航空機などの進展も目覚ましく、それらは習近平政権下で「定例化」した閲兵式において対外的に公表されることとなるだろう。一期目では、二〇一五年に抗日戦争勝利七〇周年記念閲兵式、二〇一七年に建軍九〇周年記念閲兵式が行われたが、二期目にも二〇一九年に建国七〇周年の国慶節における記念閲兵式、二〇二一年には建党一〇〇周年大会が行われてきた。

これまでの習近平政権二期一〇年の間、より一層の軍事力構築が進められてきた。こうした軍事力が、実際に緊張が高まる近隣諸国との間で生じる戦闘に用いられる可能性があることは言うまでもない。少なくとも、「爪を隠す」ことなく、「強軍の夢」の実現という国威発揚に用いられるとともに、中国の主権主張を対外的に強化するための示威行動に用いられることは間違いないだろう。

（3）新たな中央軍事委員会と部隊・組織面の更なる改革

軍高官人事は、政治指導者がどの程度軍を掌握しているかを見る一つの指標である。党と軍の派閥が結びつき、かつ軍内における派閥の影響が大きい場合、軍の人事でも各派閥に配慮した人材配置を行うこととなる。一方、党内における政治指導者の権力基盤が強固である場合、軍の人事でも政治指導者自身に近い人物を要職に就ける可能性が高い。ただし、軍が内部で独自の派閥を形成している場合、政治指導者が人事に与える影響は少ない。

中国では、党と軍の派閥は密接に結びついてきた。それは、建軍期には、政治指導者と軍指導者とが一体であったからであり、「党指揮槍」（党が鉄砲を指揮する）という原則の下、地方の政府および党組織と各軍区とが密接に結びついていたからである。また、軍の人事を司るのは政治工作部の系統であり、党内の政治的影響力が直接軍に反映されてきたからである。

なかでも、軍の最高意思決定機関である中央軍事委員会の委員とその構成は、時の政治指導者の軍掌握度を見る上で重要である。これまで、委員は基本的に制服組であり、非制服組は主席のみ、あるいはその後継者が副主席として就任する。主席責任制の下、党の軍に対する絶対領導が担保されているとは言え、軍人が圧倒的多数を占める委員会で、政治指導者が影響力を行使するためには、自らに近い軍高官を委員に任命する必要がある。

従来、中央軍事委員会は、主席と複数名の副主席、国防部長、四総部（総参謀部、総政治部、総後勤部、総装備部）の部長（総政治部は主任）、軍種（海軍・空軍・第二砲兵部隊）司令員で構成されてきた。しかし、軍組織改革後の二〇一七年に行われた第一九回党大会で新たに誕生した軍の最高指導機関である中央軍事委員会のメンバーには、主席の習近平に加え、許其亮と張又俠の二名が副主席として、魏鳳和、李作成、苗華、張升民の四名が委員として選ばれた。

この新たな中央軍事委員会には、主席の習近平と副主席の許其亮は残留したが、もう一人の副主席であった范長龍の引退に伴い、張又俠・元装備発展部部長が副主席となった。范長龍が陸軍の軍令系統を歴任してきたのに対し、張又俠は一貫して装備系統を歴任してきた点が異なる。張又俠は、習近平とも家族ぐるみの親しい関係にあることが度々指摘されていることからも、習近平の信任が厚い人物の一人であるとみられる。

一九五〇年生まれの張又俠は、建国時の上将である張宗遜を父に持つ「紅二代」であり、李作成らと同様にベトナム戦争に参加したことがあり、これまでに北京軍区副司令員、瀋陽軍区司令員、総装備部部長、および中央軍事委員会装備発展部部長を務めた。この経歴から分かるように、彼が副主席に任命されたのは、単に習近平と旧知であるだけでなく、軍における実戦経験や軍の近代化を重視していることと無関係ではないだろう。

習近平体制二期目の中央軍事委員会の最大の特徴は、委員が八人から四人へと半減した点にある。四名の委員のうち、魏鳳和・元ロケット軍司令員は国防部長を担当するとみられる。また、軍種と戦区を束ねる李作成・聯合参謀部参謀長はかつての軍種司令員を代表しているとみられる。苗華・政治工作部主任は軍中の政治・思想工作を担当し、張升民・中央軍事紀律検査委員会書記は軍中の反腐敗取締りを担当することとなる。

こうした構成上の特徴から、以下の三点を読み解くことができる。第一に、かつての四総部が中央軍事委員会の各部門へと再編されたことで、「中央軍事委員会主席責任制」の下で主席がそれらを束ね、二人の副主席が補佐する体制を構築しようとしていること、第二に、装備系統出身の張又俠を副主席とすることで、軍民融合による武器装備の発展を推し進めようという意図、第三に、委員の構成から聯合作戦や軍内における党の政治・思想工作、反腐敗闘争の継続・強化を企図していることが看て取れよう。

一方、習近平政権下の軍改革が目指している米国型の統合作戦指揮のためには、戦区による五軍種（陸・海・空・ロケット・戦略支援部隊）の運用が上手く進むかどうかが最大の焦点となる。元七大軍区は五大戦区の陸軍へと姿を変え、部隊の統合運用や指揮・命令系統のみが戦区司令部として独立した。しかし、中央軍事委員会、戦区、軍種の役割分担の調整や戦区内の組織機構、統合作戦指揮を担える人材の養成は、まだこれからである。

これらは、いずれも今次の軍改革を反映した形であると言えよう。こうした指揮体制と並行して、部隊レベルでは、「実戦化」という要求に基づいて新型作戦力が強化されつつある。とりわけ、建軍九〇周年閲兵式でも登場した海軍陸戦隊（海兵隊）や空軍空挺兵部隊（パラシュート部隊）、陸軍海防旅団など、海洋権益の擁護や即応能力の向上など、実際の作戦、戦闘を想定した新型作戦力の編成を強化しようとしていることが読み取れる。

さらには、軍、法執行機関、民間を一体化し、また現役部隊と予備役・民兵を一体化して、多層的な運用を行おうとしている。こうした運用は、習近平が掲げる「実戦化」という要求の下、領土や領海の主権をめぐる近隣諸国との衝突や海洋権益の擁護に用いられるようになってきている。三期目の習近平政権下では、正規の軍隊や現役部隊以外の武装力が、より体系的かつ多種多様な形式で「軍事闘争準備」としての演習を展開することとなるだろう。

このように、軍令面では、「統合化」した作戦指揮命令系統や「実戦化」における聯合作戦指揮能力構築を進めることができるかが改革の成否を分けることとなる。また、部隊・組織面においては、二〇二〇年までの兵員削減に加え、軍組織改編、新型作戦力の編成や訓練などの目標を達成することによって、大陸軍主義を脱した軍隊建設ができたか、延いては「戦うことができ、戦って勝つことができる」軍隊建設ができているかどうかが問われることとなる。

（4）習近平の軍事思想の深化と政治・思想面の更なる統制

中国共産党にとって、「戦うことができ、戦って勝つことができる」軍隊を建設する際の最大の懸念は、専門職業化した軍隊が党から離反する可能性である。本書の冒頭で述べたように、軍の近代化や専門化を進めると、軍は政治的に中立的な立場をとり、党の利益や目標よりも国益を優先するようになる可能性がある。こうした懸念を払拭すべく、現在、中国共産党および習近平は、軍政面において党軍関係を強化しようとしている。

軍への政治・思想工作として、二期目の習近平政権では、以下の三つが進展するとみられる。第一に、習近平の軍事思想化とその学習・貫徹である。後述の通り、第一九回党大会および第二〇回党大会でも国防・軍隊の近代化の前提として、習近平の「新たな時代の党の強軍思想」の全面的な貫徹が強調されている。三期目も閲兵式や各軍種の党代表大会による習近平の重要講話が行われる。我々はこうした機会に行われる講話からその中身を読み解く必要があるだろう。

第二に、軍に対する更なる統制の強化である。軍の党に対する求心力が相対的に低下する中、習への忠誠や「党の軍に対する絶対領導」を強化しようとする潮流に変化はないだろう。そのため、軍内における反腐敗闘争や紀律検査とその巡回査察、財務大精査、軍事審計（会計検査）工作などを引き続き展開することで、軍の紀律や風紀の徹底を図るだろう。こうした軍に対する「ムチ」を緩めることはないと見るべきである。

第三に、軍事法規の整備である。習近平は、「法によって軍を治める」（依法治軍）ことを繰り返し強調してきた。しかし、「ムチ」の根拠となる法律法規の整備はまだこれからである。そこで、三期目の習近平政権下では、一連の軍改革に伴って改訂の必要性が生じている軍事法規の刷新がさらに進められるだろう。また、軍民融合や国防動員体制の確立など「兵営国家」化する社会を法律によって規定するための国防法制化が進展するとみられる。

政治・思想面における「党の軍に対する絶対領導」をより一層強化することで、堅牢な「共産党の軍隊」を作り上げることができるだろうか。あるいは、軍の党に対する「面従腹背」をもたらすのであろうか。少なくとも、平時における愛党心や愛国心に根ざした名誉や誇りのみで軍の党に対する忠誠を維持することができるかは疑問が残る。この懸念を払拭する有効な方法は、軍に対して「アメ」を与えるか、実際の戦争に勝利するかの二つであろう。

（5）経済成長率低減下の資金・財務面での改革

軍に対する「ムチ」が強められる一方、給与や福利厚生、年金、退役軍人への恩給など、資金・財務面における軍に対する「アメ」はまだこれからである。これらは軍改革の一環として掲げられているが、一期目には実現しなかった。そのため、二〇一七年二月二二日には退役軍人が陳情のため中共中央紀律検査委員会前にて集会、抗議活動を行うなどの事例が複数発生していた。これらは三期目の習近平政権においても課題となる。

有償サービス活動の停止に伴い、軍の予算外経費は削減されることとなる。また、経済成長率の低下に伴う公表国防費の更なる伸び率低下が見込まれる。軍事費が低減する中、増加の一途を辿る最先端の国防科学技術に関する研究開発費を抑制すべく、軍工企業を再編・統廃合して効率化を図るとともに、軍工企業を株式化することによる民間資本の活用や「軍民融合」による民間企業の軍事産業への参入、民間技術の軍事転用が加速するだろう。

このように、軍隊に対して統制を強化する一方で、資金・財務面の改革により、軍が党から離反しないための仕組み作りが成功するかどうか。また、習近平が掲げる「科技興軍」（科学技術による興軍）という下で、軍民融合などをはじめとする経済建設と国防建設を両立かつ持続させるための仕組み作りが成功するかどうかが焦点となるだろう。他方、第3部で述べた通り、こうした仕組みによって中国の「兵営国家」化がさらに進むこととなるだろう。

2．習近平政権自身による一期目の軍改革の総括

（1）建軍九〇周年記念活動にみる改革の成果

それでは、習近平政権自身は、一期目の軍改革をどのように総括し、二期目をどのように進展しようとしてきたのか。一期目の節目に当たる二〇一七年秋は、中国人民解放軍の建軍九〇周年の節目でもあった。その建軍九〇周年の記念行事を目前に控えた二〇一七年七月二四日、軍の規模・構造・部隊編成改革を推進し、中国の特色のある現代的な軍の部隊体系を再構築することについて、中国共産党中央政治局の第四二回集団学習会が開催された。

学習を主宰した習近平は、「今回の集団学習で軍の規模・構造・部隊編成の改革の内容を段取りした目的について、『首から下』の改革の状況を理解し、改革後のわが軍の部隊体系の新たな様相を理解し、国防・軍改革を一層深く推し進めることについて検討することにある」と述べ、「軍の規模や構造、部隊の編成を最適化し、国防と軍の発展を制約している構造的な矛盾を解決することは、国防・軍改革を深化させる上で重要である」と強調した。

その上で習近平は、部隊編成改革について「数・規模型から質・効率型への転換、人員集約型から科学技術集約型への転換を踏み出す大きな一歩であり、現在精鋭の作戦部隊を主体とする統合作戦部隊の体系

が形成されているところである」との認識を示した。実際、翌週七月三〇日、内蒙古自治区の朱日和訓練基地で行われた中国人民解放軍建軍九〇周年記念閲兵式は、統合作戦部隊の体系に向けた一期目の部隊編成改革の成果を示すものであった。

朱日和訓練基地における建軍九〇周年記念閲兵式は、一九八一年九月一九日に鄧小平によって行われた「華北大閲兵」以来、三六年ぶりに北京以外で行われた閲兵式であった。また、演習場における実践化訓練に参加した部隊で組織された「初の野戦化・実践化された閲兵式」と位置付けられた。これは、戦区における統合作戦部隊の体系を示す実践的な閲兵式を行うことで、「軍事戦闘準備」が進み、「強軍目標」に近づいたことを示す狙いがあるとみられる。

閲兵式に参加した部隊は、陸軍、海軍、空軍、ロケット軍、戦略支援部隊、武装警察部隊、聯勤保障部隊の一万二〇〇〇人あまりで構成され、現役の主要な戦闘兵器に加えて、ステルス戦闘機「J‐20」、99A式主力戦車、防空ミサイル「HQ9‐B」、「HQ22」、艦対空ミサイル「HHQ9B」、弾道ミサイル「DF16改」、戦闘機「J‐10C」、多用途戦闘機「J‐16」、戦略核ミサイル「DF‐31AG」などが初めて披露された。

(2) 建軍九〇周年祝賀閲兵式の狙い

この人民解放軍建軍九〇周年祝賀閲兵式は、習近平が進める改革の一里塚として、実戦的な統合作戦部隊の体系を示すことにあった。しかし、同閲兵式は軍事力を展示する効果だけを狙ったものではない。より重要なのは、習近平が軍権を掌握していることを内外に示し、また全軍に「軍の党に対する絶対領導」を改めて求めるものであったということである。それは第一に、習近平が部隊の観閲後に行った「重要講話」の内容に見ることができる。

講話の冒頭、習近平は、建軍九〇年の歴史について総括し、「人民軍は党の指揮に従う英雄的な軍の名に恥じず、心から国に報いる英雄的な軍の名に相応しく、中華民族の偉大な復興のために勇敢に奮闘する英雄的な軍の名に相応しい」と述べた。これまで「党の指揮に従う」という表現は繰り返し強調されてきたが、習近平政権下で強調されるようになった「中華民族の偉大な復興のために勇敢に奮闘する」軍隊という表現を用いた。

さらに習近平は、将兵達に対して「党の軍に対する絶対的指導という根本的原則と制度を断固として揺るぎなく堅持し、永遠に党に従い、党に従って歩み、党の指し示すところはどこでも叩かなければならない」、「政治による建軍、改革による強軍、科学技術による軍の振興、法に基づく軍統治を確固不動に堅持し、国防と軍の現代化建設水準を高めなければならない」と述べるなど、党の指導に対する絶対忠誠を求める表現を随所に用いた。

第二に、観閲の復路で、受閲部隊に習近平の軍に対するスローガンである「党の指揮に服従・戦闘勝利・作風優良」と唱和させたことである。これは、党の指揮に従う軍隊、「人民に奉仕する」軍隊であるだけでなく、「戦うことができ、戦って勝つことができる」軍隊、反腐敗闘争を進めて作風優良な軍隊を築き上げるという習近平の軍に対するスローガンを軍自らが唱和するものであり、習近平の軍掌握が一層強化されている様子が窺えよう。

第三に、観閲官である習近平の「同志たち、こんにちは」との呼びかけに対して、受閲将兵が「主席、こんにちは（主席好）」と返答したことである。これに先立つ六月三〇日には、人民解放軍駐香港部隊による香港返還二〇周年祝賀観閲を行ったが、その際も将兵は声を揃えて「主席、こんにちは」と唱和した。これらは、習近平の中央軍事委員会主席としての肩書きを際立たせるものであったと理解することができよう。

鄧小平の時期以降、中国人民解放軍の閲兵式では、中央軍事委員会主席を含む観閲官に対して「首長、こんにちは（首長好）」と答礼するのが慣例となってきた。この応答は、一九九七年一〇月七日に制定、二〇一〇年六月一五日に改訂施行された「中国人民解放軍隊列条例」で規定されている*1。「首長」は政府もしくは部隊における高級指導者を指す言葉であり、「主席」は幾つかの国の政府機関や党派、団体組織の最高指導者の職位名を指す。

香港返還二〇周年および建軍九〇周年の閲兵式に先立って、同条例が改正されたのか否かは示されていない。しかし、少なくとも高級指導者全般に用いられる「首長」ではなく、軍における唯一の「主席」の肩書きを際立たせたことは、「中央軍事委員会主席責任制」を強調する一環として見ることができよう。これにより、「党の核心」であり「軍の最高統帥」である習近平が軍権を掌握していることを内外に印象付ける狙いがあったと考えられる。

建軍記念日当日の八月一日、習近平は、北京の人民大会堂で開催した中国人民解放軍建軍九〇周年祝賀大会で「重要講話」を行った。この祝賀大会は、七月三〇日の建軍九〇周年祝賀閲兵式や翌三一日の国防部主催による建軍九〇周年祝賀レセプション」に続き、習近平中央軍事委員会主席の臨席の下で開催された。一時間という比較的短時間の行事であったが、そのうち約五〇分は習近平主席の「重要講話」に費やされた。

この祝賀大会には、長老は呼ばれず、李克強国務院総理の冒頭発言等を除き、習近平の講話のみで他の出席者の発言はなかった。祝賀大会の習近平の重要講話のみにすることで、習近平主席の講話に最大かつ唯一の力点を置く意図があったのだろう。また、習近平の講話の中では、江沢民や胡錦濤に対する言及はなく、習近平の権威を突出させる狙いがあったことがうかがえる。

習近平は、三〇日に行われた閲兵式における重要講話と同様、「党の軍に対する絶対領導」を繰り返し強調しており、習近平および習近平を「核心」とする党中央による軍に対する統制がさらに強化されることを示唆するものであった。実際、習近平は「軍隊の戦力は、その人数や武器装備を見るのではなく、その紀律を見なければならない」と述べ、軍における紀律監督を一層強化するものとみられる。

（3）中国共産党第一九回全国代表大会にみる軍改革

二〇一七年一〇月一八日、中国共産党第一九回全国代表大会における習近平の報告では、国防・軍隊の近代化に関して、一期目の総括と二期目以降の新たな目標が示された。その内容は、以下の五点に集約できる。第一に、「新たな時代の党の強軍思想」の全面的な貫徹である。同思想を貫徹することは、各軍種の建設とともに、習近平の「強軍思想」の要となる戦区聯合作戦指揮機構を構築し、近代的な作戦システムを構築していくことでもある。

第二に、世界の新軍事革命の発展の趨勢と国家の安全保障上の必要性に合わせた新たな目標が示されたことである。「二〇二〇年に軍の機械化・情報化を概ね実現させ」、「二〇三五年までに国防と軍隊の近代化を概ね実現させ」、「今世紀中頃までに世界一流の軍に築き上げる」ことを目指すという「三段階」のスケジュールを初めて列挙し、「軍は戦争に備えなければならないものだ」と強調した。

二〇〇九年一月に公表された国防白書『二〇〇八年中国の国防』では、「二一世紀中頃までに国防と軍隊の近代化の目標を基本的に実現する」との目標が示されていた。今回の「三段階」のスケジュールは、この国防白書に示された計画を一五年前倒しするものであり、二一世紀中頃までに人民解放軍を米国に並ぶ「世界一流の軍隊」として築き上げることが新たな目標として設定されたことを意味する。

第三に、軍における党建設の強化や軍事法規の整備である。習近平は報告の中で、「赤色（革命）の遺伝子を伝承し、強軍の責任を担う」というテーマ教育を繰り広げ、「軍人の栄誉体系建設を推進し、魂があり、能力があり、気概があり、人徳がある新たな時代の革命軍人を育成」することなどを掲げた。また、「全面的に厳格な軍統治を進め、軍を治める方式の根本的転換を推し進め、国防・軍建設の法治化水準を向上させる」ことを強調した。

第四に、軍事闘争準備である。習近平は、そのために聯合作戦能力、全域作戦能力を向上させなければならないと改めて強調した。具体的には、「伝統的な安全保障分野と新型安全保障分野の軍事闘争準備を統一的に推進」することや、「新型作戦部隊と保障部隊を発展」させること、「実戦化された軍事訓練や、軍事力の運用を強化し、軍事のスマート化に向けた発展を加速させ」ること、ネットワーク情報システムを構築することなどが掲げられた。

第五に、富国と強軍の併進である。報告では、「国防科学技術工業改革を深化させ、軍民融合の深い発展の枠組みを形成し、一体化した国の戦略体系・能力を構築する」ことや、「国防動員体系を整備し、強大で安定した国境、海、空の現代化された防衛を建設する」、「退役軍人の管理・保障機構を構築し、軍人・軍属の合法的権益を擁護し、軍人が社会全体で尊敬される職業になるようにする」と述べ、軍と社会の関係を発展させることが示された。

(4) 新たな中央軍事委員会の発足と軍指導幹部会議の開催

二〇一七年一〇月二四日、第一九回党大会において、「中国共産党章程（修正案）」が決議され、党規約に「習近平の新時代の中国の特色ある社会主義思想」（習近平新時代中国特色社会主義思想）が書き込まれた。個人名が含まれるのは毛沢東、鄧小平以来である。また、共産党の指導イデオロギーにおいて、「思想」は鄧小平の「理論」よりも高い位置づけにある。このことは、いわゆる「習近平思想」が党の最高指導思想となったことを意味する。

第一九回党大会を経て権力基盤を強固にして二期目に入った習近平体制は、二〇一七年一〇月二八日、全軍の指導幹部を集めた会議を異例の速さで開催した。第一八回党大会の第一回中央委員総会が新たな中央軍事委員のメンバーを選出した直後にも、新旧の軍事委員会のメンバーが党大会に出席した軍と武装警察の代表、特別招待代表、列席者と会見し、会議が行われている。ただし、会見の後に行われた会議は、「中央軍事委員会拡大会議」であった。

言うまでもなく、「軍指導幹部会議」は、「中央軍事委員会拡大会議」よりも大規模に全軍の指導幹部を集めた会議である。中華人民共和国成立後初の大規模な軍指導幹部会議に当たるのは一九五三年一二月、五一日間に亘って行われた全国の軍関連党高級幹部会議である。当時は、中央軍事委員会、各総部、各大軍区、各軍種、兵種、各直属学校の主要指導者ら一二三人が参加した。今回の会議はこれに匹敵する軍指導幹部を集めた会議であった。

また、二〇〇八年六月一三日には、中央軍事委員会が北京で「軍指導幹部会議」を開催しているが、中央軍事委員会主席であった胡錦濤は出席しなかった。同会議の内容は、党中央、国務院が開いた省・自治区・直轄市と中央部門の主要責任者会議の精神と胡錦濤中央軍事委員会主席の重要演説を伝達し、軍での貫徹実施のための具体的措置を研究することであった。これと比較しても、今回の会議は習近平が臨席する格上の会議であったと言えよう。

この軍指導幹部会議では、前軍事委員会の主要業務についての報告や、全軍に対する第一九回党大会の精神貫徹の学習の手配、新たな軍事委員会メンバーに対して規範づくりや軍の各方面の業務に対する要求などを行うとともに、党への忠誠など「厳しく軍を管理する」ことを要求した。また、会議において、習近平は、新たな中央軍事委員会のメンバーは「党が全局的見地から行った重大な政治的配置」であると述べた。

これによって、軍の指導幹部に新たな中央軍事委員会メンバーに対する忠誠を求めるとともに、同メンバーに対しては「軍事委員会の業務に全力で取り組む」べく、「六つの必須」（①必ず党への忠誠、党の指揮に従う、②必ず戦いに長じ、勝利する、③必ず鋭意改革を進め、完全と革新を行う、④必ず科学的に計画し、管理する、⑤必ず法治を励行し、厳しく軍を治める、⑥必ず優れた作風で、手本をつくり出す）を要求した。

二〇一七年一一月三日、習近平は、中共中央総書記・国家主席・中央軍事委員会主席・中央軍事委員会聯合作戦指揮センター総指揮の肩書きで、新たな中央軍事委員会のメンバーを率いて、中央軍事委員会聯合作戦指揮センターを視察した。習近平が「中央軍事委員会聯合指揮センター総指揮」の肩書きで同センターを視察したことが報じられたのは、二〇一六年四月二〇日に続いて二回目となる。

この訪問時、習近平は、「中央軍事委員会から始め、戦争に備え、戦うという鮮明な志向を強化し、わが軍が真に戦うことができ、勝ち戦をするよう導き、党と人民が付与した新たな時代の使命・任務を引き受ける」と強調した。このことは、習近平が、中央軍事委員会主席責任制の下、聯合指揮センター総指揮として全軍の聯合作戦を指揮し、勝ち戦をするよう導くという姿勢を改めて明確に内外に示す狙いがあったとみられる。

さらに一一月五日には、中央軍事委員会が「中央軍事委員会主席責任制の貫徹に関する意見」を印刷・配布したことが報じられた。この意見文書は、第一九回党大会の精神を貫徹・実行し、「党中央の集中的・統一的指導の強化と擁護に関する中共中央政治局の若干の規定」を貫徹・実行するために出されたものであるという。こうした第一九回党大会後の軍に関する一連の動向から、以下の三つのことが改めて強調されたと指摘できる。

第一に、二期目の習近平政権が、軍の党に対する絶対領導を強化し、管理を強化するということである。第二に、「戦うことができ、勝ち戦をする」ために聯合作戦を重視するということである。そして第三に、中央軍事委員会主席であり聯合作戦指揮センター総指揮である習近平の統帥権をさらに強化するということである。とりわけ、第一九回党大会後の軍に関する動きは、習近平の中央軍事委員会主席の肩書とその職責の履行を際立たせるだけでなく、その制度を実際に体現したものであると言えよう。

3．習近平政権自身による二期目の軍改革の総括

（1）「建軍百年奮闘目標」に向けた実務的、実戦的な軍改革

二期目（二〇一七〜二〇二二年）の軍改革は、より実務的、実戦的な側面に焦点が当てられてきた。二〇二一年に建党百周年を迎えた中国共産党は、七月一日に行われた記念式典およびその前後で、中国が軍事的にも「強くなった」ことを国内外に誇示した。この記念式典においても、習近平は「党の軍に対する絶対領導」を改めて強調した。

また、七月三〇日の第三二回政治局集団学習会のテーマ、および七月三一日の習近平による『求是』の文章も八一建軍節や北戴河会議を前に「党の軍に対する絶対領導」を強調する内容であった*2。これに対して、軍内に不満や反発があるための綱紀粛正ではないか、あるいは軍事的行動を起こす前兆でないか、といった見方もあったが、実際には揺らぎや軍事的行動は観測されなかった。

習はまた、記念式典において「新しい道のりにおいて、我々は必ず全面的に新時代の党の強軍思想を貫徹し、新時代の軍事戦略方針を貫徹し、党の軍に対する絶対領導を堅持し、中国の特色ある強軍の道を堅持し、政治による軍の建設、改革による軍の強化、科学技術による軍の強化、人材による軍の強化、法による軍の統治を推進し、軍を世界一流の軍隊に建設し、より強大な能力、より信頼できる手段によって国家主権、安全、発展の利益を守る」と述べた*3。

習近平の軍改革は、「党の軍に対する絶対領導」を貫徹しながら、国防と軍隊の現代化建設を進め、自らの主張する主権や権益を擁護するためのものであり、この全体の方向性に対する異論はないと見られる。そして、その意志と能力を示すように、同年一〇月一日の国慶節の前後においても、多くの中国人民解放軍の空軍機が台湾の防空識別圏内を飛行、南シナ海でも現状変更の試みを継続するなど、中国の訓練・演習をはじめとする軍事活動や対外拡張を展開している。

二〇二〇年一一月の中国共産党第一九期中央委員会第五回全体会議（五中全会）において初めて言及された二〇二七年の「建軍百年奮闘目標」は、そうした軍拡路線の中期的な目標として位置づけられていると見られている。

この「奮闘目標」が具体的に何を示しているのかは未だ明らかにされていないが、二〇二〇年一二月一八日付の共同通信によれば、「アジア太平洋地域で米軍と均衡する軍事力を確保し、米軍の台湾などへの接近を阻止することを新たに設定」したと複数の中国筋が明らかにしたという*4。

また、二〇二一年三月九日、米国のフィリップ・デービッドソン（Philip Davidson）前インド太平洋司令官が、上院軍事委員会（Senate Armed Services Committee）の公聴会で、今後六年以内に中国が台湾を侵攻する可能性があると証言したように、二〇二七年というタイミングまでに中国が台湾の武力統一を「奮闘目標」としているのではないかとの見方もある。

いずれにしても、党主導で国防と軍隊の現代化による「世界一流の軍隊」を建設することが軍拡路線の中長期的な目標であり、中台統一といった政治目標の達成を実現し、ひいては米国と伍する軍隊を作り上げ、中国の国益を護ることが企図されている。

また、二〇二二年一〇月一六日から二二日にかけて開催された五年に一度の党大会となる中国共産党第二〇回全国代表大会（以下、「第二〇回党大会」）において、習近平は「戦闘力という唯一の根本的な基準をしっかりと確立し、断固として全軍の活動の重心を戦備に戻し、各方面・各分野における軍事闘争を包括的に強化し、実戦化軍事訓練に力を入れて取り組み、国防・軍隊改革を断行し、人民軍隊の指導・指揮体制、現代軍事力体系、軍事政策・軍事制度を再構築し、国防・軍隊現代化建設を加速し、現役兵力三〇万人の削減を成功させて、人民軍隊の体制、構造、枠組み、様相が一新し、現代化水準と戦闘力が著しく向上し、中国の特色ある軍隊強化の道はますます広がった」と二期目の軍改革を総括した。

とはいえ、実際には二期目は米中貿易摩擦から米中対立が深化し、香港における民主活動家への取り締まり強化や国家安全維持法の制定、新疆ウイグル自治区における「強制労働」や「思想改造」などの人権抑圧をめぐる問題、台湾への度重なる外交的、軍事的威嚇などにより、米国の対中警戒感が高まった時期と重なる。また、二期目の後半は、湖北省武漢市から広まった新型コロナウイルス感染症（ＣＯＶＩＤ-19）のパンデミック（世界的流行）が影響している。

中国は、米国による経済・外交・安全保障政策上の利益保護のための輸出管理強化や中国が先端科学技術を窃取することに対する取締りの強化にも直面している。米国は二〇一八年に米国輸出管理改革法（ＥＣＲＡ）を制定し、二〇一九年には米商務省産業安全局が、華為技術公司とその関連会社、スーパーコンピューター関連企業やＡＩ関連企業などの新興先端技術関連企業および二八の中国政府機関を「エンティティ・リスト」に追加するなど、その後も対中規制を強めてきている。

そうした状況のために、中国の軍改革や「軍民融合」も停滞したかのように見られるが、逆に進展した側面もある。たとえば、内需の低迷に加えて米中の貿易投資およびサプライチェーンのデカップリングが進む懸念が高まった一方、ＡＩやビッグデータ、５Ｇなどの新興技術は、コロナ下で研究開発、社会実装が広く進められ、その民間における成果が軍事転用されてきている。

また、「中国製造」や「軍民融合」、「千人計画」などのキーワードは表立って使われなくなったものの、中国は引き続き海外からの技術や人材、情報の獲得を進め、それを自らの経済発展と国防建設に用いて、経済と軍事を一体的に強化しようとしている。中長期的な目標や軍隊建設の方向性として、軍民融合発展戦略や国防と軍隊の現代化建設の方針に基づき、宇宙、サイバー、認知領域など新たな戦略領域における軍事力の強化を進めている。これらは、知能化戦争への対応や中国が目指す「世界一流の軍隊」建設といった、より中長期的な軍拡を志向するものである。

また、安全保障環境が厳しさを増しているとの認識も相まって、より実戦的な軍事訓練、軍事演習、あるいは軍事的な示威行動や威嚇を周辺地域で展開している。無論、中長期的な目標とそれに向けた行動が主旋律なるも、細部に至るすべての事象を習近平および中国共産党が掌握しているわけではないだろう。自己組織化(Self-organizing)モデルのように、個々の自律的な振る舞いの結果として、大きな構造を作り出している側面もある。

そのため、中長期的な目標設定とそれに向けた行動が主旋律なるも、拡張や縮小などの行動原理もこの自己組織化モデルが一つの構成要素となっており、一見すると秩序立って行動しているように見える現象や、主旋律とは矛盾するように見える現象が観測されるであろうことには留意しなければならない。

(2) 軍権を背景にした三期目の習近平

第二〇回党大会で新たに誕生した軍の最高指導機関である中央軍事委員会のメンバーには、主席の習近平に加え、張又俠(72)と何衛東(65)が中央軍事委員会副主席として、李尚福(64)、劉振立(58)、苗華(62)、張升民(64)が中央軍事委員会委員として選出された。この内、張又俠と苗華、張升民の三人は前期のからの再任となった。

とりわけ、軍事における継続性重視の姿勢を反映して、習近平よりも高齢の七二歳となる張又俠を中央軍事委員会副主席に残留させたと見られる。加えて、習近平よりも高齢の張又俠が「余人を以て代えがたい」ために再任したという先例を作ることで、習が七四歳で四期目に入ることも「余人を以て代えがたい」との理由を担保するものとなるだろう。

なお、もう一人の中央軍事委員会副主席に抜擢された何衛東・東部戦区司令員は福建省出身で、張と同様に、台湾海峡、東シナ海、および西太平洋を戦略的方向性に据える元南京軍区の第三一集団軍に所属してきた。また、苗華は軍中の政治・思想工作を担当し、張升民は中央軍事紀律検査委員会書記として軍内での反腐敗取締りを担当してきたが、彼も福建省福州市出身、習近平と知己の間柄であり、同じく元南京軍区の第三一集団軍出身である*5。

このことから、台湾の武力統一を視野に入れた布陣であると言えるが、三期目で行われた人事は四期目を見据えた指導部人事となっていることから、中台統一を四期目に持ち越したとしても不思議ではない。ただし、四期目の習近平は高齢であることや、四期目に突入するための「レガシー」とする可能性、一人っ子政策の影響で兵士の命のコストが上がること、さらには経済の低迷や米中対立の激化といった背景や二〇二四年の台湾総統選挙の結果といった変数も影響を与えるだろう。任期終了前の二〇二七年には「建軍百年奮闘目標」の達成を掲げていることからも、これらのタイミングが揃った場合、三期目のうちに軍事侵攻を決断することも想定される。

また、原子力や航空宇宙、および軍事産業といった軍事工業での経験を持つ、いわゆる「軍工」系党幹部が躍進したのも第二〇回党大会における人事の大きな特徴の一つであった。

「軍工」出身の党中央委員としては、中国航天科技集団公司（ＣＡＳＣ）副総経理や工業情報化部副部長、中国国家航天局局長、国家原子能機構主任、国家国防科技工業局第二局長などを務めた馬興瑞・新疆ウイグル自治区書記、同ＣＡＳＣ総経理や国防科学技術工業委員会主任を務めた張慶偉・湖南省党委員会書記、中国兵器工業集団（ＭＯＲＩＮＣＯ）総経理を務めた張国清・遼寧省党委員会書記、などが挙げられる。

この他にも、国家核安全局局長や生態環境部部長を務めた李幹傑・山東省党委員会書記、中国商用飛行機公司董事長や中国軍民融合発展委員会弁口室副主任を務めた金壮龍・工業情報化部部長、航天工業部のエンジニア出身で同部党委副書記を務めた袁家軍・浙江省党委員会書記、華東工程学院砲弾学科卒業後に中国初の航空爆弾製造工場で務めた劉国中・陝西省党委員会書記などが党中央委員に選出されている。

軍工系幹部が各省の当委員会書記や国務院の要職となることで、各省が国防科学技術イノベーションとその産業発展を競うことも想定される。とりわけ、各省内の軍工企業および軍民融合モデル基地を中心とした産業のクラスター化が進められるものと見られる。

このことは、第二〇回党大会での報告において、「科学技術イノベーション体系の整備」を重視し、「国防科学技術・武器装備重要プロジェクトを実施し、科学技術の応用を加速」すること、また「国防科学技術工業体系とその配置を最適化し、国防科学技術産業能力を強化する」ことなどを掲げていることとも符合する。すなわち、習近平政権は三期目においても、「総体国家安全観」に基づき、表立って語られることがなくなったものの「軍民融合発展戦略」を継続、深化し、「機械化・情報化・知能化の融合発展を堅持し、軍事理論・軍隊の組織形態・軍事要員・武器装備の現代化を加速」して、「知能化戦争」に向けた「軍事闘争準備」を進めるものと見られる。

4．強軍の夢、習近平の夢

（1）軍衔のない軍の最高統帥権者

中国には、かつて「大元帥」および「元帥」という軍の階級が存在した。一九五五年二月八日に行われた第一期全国人民代表大会常務委員会第六回会議で採択された「中国人民解放軍軍官服役条例」においてこれらは大将の上に位置づけられ、特に「大元帥」は「全国人民の武装力を創建し、全国人民の武装力を領導して革命戦争を行い、卓越した勲功を立てた最高統帥に対して、中華人民共和国大元帥の軍銜を授与する」（第九条）と規定された*6。

しかし、実際には「大元帥」の地位に就く者はいなかった。一九五五年八月、同条例に基づき、毛沢東が「大元帥」の候補となったが、毛は「軍銜は不要である」と拒否した。翌九月二七日、毛沢東は一〇人の戦友に「元帥」の軍銜を授与した。その後、「中国人民解放軍軍官服役条例」は一九六三年に一部改訂され、一九六五年にプロレタリア文化大革命の影響を受けて廃止された。これに伴い、「大元帥」の軍銜も空位のまま廃止された。

同条例は廃止されたが、翌一九六六年、文化大革命によって組織改編された中国共産党青年団北京市委員会の第一回委員拡大会議で、毛沢東は文化大革命の「最高統帥」と位置づけられた*7。これを皮切りに、毛沢東は最高司令、最高統帥であるとして、「毛沢東思想を断固として守る良い戦士」となることが提唱された*8。さらに一九六八年には、「一切の行動は最高統帥である毛主席の指揮に従え」と強調されるに至った*9。

しかし、劉少奇の失脚によって空席となっていた国家主席の廃止案を毛沢東が表明した際、林彪はそれに同意しなかった。このことが、毛沢東に国家主席の地位を狙っていると疑われることとなった。そのため林彪とその一派は、一九七〇年頃から毛沢東の国家主席就任や毛沢東天才論を主張して毛沢東を持ち上げたが、逆に毛沢東に批判されることとなった。この影響を受けて、一九七一年以降、「最高統帥」の呼称も鳴りを潜めた。

一九七六年九月九日の毛沢東死去に際しても、翌一〇日付の弔電の中でチベット自治区党員会のみが毛沢東を「最高統帥」と呼称するに留まった*10。その後、華国鋒を「毛沢東を継承する軍の最高統帥」と呼ぶ声が散見されたが、実際には華国鋒が軍権を握ることはなかった*11。一九九七年六月一一日、同年二月に死去した鄧小平の「軍隊建設思想学習綱要」の出版座談会において、劉華清中央軍事委員会副主席が、鄧小平を「我が軍の最高統帥」と称した*12。

(2)「最高統帥」としての習近平

毛沢東、華国鋒、鄧小平以降の指導者である江沢民や胡錦濤は「最高統帥」と呼ばれることはなかったが、近年、習近平を「最高統帥」を呼ぶ動きがみられるようになった。とりわけ、中国共産党第一九回全国代表大会を前に、習近平を「最高統帥」と呼ぶ動きが高まっている。例えば、二〇一七年七月一一日付の『人民日報』に掲載された記事では、習近平を中国人民解放軍の「最高統帥」であると三回繰り返している*13。

范長龍中央軍事委員会副主席は、二〇一六年二月二六日に行われた「古田全軍政治工作会議の精神を貫徹・実行する工作推進会議」における講話の中で、「習主席が古田で開かれた全軍政治工作会議において発表した重要講話は、新たな情勢下の政治的建軍の理論と実践を新たな段階へと推進するものであり、新たな情勢下の政治的建軍の戦略設計に対する軍の最高統帥を充分に体現するものであった」と述べた*14。

范長龍の講話を受けて、王教成南部戦区司令員や張仕波国防大学校長が次々に習近平を「軍隊の最高統帥」と呼称した*15。このことから、習近平を「最高統帥」と呼称する礎となっているのは二〇一四年一〇月三一日に福建省上杭県古田鎮で行われた「全軍政治工作会議」(通称「新古田会議」)における習近平の重要講話であると思われる。ただし、同会議の直後には「最高統帥」の呼称は見られなかった。『解放軍報』紙上で初めて習近平を「最高統帥」と称したのは、同会議から一年近くが過ぎた二〇一五年九月四日の任天佑国防大学戦略教研部主任による文章である。二〇一五年四月に戦略教研部主任に就任した任天佑は、同大学の中国の特色ある社会主義理論体系研究センター領導小組の副組長を兼任、それ以前にはマルクス主義教研部主任を務め、習近平の「強軍の夢」や「中国の夢」を重要戦略思想と位置づける文章を積極的に発表している。

同文章において、任天佑は、習近平が「最高統帥を勇敢に担当し、抵抗を恐れない闘争意思を示した」と記している*16。また、畢京京国防大学副校長は、習近平による一連の「国防と軍隊建設重要論述」には「軍事弁証法思想」が貫かれており、「強固な国防と軍隊の建設を領導する歴史的責任を勇敢に担当」する習近平は「全党、全軍、国内外から高い威信を得て、人望を集める全党の核心、軍隊の最高統帥となった」と述べている*17。

（3）「最高統帥」が抱く「大元帥の夢」

この表現にみられるように、二〇一六年一〇月二四日から二七日にかけて行われた中国共産党第一八期中央委員会第六回全体会議（六中全会）で習近平が「党中央の核心、全党の核心」と位置づけられて以降、習近平を「全党の核心、軍隊の最高統帥」と呼称するようになった。人民解放軍は党の軍隊である。「党の核心」である習近平は軍の核心でもあるはずで、かつ中央軍事委員会主席責任制の下、習近平が軍の統帥権者であることは疑い得ない。

実際、同一一月二九日に開催された「朱徳同志生誕一三〇周年記念座談会」において、張陽・中央軍事委員会政治工作部主任は、「中央軍事委員会主席責任制を迷うことなく擁護・貫徹し、党の領導核心、我が軍の最高統帥に対して思想面で揺るぎなく追随し、政治面で絶対的に忠誠し、感情面で真摯に熱愛し、行動面でしっかり付き従おう」と強調した*18。こうした表現は、習近平の党および軍における権力が確立されたことを示す指標の一つと言える。

二〇一七年二月には、中央軍事委員会政治工作部が「揺るぎなく核心を擁護し、迷うことなく党の指揮を聞こう」と題する文章を発表して同表現を用いるとともに、「党の軍に対する絶対領導」を強調した＊19。同論文で、政治工作部は、全軍に対して、習近平の「一連の重要講話の時代の精神の旗印を高く掲げ、郭伯雄、徐才厚の害毒の影響を全面的かつ徹底的に一掃し、政治的紀律と政治的規則を厳守」することを呼びかけている。

政治工作部は、「わが軍は党の絶対的な指導の下にある人民の軍隊として、核心の擁護、党に対する忠誠において必ず純粋でなければならない。最も根本的な要求は習主席の一連の重要講話に対する政治的信仰を打ち固め、中央軍事委員会の主席責任制を断固として擁護・貫徹し、党中央、中央軍事委員会、ならびに習主席の政策決定・指示を断固として実行に移すことである」と政治的忠誠を繰り返し強調している。

建軍九〇周年閲兵式では、范長龍中央軍事委員会副主席が全軍に対して「必ずや領袖の嘱託、統帥者の号令を心に刻まなければならない」と改めて要求した。また、閲兵式の翌日、七月三一日の『解放軍報』も同様に、習近平の指導の下で「人民の軍隊は苦難を経て生まれ変わり、全面的に再構築され」、「国防・軍建設は歴史的成果を収めた」と評価し、「全軍の将兵は必ずや領袖の嘱託、統帥者の号令を心に刻まなければならない」と強調した。

こうして習近平は党の「核心」、軍の「最高統帥」と位置付けられ、一連の重要講話に対して「政治的信仰」を打ち固めるべき存在となった。とりわけ、習近平を「最高統帥」と呼ぶことは、毛沢東と肩を並べる存在として位置付けようとしていることを意味する。華国鋒は「最高統帥」と呼ばれたものの軍の実権を手にすることはなかった。鄧小平は死後「最高統帥」と呼ばれたが、江沢民や胡錦濤は「最高統帥」と呼ばれることはなかったからである。

このように、歴代の軍統帥権者の内、生前に「最高統帥」として軍の実権を握ったのは毛沢東ただ一人であった。「最高統帥」となった習近平が、毛沢東が固辞した「大元帥」となることを夢想しても不思議ではない。しかし、習近平が「大元帥」となる資格を得るためには、一九五五年の「中国人民解放軍軍官服役条例」に倣い、「全国人民の武装力を創建し、全国人民の武装力を領導して革命戦争を行い、卓越した勲功を立て」る必要があるだろう。

習近平が「大元帥」となる資格を得るために「革命戦争」を遂行する可能性はあるだろうか。習近平は、「中国は立ち上がり、豊かになり、強くなった」というキーワードを繰り返し用いており、歴代の指導者の中でも、中国を立ち上がらせた毛沢東、豊かにした鄧小平と並び、強くした指導者として自らを位置づけようとしている。「強軍の夢」を実現することは「習近平の夢」でもある。

また習近平は、中国共産党の統治の正当性と連続性、また「小康社会（まずまずの暮らしぶり）の全面的な実現」というこれまでの「レガシー」を建党一〇〇周年の歴史と重ねて強調するとともに、「中華民族の偉大なる復興」に向けた「歴史的任務」としての中台統一を成し遂げることを「イシュー」として第二〇回党大会において改正された中国共産党の党規約に掲げた。

もし仮に、習近平が「革命戦争」を遂行し勝利すれば、毛沢東を超える存在となるかもしれない。たとえ、習近平が「大元帥」の軍銜に相当する「卓越した勲功」を立てて、軍銜を受けないかそれを固辞したとしても、彼の謙虚さは建国の父である毛沢東に通じるものだと見なされ、権威を高めることになるだろう。習近平の「強軍の夢」が「大元帥の夢」でないことを願わずにはいられない。

＊註

1「中国人民解放军队列条令」、中华人民共和国中央军事委员会命令、軍発（二〇一〇）二三号、二〇一〇年六月三日。二〇一〇年六月一五日施行。

2　「習近平在中共中央政治局第三十二次集体学習時強調 堅定決心意志 埋頭苦干実干 確保如期実現建軍一百年奮斗目標」新華網、七月三〇日、http://www.xinhuanet.com/politics/leaders/2021-07/31/c_1127716278.htm、および『《求是》雑志発表習近平総書記重要文章《加強党史軍史和光栄伝統教育，確保官兵永遠聴党話、跟党走》』新華網、七月 31 日、http://www.xinhuanet.com/politics/leaders/2021-07/31/c_1127716507.htm。

3　「慶祝中国共産党成立 100 周年大会 現場直播」新華網、二〇二一年七月一日、http://www.xinhuanet.com/politics/qzjd100ydh/wzsl.htm。

4　「中国、二七年に米軍並み軍事力に アジアで新目標、台湾へ接近阻止」共同通信、二〇二〇年一二月一八日、https://www.47news.jp/news/world/5620646.html。

5　苗華は、一九九九年に第三一集団軍政治部主任に就任、二〇〇一年に陸軍少将に昇格、二〇〇五年に第一二集団軍政治委員に就任、二〇一〇年に蘭州軍区政治部主任に就任、二〇一二年に陸軍中将に昇格した。二〇一四年一二月には海軍に転籍して海軍政治委員を務め、二〇一五年七月に海軍上将に昇格、二〇一七年九月からは中央軍事委員会の政治工作部主任を務めるとともに、一九大で中央軍事委員会の委員に就任した。

6　「中華人民共和国主席令」『人民日報』一九五五年二月九日。

7　「共青団北京市委召開改組后第一次委員拡大会議強調指出組織青少年活学活用毛主席着作是共青団最高任務共青団組織要站在文化大革命的前列発揮突撃作用」『人民日報』一九六六年七月二七日。

8　「当捍衛毛沢東思想的好戦士」『人民日報』一九六六年九月一〇日。

9　「一切行動聴最高統帥毛主席的指揮」『人民日報』一九六八年八月八日。

10　「永遠沿着毛主席的無産階級革命路線奮勇前進」『人民日報』一九七六年九月一二日。

11　たとえば、「緊跟統帥華主席大揭大批〝四人帮〟上海警備区指戦員以馬列主義、毛沢東思想為武器、痛打落水狗王張江姚反党集団」『人民日報』一九七六年一一月一〇日、および「人大常委在第三次会議分組会上発言熱烈歓呼華主席為首的党中央為中国革命立下了豊功偉績」『人民日報』一九七六年一二月三日。

12　「在《鄧小平新時期軍隊建設思想学習綱要》出版座談会上的講話」『人民日報』一九九七年六月一二日。

13　「領航人民軍隊、向着世界一流軍隊邁進（砥砺奮進的五年）―以習近平同志為核心的党中央領導和推進強軍興軍紀実」『人民日報』二〇一七年七月一一日。

14　安普忠「貫徹落実古田全軍政工会精神工作推進会召開　範長竜許其亮出席会議併講話」『解放軍報』二〇一六年二月二七日。

15　馮春梅、倪光輝、曾政雄「戦区自二月一日成立至今近一箇月、戦区到底怎么建設？本報記者独家専訪南部戦区司令員王教成―鍛造全面過硬的聯合作戦指揮机構」『人民日報』二〇一六年二月二八日、および張仕波「設計和塑造軍隊未来的戦略擘画―学習貫徹習主席改革強軍戦略思想」『解放軍報』二〇一六年三月八日。

16　「深化国防和軍隊改革的強大思想武器」『解放軍報』二〇一五年九月四日。

17　畢京京「軍事辯証法発展新高度新境界―学習習主席国防和軍隊建設重要論述貫穿的軍事辯証法思想之十二」『解放軍報』二〇一七年五月三日。なお、畢京京は任天佑と同様、国防大学マルクス主義教育研究部主任を務めた経歴を持つ。

18　「在紀念朱徳同志誕辰一三〇周年座談会上的発言」『人民日報』二〇一六年一一月三〇日。

19　中央軍委政治工作部「堅定維護核心　堅決聴党指揮」『解放軍報』二〇一七年二月四日。

あとがき

「まえがき」で示し、本論で詳細に議論を行った三つのポイントにつき、簡潔にまとめた上で、展望を試みる。重要な論点は、これらがお互いに絡み合い、連動していることである。

本書は、第一に、中国が掲げる「強軍の夢」と「強軍目標」について、その内容と目標に関する説明を行った。中国の「パワー」の増大という構造的な背景とともに、習近平という個人の役割もまた大きいことが言えたであろう。中国共産党の集権的な統治構造と、中国史に連綿と続いてきた王朝と皇帝の存在が、最高指導者ひとりが中国政治に与える影響を増幅していた。制度と個人の役割の大きさは、歴代の指導者と彼らを取り巻く環境によって大きく異なってきた。

習近平が知能化戦争を掲げる背景には、将来の戦争に勝利するためには、ＡＩを含めた高度な技術が不可欠であるという、多くの専門家たちが合意する意味での「軍事的合理性」がある。その一方、実際に軍隊をまとめている制服組が保守的で、すぐには中国が大規模な戦争に勝利できないと判断していたとすれば、習近平が知能化戦争を持ち出すことによって、軍隊はさらに遠い目標を達成しようとしなければならない。この目標に軍隊が向かっている限り、軍隊は習近平には向かおうとする動機は低い。

これが、本書の第二のポイントである党軍関係の謎、つまり人民解放軍が中国共産党から離反しないのはなぜか、という問題につながる。事実上、中国政治は、最高指導者一人の元に、党組織、国家組織と軍隊がある。この形は制度化されていても、基本的には王朝時代の皇帝政治の制度である。規定や規則による制度化が党と軍で進んだとしても、その両方の上に立つ最高指導者が恣意的に振る舞う余地は大きい。

これまで軍隊の離反がなかったとすれば、それは単一の原因ではなく、いくつかの要因が重なって起こった(または起こらなかった)と考えられる。この問題の分析では、ハンチントンをはじめ、多くの議論では、民主主義でなければ近代的な軍隊はできないという前提が当然のように受け入れられてきた。しかし、この仮説を検証しないままでは、中国の党軍関係の現状をうまく説明できない。

党軍関係の維持は、三期目以後の習近平政権の安定の必要条件の一つである。習近平個人の政策形成能力の変化があっても、党軍関係が維持できていれば、かなりの程度、習近平は権力を維持できる。党軍関係が安定していれば、戦争にならない場合も、中国は知能化戦争の準備で得られた手法や技術を経済や社会の運営に利用することができる。これは、監視技術の発展も含まれ、必ずしも歓迎できるとは言えない側面も含まれていよう。それでも、ほぼ不可逆の構造的な安定成長期に本格的に突入している中国経済にとって、重要な救済手段となり、一定の効果を見込むことができる。この議論は、本書の第三のポイントに直結していく。

つまり、第三に、中国の経済成長が限界に近づき、逓減していく中で、軍事力を増大し続けることができるのか、である。ここでは、中国の「パワー」の増大および習近平という個人の役割が、中国社会のあり方に大きく影響されたことが議論の根底にある。「パワー」が増大しても中国が果たすことができる役割には限界がある。しかも、中国では、人口減少が始まり、さらに不動産に基礎を置いた成長モデルが限界を迎え、中国の「パワー」にはマイナスに働く。

一方、中国社会の中には平穏な日常生活を望む一方で、中国に偉大さを求め、外国を感情的に受け入れないこともある。習近平の強い危機感は、改革開放期に形成された中産階層は格差の拡大と経済成長の鈍化によって分解の危機が近づき、社会不安の根本原因の一つとなるという予測によっている。人々の負の感情の暴発を緩和するためにも、共産党の指導者は、中国と指導者自身の偉大さを示さなければならない。

したがって、第一のポイントにもあるように、習近平は「強軍」を強調し、偉大さや強さをアピールし続けてきたのである。振り返ると、三つのポイントはお互いに連動し合ってきたということである。

この三つを手がかりに、中国の将来について、中長期的な展望を試みる。

すでに触れてきたように、習近平は、低落する要因を含む経済社会の構造トレンドに直面し、この変えにくい長期的なトレンドにあらがう政策をとってきた。変えにくいトレンドに対して行う政策は主に三つあり、一つ目はイノベーション、二つ目は格差の是正、三つ目はデカップリングの棚上げである。しかし、イノベーションが格差を縮小するか、逆に拡大するのか、分野や地域によって異なるのか、またデカップリングによる非効率の是正に必要な対米関係の改善がどこまでできるか、デカップリングがイノベーションや格差に与える影響などは未知数である。ただ、この三つによって、ある程度、ある期間は否定的な要因を緩和していくことができないことはない。この程度とはどのくらいか、またどのくらいの長さで続けることができるかは、これからの研究の課題の一つである。

その上で忘れてはならないのは、中国の経済社会の構造トレンドへの対応と、習近平の皇帝型政治および党とイデオロギーの優先政策に微妙なずれがあることであろう。学術的観点からは、皇帝型政治と党とイデオロギー優先はそもそも別物であり、整合性が取れなくとも不思議はない。しかし、習近平の頭の中では、毛沢東崇拝と皇帝型政治は一体で矛盾はないらしい。そのずれが大きくとも政権が短中期に維持できるかどうか、また歴史的な業績を残そうとした場合の台湾政策を含めた安全保障政策はどうなるのか、経済政策との整合性は取れるのかなどの問題解決では、イノベーションと格差の是正、さらに党軍関係が大きな意味を持つ。この視点は、党軍関係にとどまらず、習近平の持つヴィジョンが果たす役割を考える上でも重要であろう。権力を固めた習近平が残そうとするのは、毛沢東や過去の歴代の偉大な皇帝たちに比肩すると彼が考える歴史的業績であろう。そして、その業績の追求と実現には、安定した党軍関係が必要となる。

長期的に見て、経済社会の低落要因の影響をイノベーションや格差是正によって効果的に打ち消すシナリオでは、中国は巨大な市場が持つ吸引力によって国際社会において引き続き主導権を握ることができる。その結果、帝国的秩序の衰退や崩壊のペースを大きく抑えることになる。効果的に打ち消すことができない場合でも、中国が突然瓦解するとは考えにくい。ある期間、相対的に低落傾向にあるとしても国際的な吸引力を保ちつつ、寛容さと不寛容さの間で動揺を繰り返すであろう。

この長期的なプロセスが国際的な紛争や衝突と無縁であるかどうかはわからないが、中国だけにとどまらず、それは宇宙や深海の開発、気候変動への対応や、そのほか人類史上特筆される世界の変化をもたらすであろう。それが、全人類にとって歓迎できるものか、逆にディストピアへの入り口として記憶されるかどうかは、中国の動向とわれわれの対応が大きく左右することになる。

このように長期的な展望を試みる上では、基本的な考え方や概念について再検討が必要となることが多い。以下では、戦争や紛争を分析する上での基本的な考え方や概念について述べ、まとめにかえることとする。

一般に、価値の追求では、強制力による入手が戦争、交換（市場）による入手が経済、交渉による入手が外交、科学研究による入手が技術、と分けることができる。大まかに言えば、歴史の長いプロセスの中で価値追求の手段は分化してきたことは間違いない。毎朝、人を襲って金を得るよりも、働いて得る方が得である。しかし、国際関係の現実は違い、これらが複雑に絡み合って現れ、展開する。ただ、現在、細かく分かれた学問体系では、専門家はこれらをそれぞれ細かいまま扱うため、絡み合った多面性を捉えることが非常にむずかしい。

経済が強制力の手段になることは、「経済安全保障」や「エコノミック・ステイトクラフト」論が広く受け入れられたように、誰も否定しなくなった。「国際貿易で平和を」とも言われたように、かつては経済的相互依存が進めば紛争はおさまり平和になると信じられてきたが、そうはならなかった現実があり、考え方が変わったのである。

また、本書のもう一つの重要な論点である科学技術が経済と軍事に大きく影響することも広く認められてきた。しかし、経済が支える軍事という側面、また軍事が支える経済という逆の性格、経済や軍事による支えのもとで科学技術が発展する論理についてはどうだろうか。結論から言えば、これらの因果関係は一方向ではなく相互的である。

このような理屈で政策を考えると、予想できる将来日本が直面するのは軍事を支える経済の立て直しであることが論理的にはごく自然に判明する。軍事力の持続可能性が経済に制約される問題は、中国だけにとどまらず、ほぼ世界共通であろう。経済大国の残像が消えていない日本が考えてこなかったことの一つかもしれない。経済の立て直しなしに軍事力の強化を進めると、中国がソ連崩壊を招いた米国のやり方を中国が逆に日本に対して用いることもありうる。いや、すでにやってきたのであろう。そして、経済の立て直しには教育の立て直しが重要な必要条件となる。

このテーマは本書の扱う範囲を超えているが、あえて言えば、こちらと相手の長所と短所を総合的に見ていき、味方を増やして敵がつくるリンクの弱いところを攻めるなど、日本の国家戦略を考える上で不可欠な基礎を作る基本論理に結びつく。孫子に「彼を知り己を知れば」とあり、相手を知ることもそうだが、自分を知ることこそ本当にむずかしい。また、彼我の能力や意図は状況によって変化するので、その状況の変化に応じて評価を調整するための基礎となる。知能化戦争というテーマはこの状況の変化の重要な一部を形づくる。

この視点に立つと、議論を進めるポイントは、政治、経済、軍事、技術を含む総合的な観点とともに、特に技術の果たす役割の二点に見出すことができる。もちろん、この二点の解明は非常にむずかしい。戦争だけでなく、国家や社会のあり方や人類そのものの生物としての存在にも転換を起こす、はかり知れない影響さえ予想できるが、簡単には答えが出ない。しかし、寺の鐘を針で突くようなもので簡単に答えが出ないとしても、またこれだけをやっていればいいわけでもないが、ここに研究の焦点を当てることは自然であろう。一人や二人でできるはずがなくとも、その研究が必要不可欠なら、個人の職人技だけに頼らず、長続きするシステムを作って進めるのが疑問の余地のない次のステップである。

「すべての営みには時がある」のであり、目の前にある変化から目をそむければ、自ら望んで変化を起こすこともできず、変化に復讐される。人間の予測にはしばしば根拠のない希望的観測やバイアスが忍び込み、対応を大きく遅らせる。「平和」が保たれるとしても、予想できる将来、灰色のままであり、またＡＩや量子などその技術は軍事や経済に広く使われ、社会にも大きな影響を与える。すぐには大きな影響はないと言えても、「すぐには」はすぐに過ぎ去る。中国の古典にある「刻舟求剣」（舟に刻みて剣を求む）や「守株待兎」（株を守りて兎を待つ）ということわざは、状況の変化から目を背け続けることを強く戒めている。

最後に、この書籍の「中国の安全保障」研究史上の位置づけ、およびその中での執筆者の二人につき簡単に述べておきたい。結論から言えば、この書籍は、中国の安全保障に関わる総合的な研究の延長線上にある。主要な先達として、安藤正士、茅原郁生、川島弘三、高木誠一郎、伊達宗義、平松茂雄らの名前をあげることができる（五十音順）。

このような流れの中で、本書は特に「中国の安全保障研究会」との関連が深い。一九九〇年代の初期、浅野のほか、村井友秀、阿部純一、安田淳、駒形哲也、門間理良が集まって、中国の安全保障に関する研究を始め、この集まりを後に「中国の安全保障」研究会と名づけた。このメンバーを中核として編まれたのが、中国の安全保障に関するトピックを包括的に扱った『中国をめぐる安全保障』(ミネルヴァ書房、二〇〇七年)である。

また本書は、平和・安全保障研究所の奨学プログラムの成果とも言える。浅野はこのプログラムの第一期生、土屋先生は一七期生である(以下、敬称略)。このプログラムを通して、猪木正道、高坂正堯や西原正など国際政治・安全保障分野の著名な学者たちによる研究にも触れることができ、その成果は本書でも取り入れられている。さらに、土屋の博士号請求論文の審査(二〇一三年)では、奨学プログラム二期生で主査の村井友秀・防衛大学校教授(当時)からのお声がかりで、浅野が副査の一人を務めた経緯がある。

共著者である土屋は、元々は現代中国政治研究に比較政治の手法を導入し一時代を築いた小島朋之先生(慶應義塾大学教授)の優れた弟子の一人である。浅野は、小島先生とは一面識もない一九八〇年代に突然電話をいただき(SNS普及前の時代である)、学会での報告を依頼されたことがある。確かに現代中国政治研究や国際関係論の分野では、天児慧、衛藤瀋吉、岡部達味、国分良成、田中明彦、中西輝政、坂野《ばんの》正高、森山昭郎、山田辰雄、山本吉宣(五十音順)という錚々たる先達たちにも大変お世話になったが、小島先生を外すことはできない。

小島先生は惜しくも二〇〇八年に亡くなられたが、土屋先生との共同研究で少しは恩返しができたかも知れない。いや、今回も土屋先生から共同執筆のお誘いがあってこそ、遠い将来でも値打ちを失わないテーマを見つけ、未知の分野に果敢に挑戦する充実感を味わわせてもらうことができたことは間違いなく、さらに大きく恩を受けたと言うべきなのだろう。

浅野　亮

著者
浅野　亮（あさの　りょう）
同志社大学法学部教授。修士（行政学）。国際基督教大学教養学部卒業。国際基督教大学大学院行政学研究科修了。専門は中国の対外政策、安全保障問題を主なフィールドとする現代中国政治。著書に、『中国をめぐる安全保障』（共編著、ミネルヴァ書房、2007年）、『中国の軍隊』（単著、創土社、2009年）、『肥大化する中国軍―増大する軍事費から見た戦力整備』（共編著、晃洋書房、2012年）、『中国の海上権力 海軍・商船隊・造船～その戦略と発展状況』（共編著、創土社、2014年）など。

土屋 貴裕（つちや　たかひろ）
京都先端科学大学経済経営学部准教授。安全保障学博士。慶應義塾大学環境情報学部環境情報学科卒業。一橋大学大学院経済学研究科修士課程修了。防衛大学校総合安全保障研究科後期課程卒業。在香港日本国総領事館専門調査員などを経て現職。専門分野は、公共経済学、国際政治経済学、安全保障論など。著書に、『現代中国の軍事制度：国防費・軍事費をめぐる党・政・軍関係』（単著、勁草書房、2015年）、『「技術」が変える戦争と平和』（共著、芙蓉書房出版、2018年）、『米中の経済安全保障戦略：新興技術をめぐる新たな競争』（共著、芙蓉書房出版、2021年）、ほか多数。

習近平の軍事戦略
――「強軍の夢」は実現するか――

2023年 4月27日　第１刷発行

著　者
浅野《あさの》　亮《りよう》・土屋《つちや》貴裕《たかひろ》

発行所
㈱芙蓉書房出版
（代表 平澤公裕）
〒113-0033東京都文京区本郷3-3-13
TEL 03-3813-4466　FAX 03-3813-4615
http://www.fuyoshobo.co.jp

印刷・製本／モリモト印刷

ISBN978-4-8295-0860-2